C++
第二版
程式設計入門

序

想寫一本易於學習與理解的C++程式設計入門書，本書範例以解題想法、流程圖、程式碼與執行結果進行範例解說，並有詳細的範例程式碼說明，視需要提供圖解說明，務必讓概念的解說清楚易懂。

本書從基礎到進階方式安排章節次序，依序為 C++編譯器（Dev-C++與Code::Blocks）操作環境介紹、變數與資料型別、運算子、單向與雙向選擇結構、多向選擇結構、迴圈結構、巢狀迴圈結構、一維陣列、二維陣列、搜尋與排序、自訂函式與遞迴、字串處理、系統函式與檔案輸入輸出、位址、指標、結構等，每章皆提供習題，習題包含選擇題與程式實作。

希望本書能帶領讀者進入 C++程式設計的世界，並能喜歡上程式設計，活用C++程式語言的選擇結構、迴圈結構、陣列、遞迴概念、函式、指標與結構等製作出解決問題的程式。

最後，感謝碁峰編輯的校對與美編的排版，讓本書能夠更臻完善。

黃建庭

目錄

1 C 語言的操作環境與程式撰寫

2 變數、資料型別與運算子

3 選擇結構

4 多向選擇結構

5 迴圈結構

6 進階迴圈概念

7 陣列

8 二維陣列

9 搜尋與排序

10 自訂函式與遞迴

11 字串處理

12 常用系統函式與檔案輸入輸出

下載說明

本書範例請至 http://books.gotop.com.tw/download/AEL021600 下載。其內容僅供合法持有本書的讀者使用，未經授權不得抄襲、轉載或任意散佈。

C 語言的操作環境與程式撰寫

1-1 C 語言簡介

1-1-1 程式語言簡介

存放在電腦中的資料與指令都是屬於二進位，所謂二進位是指資料與指令皆由 0 與 1 所組成。最早的程式語言是**機器語言**(Machine Language)，程式設計師必須查詢該處理器指令的二進位碼，並將資料轉成 0 與 1，處理器各有自己的指令二進位碼，機器語言對不同的處理器就需要改寫程式，欠缺彈性且不易撰寫。

因機器語言不易撰寫，後來演進為**組合語言**(Assembly Language)，組合語言以文字方式表達指令與資料，透過**組譯器**（Assembler）將組合語言轉成機器語言，組合語言提供文字代碼的指令與變數，讓撰寫程式更符合人類的文字使用習慣，例如：LOAD 表示載入資料，但組合語言的指令代碼與處理器相關，不同處理器支援不同的指令代碼就要改寫程式碼。

為了能讓程式對所有處理器都不需重新改寫，產生了**高階語言**(High-Level programming language)，透過**編譯器**（Compiler）將高階語言轉成機器語言，所有處理器只要透過編譯器的支援，編譯器支援各類型的處理器，就可將程式轉成機器語言，如此達成程式與處理器無關，C 與 C++語言被歸類於高階語言。

1-1-2 C 語言的源起

在 1970 年左右，Dennis Ritchie 和 Ken Thompson 共同創造了 C 語言，C 語言是以 B 語言為藍本演進而來，因此以「C」語言命名。在 1973 年，Dennis Ritchie 和 Ken Thompson 利用 C 語言撰寫出 Unix 作業系統，在此之前都是利用組合語言撰寫作業系統。在 1980 年代，為了解決各個版本 C 語言的些許差異，美國國家標準局（American National Standard Institution）制訂 C 語言標準語法，符合此標準的 C 語言稱為 ANSI C，到目前為止常見的 C 語言編譯器都支援 ANSI C 的標準。

1-1-3 C 語言的特性

C 語言廣泛用於系統程式與應用軟體的開發，具有高階語言的特性，程式經過編譯器編譯成執行檔，執行檔在作業系統中執行，獲得執行結果。有了 C 語言編譯器，程式設計者可以利用高階語言的程式語法，接近口語表達的特性，有效率地撰寫程式。

幾乎所有作業系統與處理器皆有支援 C 語言編譯器，因此程式碼就可以到各作業系統與處理器重新編譯，就可獲得相同功能的執行檔，C 語言就擁有跨平台的能力。

高階 C 語言可以結合低階的組合語言與作業系統函式庫，做出驅動程式，驅動程式用於電腦連結周邊硬體設備，讓電腦能傳送資料到周邊硬體設備，電腦也能從周邊硬體設備接收資料。Unix-Like 作業系統大部分程式是由 C 語言所寫出，在這類作業系統可以直接呼叫 C 語言的系統函式庫，寫出的程式直接影響作業系統的運作。

1-1-4 C 語言與 C++語言的差異

C++語言包含 C 語言的大部分功能，再加上物件概念、樣板、運算子多載、多重繼承、例外處理與命名空間等，讓 C++語言比起 C 語言可以有更大的彈性，也同時擁有 C 語言的效率。

1-2 C++程式開發軟體

網路上有許多 C++程式開發軟體可供選用，本書介紹 Dev C++與 Code::Blocks 兩套 C++程式開發軟體的安裝與使用。

1-2-1 Dev C++

Dev C++是一套免費且可直接下載的 C++整合開發環境（Integrated Development Environment，簡稱為 IDE），整合開發環境（IDE）是將編輯、編譯、執行與除錯等功能結合起來的開發環境。Dev C++的安裝與操作相對簡單，且內建中文版，目前仍被廣泛使用。

Dev C++ 的下載

Dev C++的下載網址為 https://sourceforge.net/projects/orwelldevcpp/，使用搜尋引擎輸入「Dev C++」也可以找到。

Step1 使用瀏覽器輸入網址 http://sourceforge.net/projects/orwelldevcpp/，點選網頁上方「Files」按鈕。

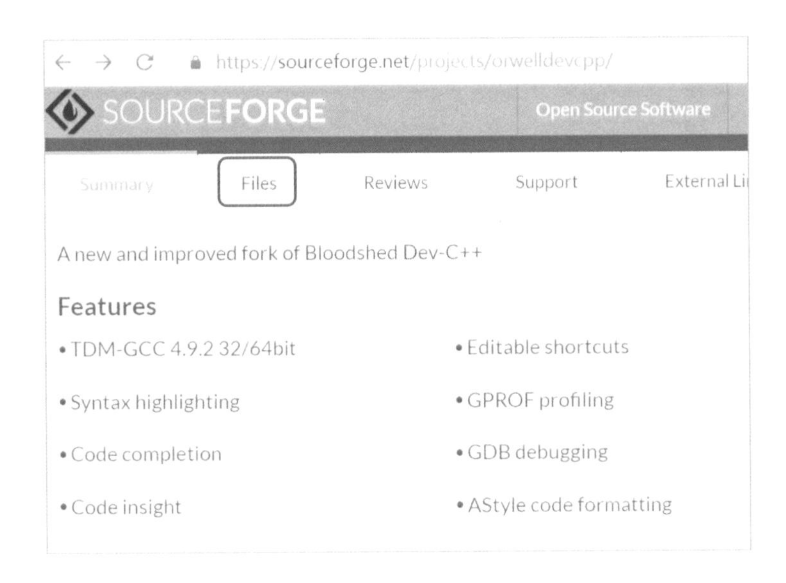

Step2 點選「Setup Releases」開啟安裝程式資料夾。

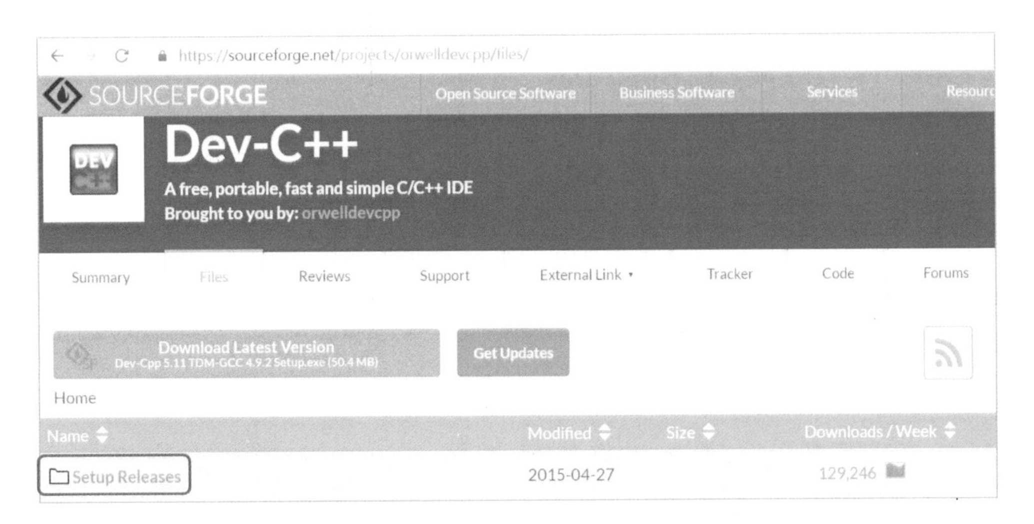

Step3 點選「Dev-Cpp 5.11 TDM-GCC 4.9.2 Setup.exe」下載安裝程式，下載完成後，進行安裝 Dev-C++。

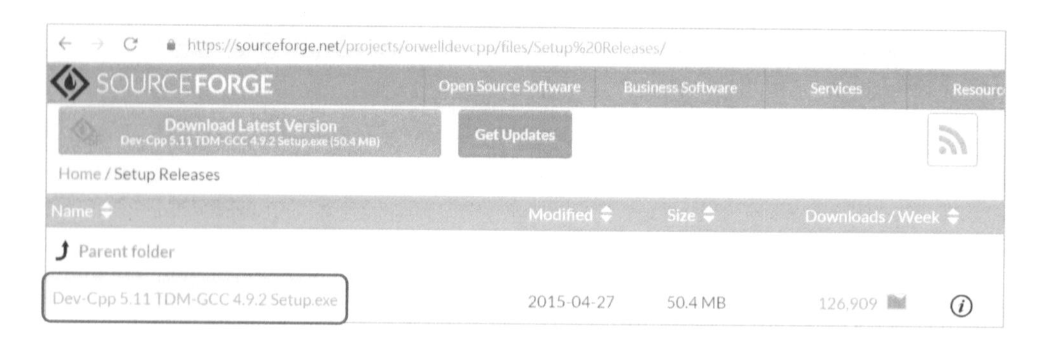

Dev C++ 的安裝

Step1 選擇安裝過程介面的語言，因為沒有繁體中文，請下拉選單選擇「English」，再點選「OK」。

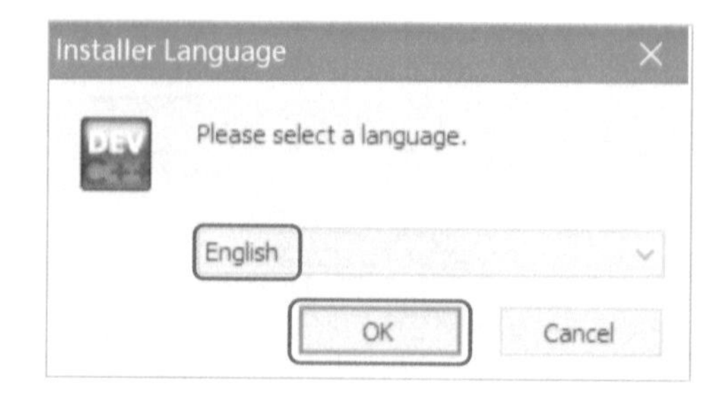

Step2 出現版權宣告畫面，點選「I Agree」按鈕，同意版權說明。

Step3 選擇要安裝的元件，可以不用修改，依照預設選項，點選「Next」。

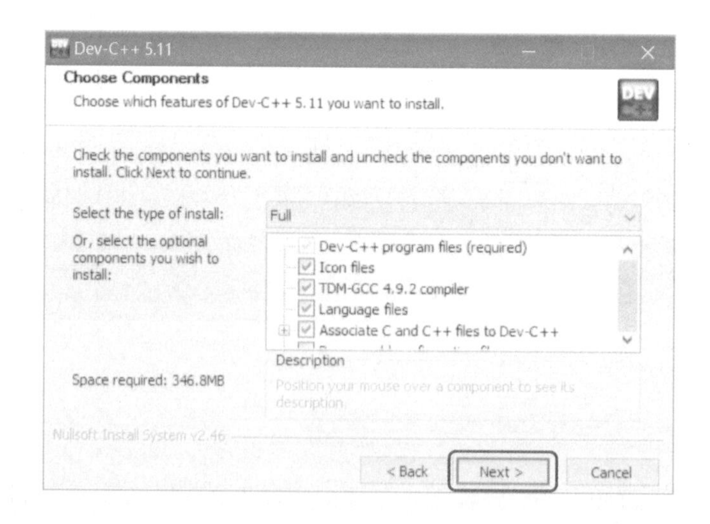

Step4 選擇磁碟中要安裝資料夾位置，可以點選右邊的「Browse」按鈕，選取要安裝的資料夾後，再點選「Install」安裝。

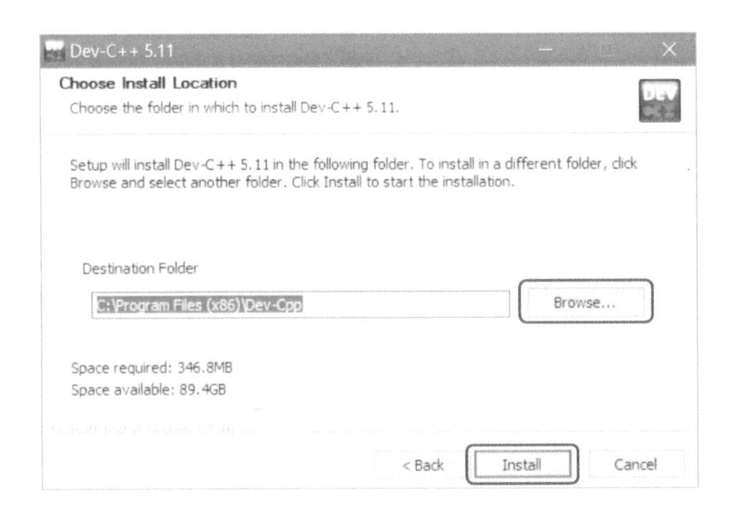

Step5 安裝時會解壓縮並安裝檔案，以下畫面表示正在解壓縮檔案與安裝程式。

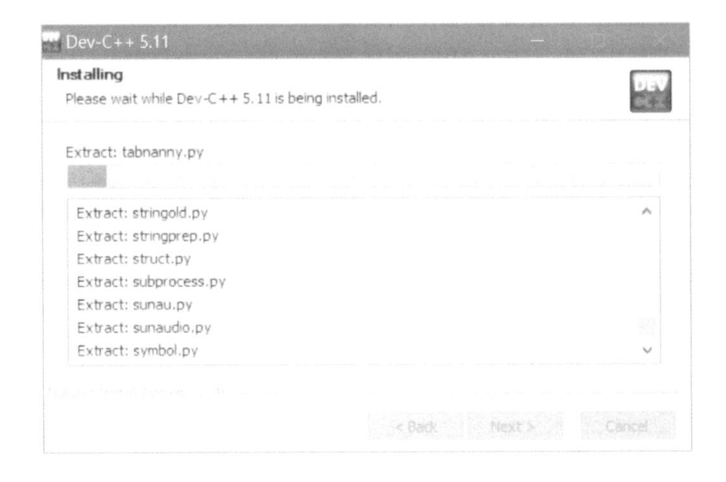

Step6 安裝完成後，點選「Finish」按鈕。

Step7 安裝完後選取介面語系「Chinese (TW)」，然後選取「Next」。

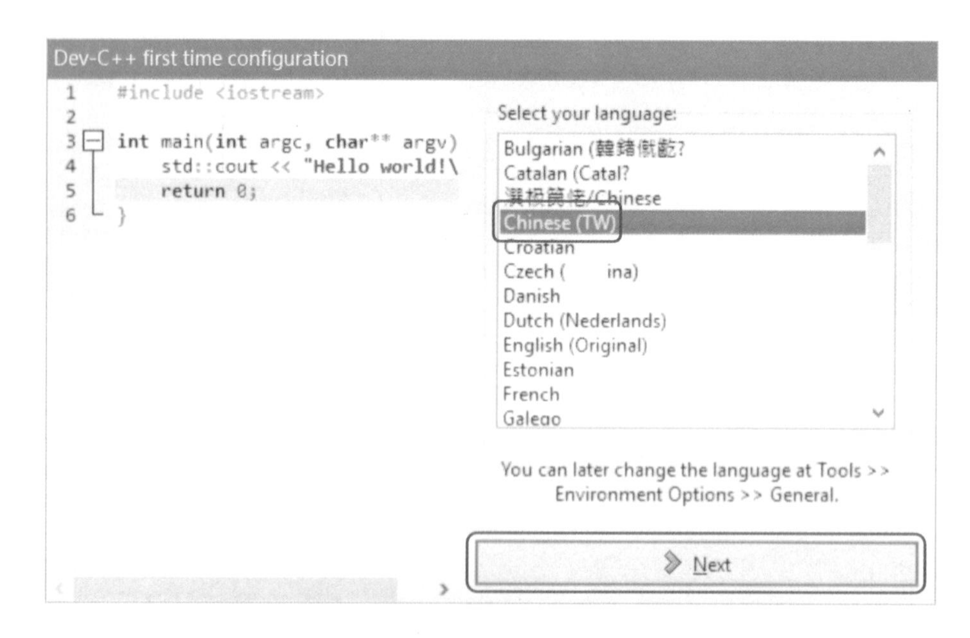

Step8 選取字型與字體顏色後，點選「下一步」。

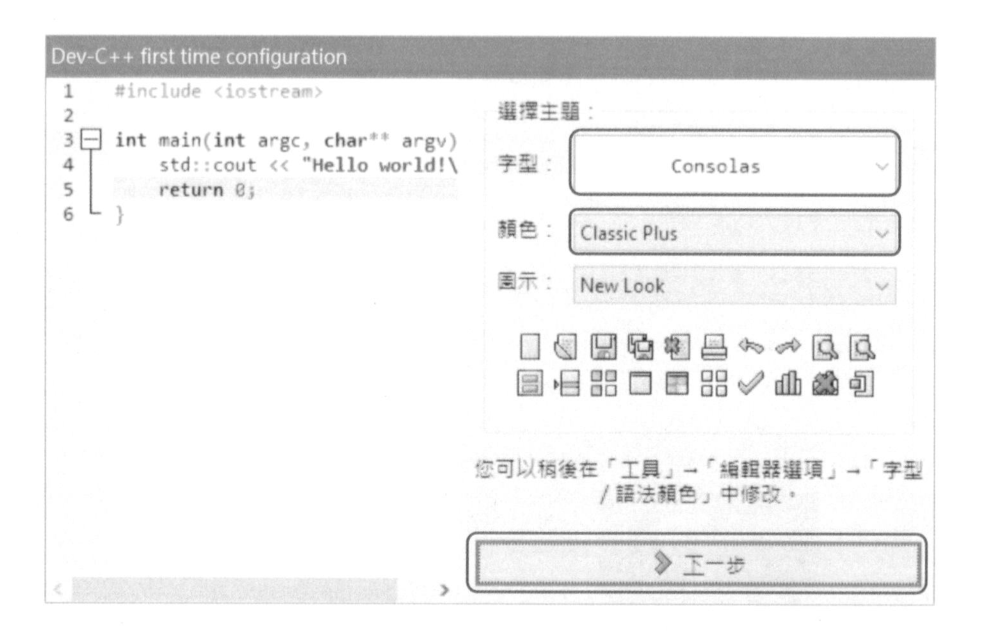

Step9 設定完成後，點選「OK」。

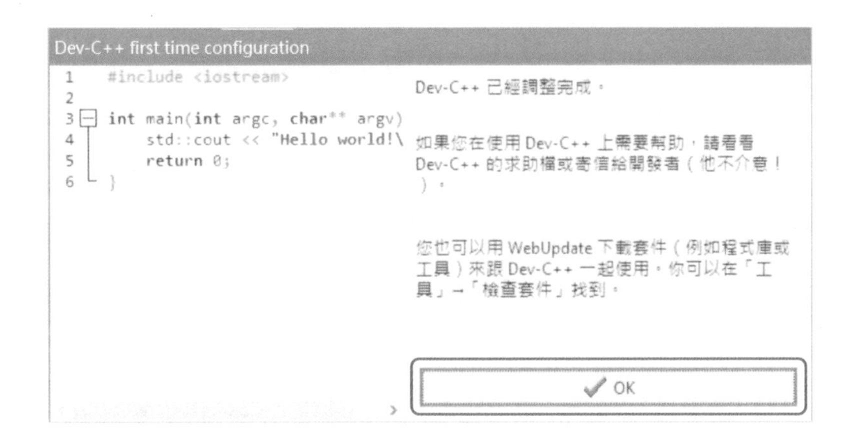

1-2-2 Code::Blocks

Code::Blocks 是可免費下載的 C++整合開發環境（Integrated Development Environment，簡稱為 IDE），整合開發環境（IDE）是將編輯、編譯、執行與除錯等功能結合起來的開發環境，相較於 Dev C++環境設定較複雜，支援開發各種類型的專案，功能較強大，預設沒有支援中文版。目前參加 APCS 檢定時預設使用 Code::Blocks，若有意願參加 APCS 檢定，可以使用 Code::Blocks 進行程式實作，才能夠熟悉操作環境。

Code::Blocks 的下載

Code::Blocks 的下載網址為 http://www.codeblocks.org/，使用搜尋引擎輸入「Code::Blocks」也可以找到。

Step1 使用瀏覽器輸入網址http://www.codeblocks.org/，點選「Downloads」。

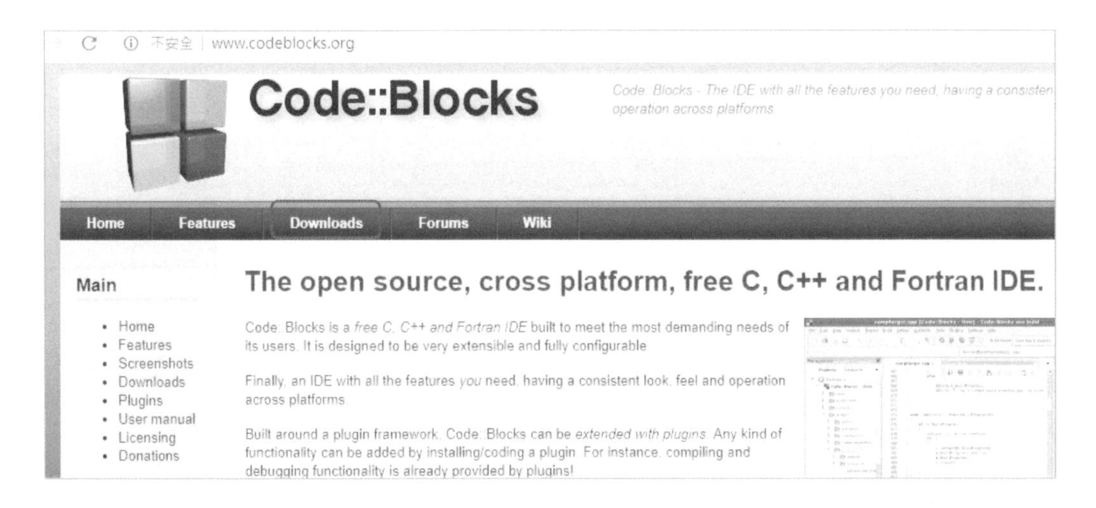

Step2 接著點選「Download the binary release」下載安裝檔。

Step3 選擇下載「codeblocks-17.12mingw-setup.exe」，「mingw」表示安裝 Code::Blocks 時，同時安裝 C++編譯器與除錯器，「17.12」為版本號碼隨時會更新，下載完成後，進行安裝 Code::Blocks。

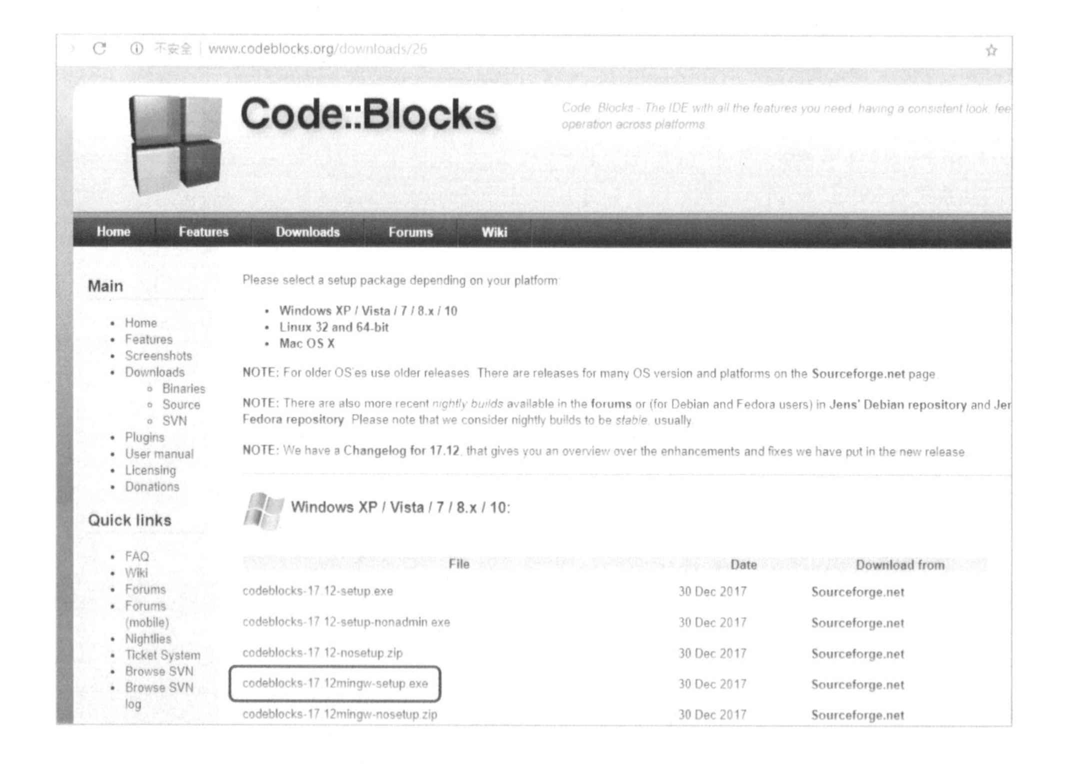

Code::Blocks 的安裝

Step1 啟動安裝程式「codeblocks-17.12mingw-setup.exe」進行安裝，點選「Next」。

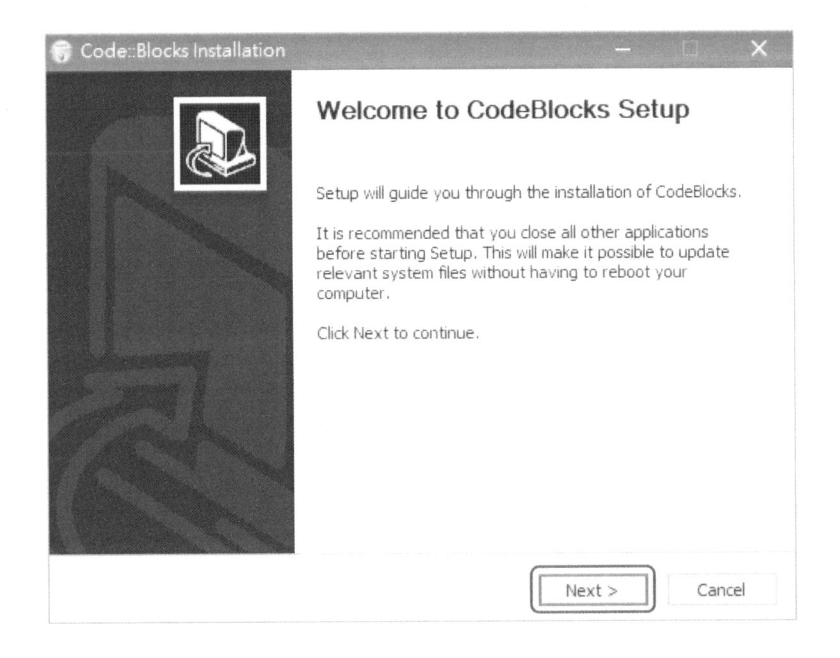

Step2 出現版權宣告畫面，點選「I Agree」同意版權宣告。

Step3 依照預設值同意所需安裝元件，點選「Next」。

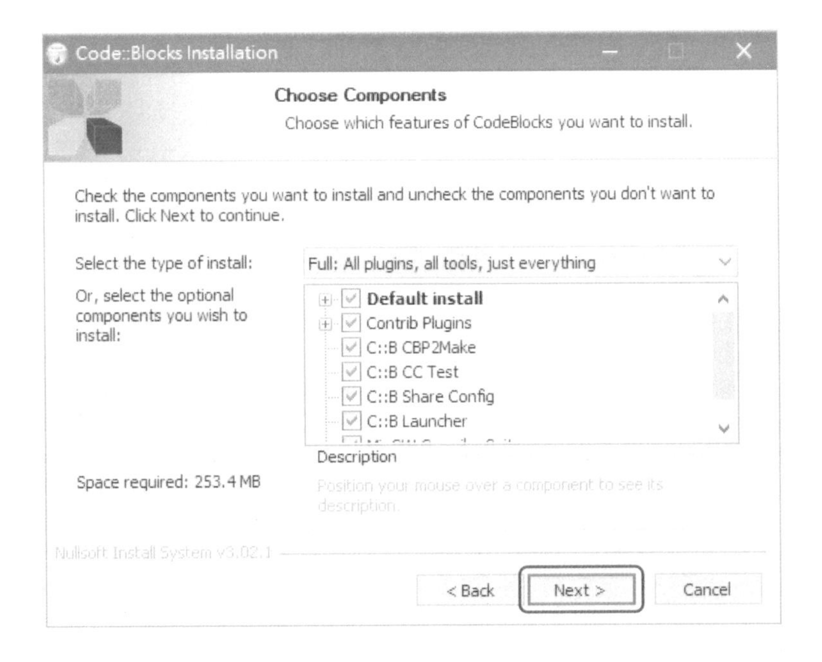

Step4 點選「Browse...」可以重新選取安裝資料夾，最後點選「Install」開始安裝。

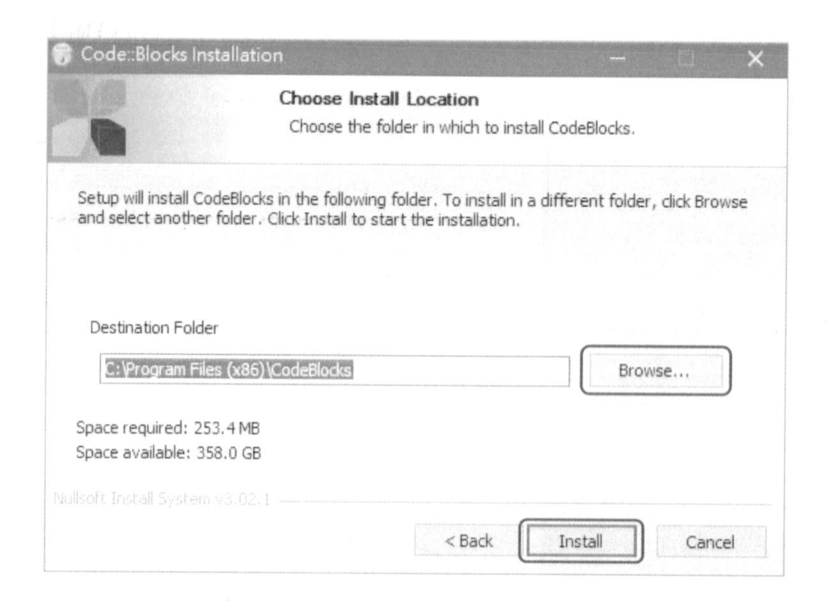

Step5 安裝完成點選「是」，就會開始執行 Code::Blocks。

Step6 開啟 Code::Blocks，結果如下圖。

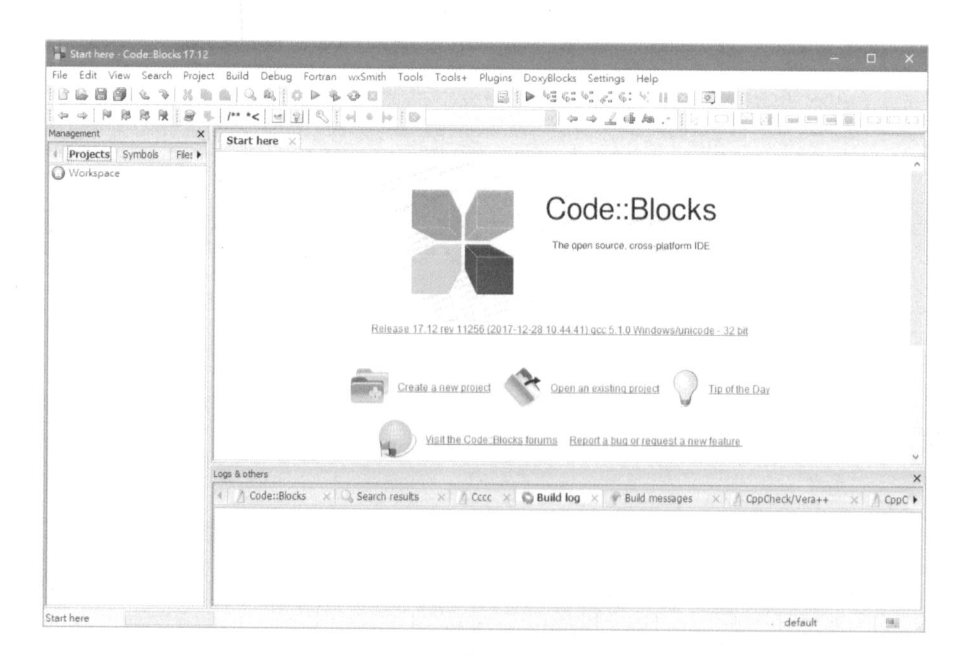

1-3 第一個程式

於「程式編輯視窗」輸入以下程式碼，這是一個最簡單的程式碼，在螢幕印出「Hello」，目前的 Dev C++與 Code::Blocks 都會自動讓程式停下來，執行的結果若無法自動停下來，就需要加上系統(system)函式讓程式中斷執行，並等待按任意鍵繼續。完成程式碼撰寫後，要進行編譯，編譯是將程式碼轉換成電腦看得懂的執行檔，編譯成功後，點選執行檔執行，確定程式功能是否正確。本章節會介紹 Dev-C++與 Code::Blocks 的編譯與執行的操作步驟。(ch1\印出 Hello.cpp)

1-3-1 程式的架構

C++語言在撰寫時有一定的架構，如本範例。

(1) 首先**包含系統函式庫**，這樣程式就不用所有功能皆需要自己撰寫，利用系統現有的函式庫直接呼叫使用，例如：在螢幕顯示「Hello」，可以使用 cout 物件，該物件由 iostream 提供，所以第 1 行就將 iostream 包含(include)進來。

(2) 使用標準命名空間(std)，因為輸入(cin)與輸出(cout)屬於標準命名空間，所以加入一行「using namespace std;」，若不加上這一行每個輸入(cin)要改成(std::cin)，每個輸出(cout) 要改成(std::cout)，才知道輸入(cin)與輸出(cout)屬於標準命名空間。

(3) C++語言定義程式**第一個開始執行的程式為 main 函式**，所以需先寫一個 main 函式，函式名稱 main 後接一對小括號，表示 main 為函式，函式需要指定開始與結束的位置，C 語言定義使用一對大括號刮起來，左大括號「{」表示函式開始，右大括號「}」表示函式結束。

(4) main 主函式中的每行結束需加上分號「;」，表示程式一行結束，左大括號與右大括號後面不需要加上分號「;」，而左大括號與右大括號內所包夾的每行程式皆需加上分號「;」，而#include 後面不加上分號「;」。

本程式範例 main 函式只有一行，第 4 行「cout << "Hello" << endl」印出「Hello」後進行換行，endl 表示換行。

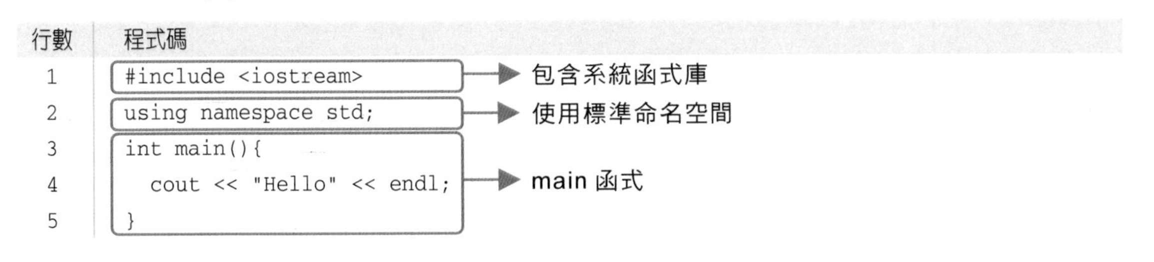

1-3-2 使用 Dev C++編輯、編譯與執行程式

在介紹 Dev C++編輯、編譯與執行程式之前，介紹 Dev C++如何客製化操作環境。

介面語系修改

Step1 若需要將介面的語系更改為其它語系，可以點選「工具 → 環境選項」。

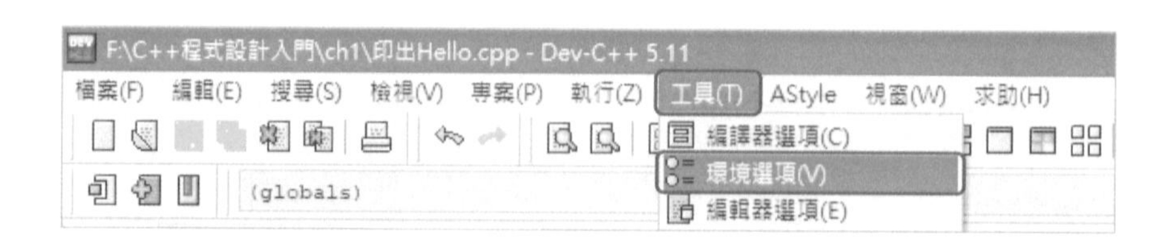

Step2 選擇「一般」頁籤，在「語言」下拉選單，選擇想要的操作介面語言，例如「Chinese (TW)」後，再點選「確定」。

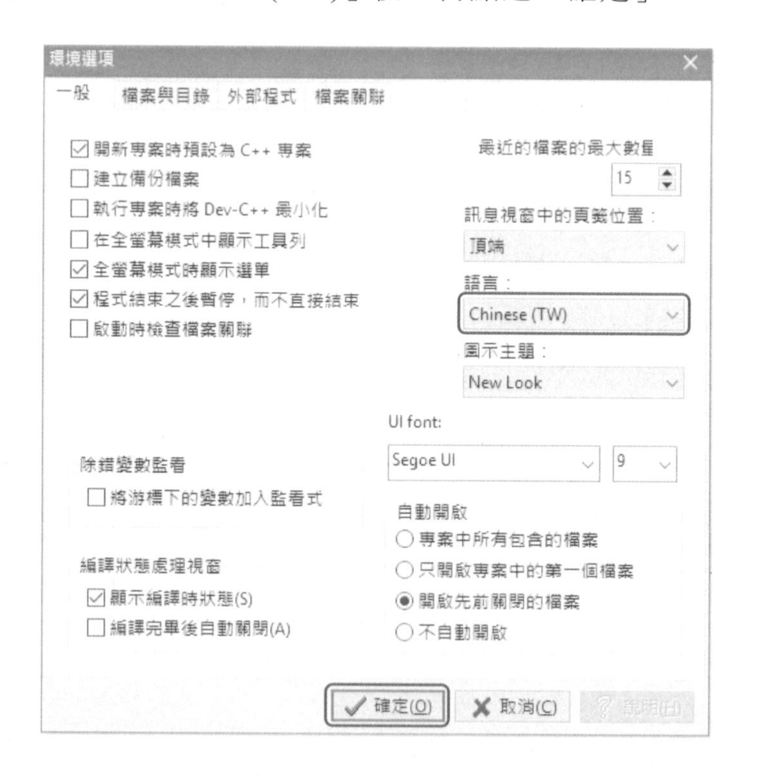

設定程式碼字體大小

Step1 編輯器預設字體大小為 10，有時感覺太小，Dev C++允許更改編輯器字體大小。請點選「工具 → 編輯器選項」。

Step2 點選「字型」頁籤，選擇文字的大小，例如：「20」後，再點選「確定」。

新增檔案

Step1 點選「新增 → 開新檔案 → 原始碼」。

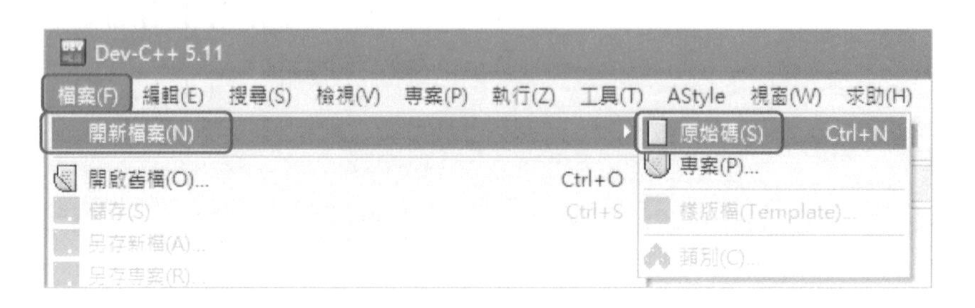

新增檔案後出現下圖畫面。

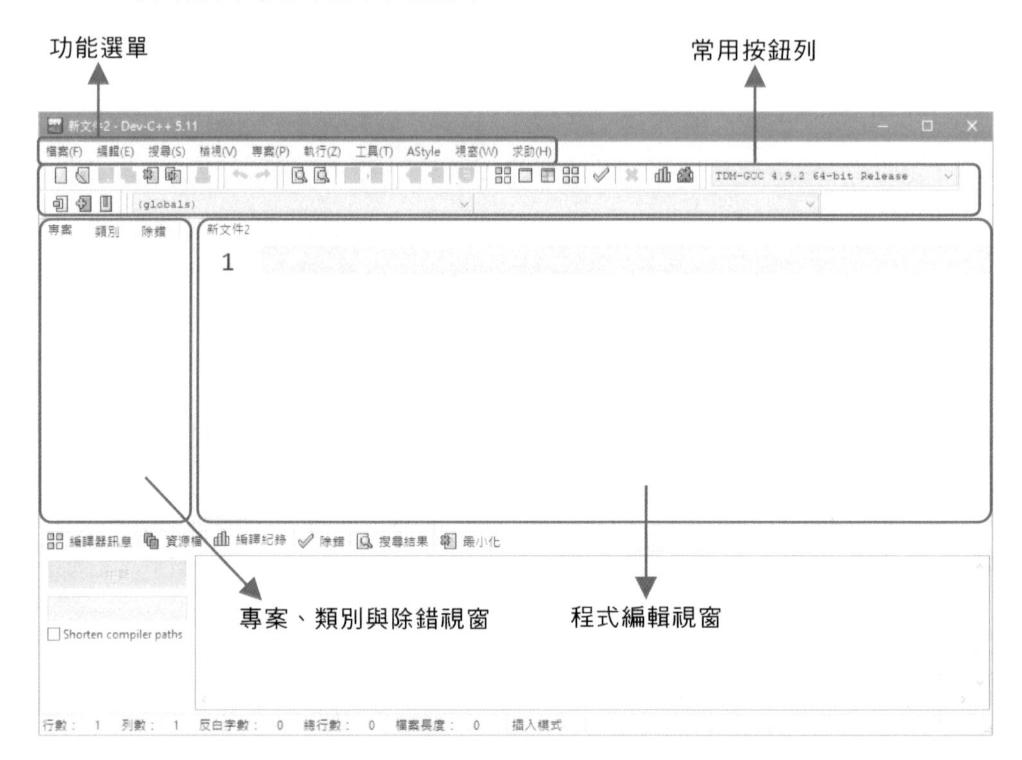

- 功能選單：Dev-C++所提供的功能皆置於此，被分類為檔案、編輯等選單，點選選單後出現下拉選單，目的是將相關功能放在一起。
- 常用按鈕列：將常用功能轉換成按鈕，點選按鈕表示執行對應的動作，加快操作軟體的速度，如開新檔案、儲存檔案、編譯與執行等。
- 專案、類別與除錯視窗：專案視窗用於顯示專案的檔案資訊；類別視窗顯示目前或已開啟程式的類別；除錯視窗為使用除錯功能時，顯示變數的狀態。
- 程式編輯視窗：此視窗用於撰寫程式碼。

儲存檔案

Step1 將前一節「印出 Hello」程式碼貼到 Dev C++程式編輯視窗，接著點選「檔案 → 儲存」進行儲存檔案。

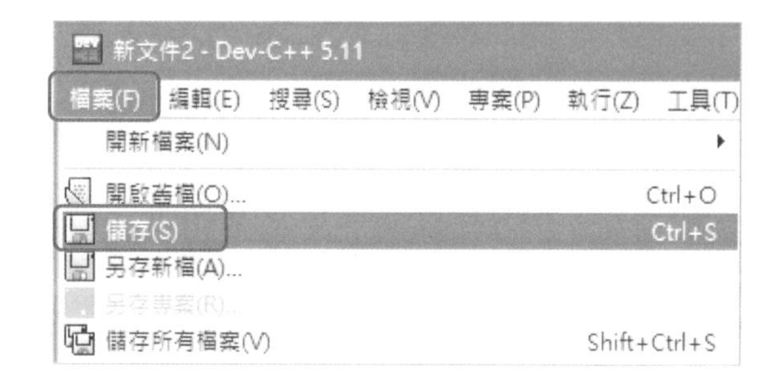

Step2 選擇存檔的目錄，輸入儲存的檔名，如「印出 Hello.cpp」後，再點選「存檔」。

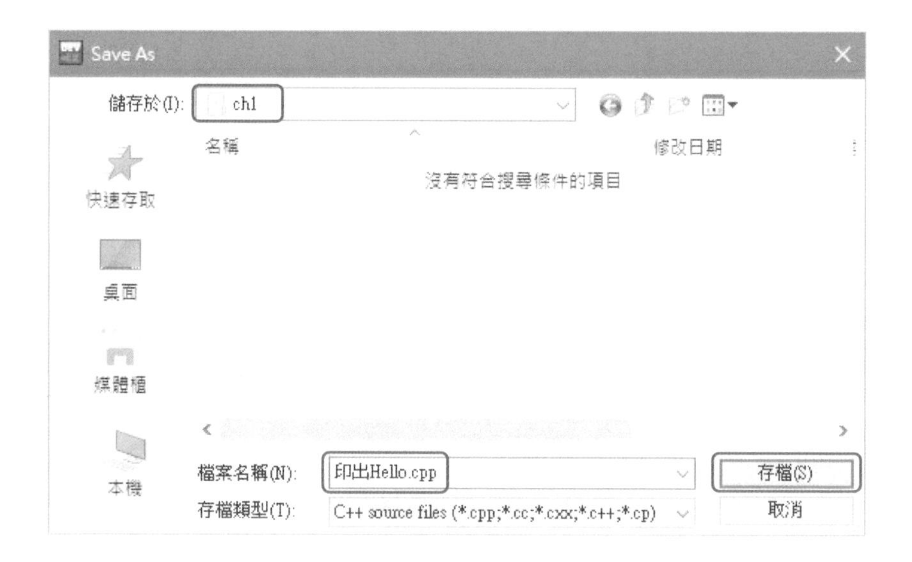

編譯程式

Step1 編譯為將程式碼轉換成執行檔的過程，請在 Dev-C++操作介面中點選「執行 → 編譯」，如下圖。

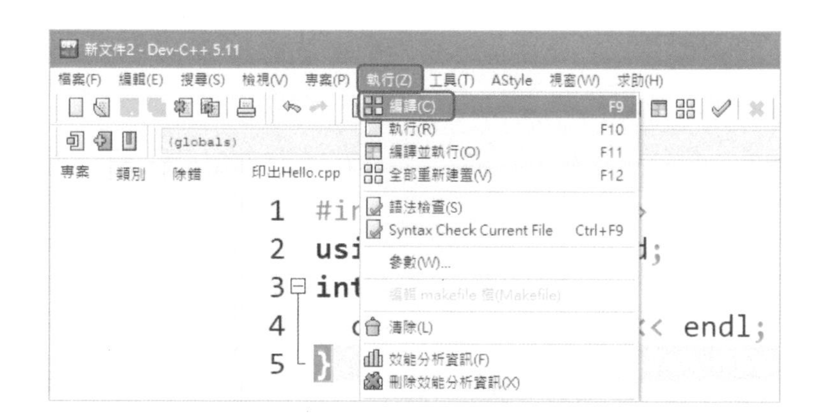

Step2 在下方編譯紀錄，Errors 為 0，表示編譯已完成且沒有錯誤，若 Errors 不為 0，表示有錯誤，執行檔無法產生，要修正錯誤才能成功編譯；若 Warnings 為 0，表示編譯已完成且沒有警告，若 Warnings 不為 0，表示出現警告，但還是編譯成功，已製作出執行檔，只是提醒程式設計者可能有錯，程式設計者可以檢查 Warnings 訊息出現的原因決定是否要修改。

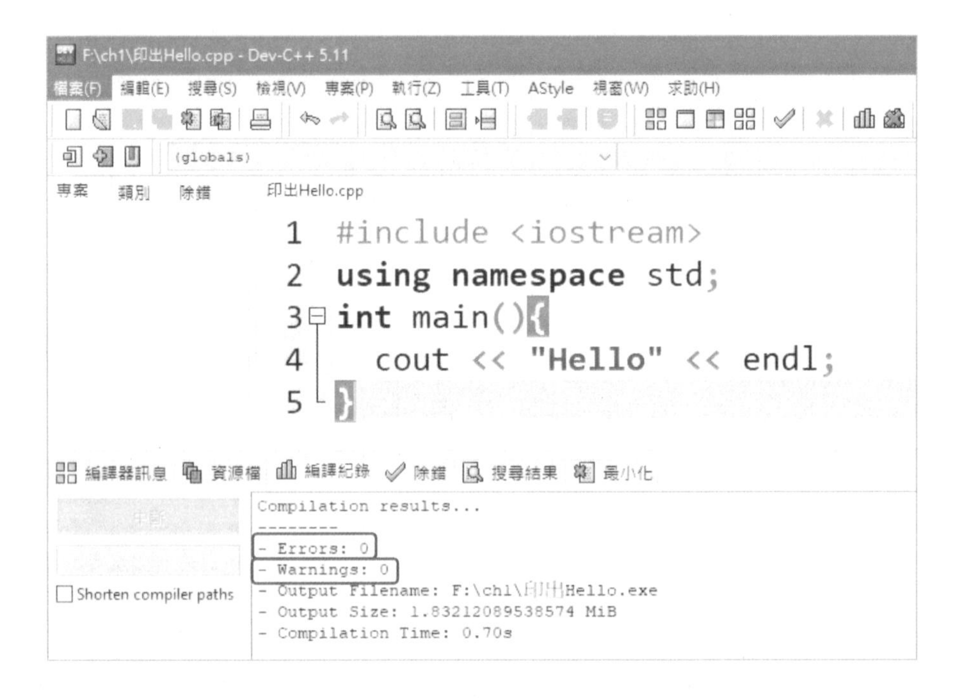

Step3 編譯完成後，儲存程式碼的資料夾出現執行檔「印出 Hello.exe」，表示程式碼「印出 Hello.cpp」編譯完成。

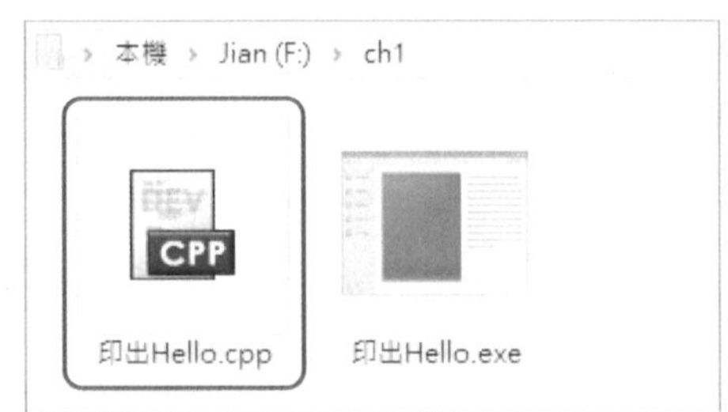

執行程式

Step1 程式經由編譯後變成執行檔，執行檔需載入作業系統才能執行，請點選「執行 → 執行」。

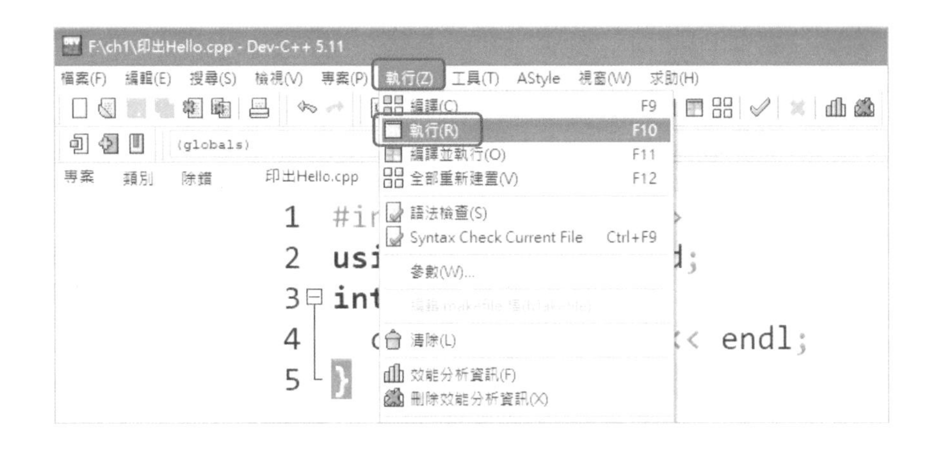

Step2 執行結果如下，螢幕出現「Hello」後，等待按下任意鍵繼續。

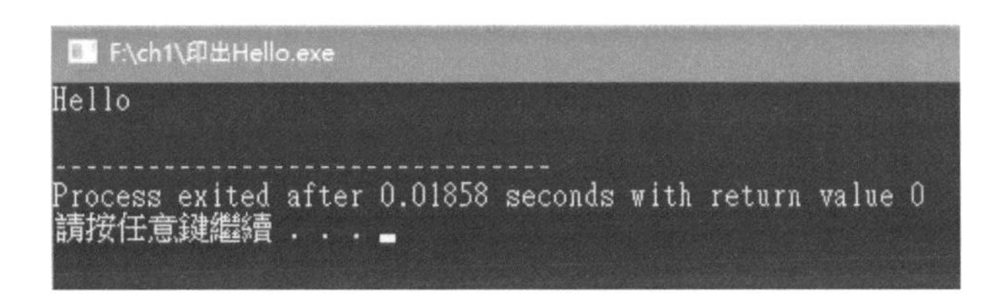

1-3-3 使用 Code::Blocks 編輯、編譯與執行程式

點選程式集或桌面上的「CodeBlocks」，開啟 Code::Blocks，開啟後畫面如下。

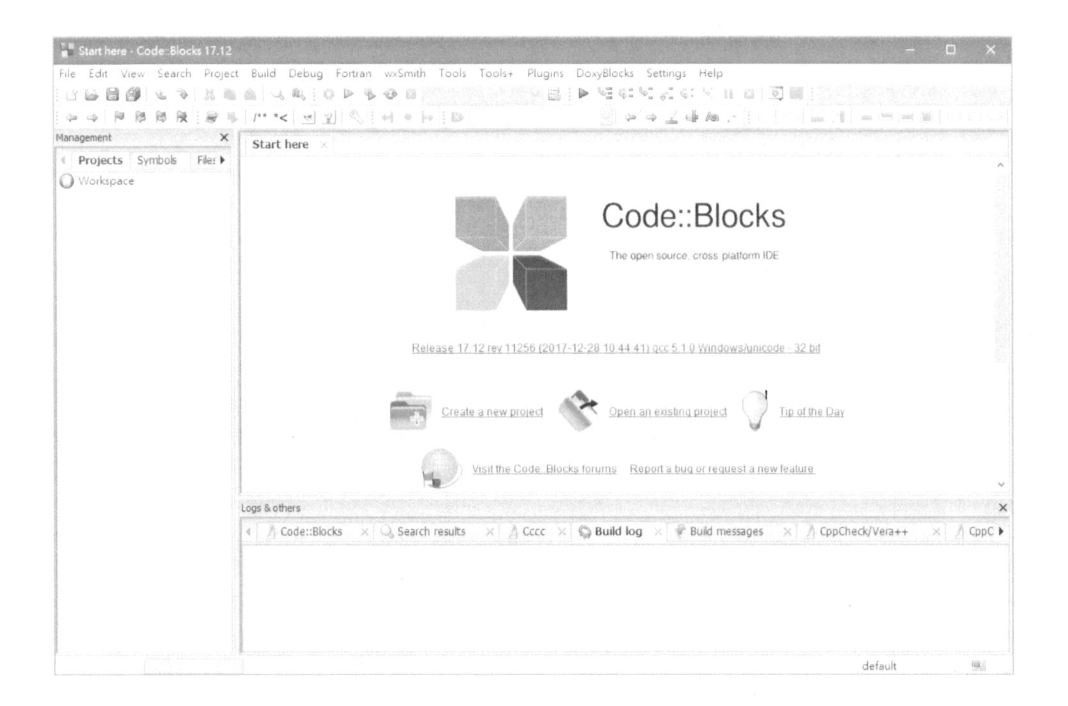

新增專案

Step1 點選「File → New → Project」。

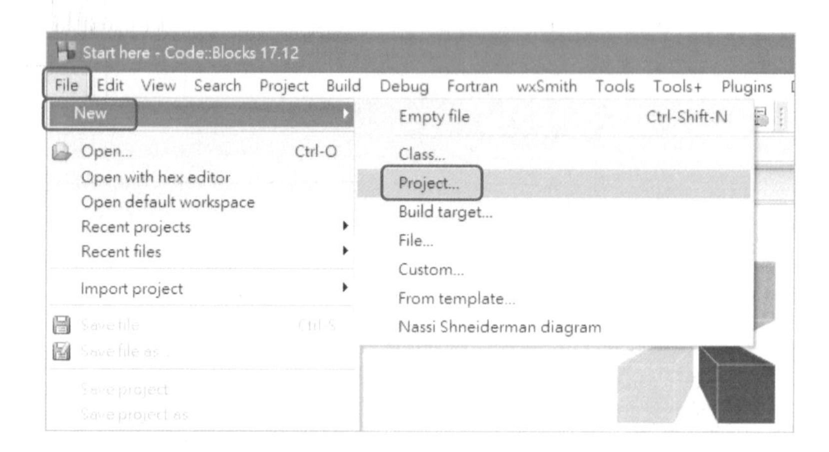

Step2 選擇專案類型，請選擇「Console application」，點選「Go」。

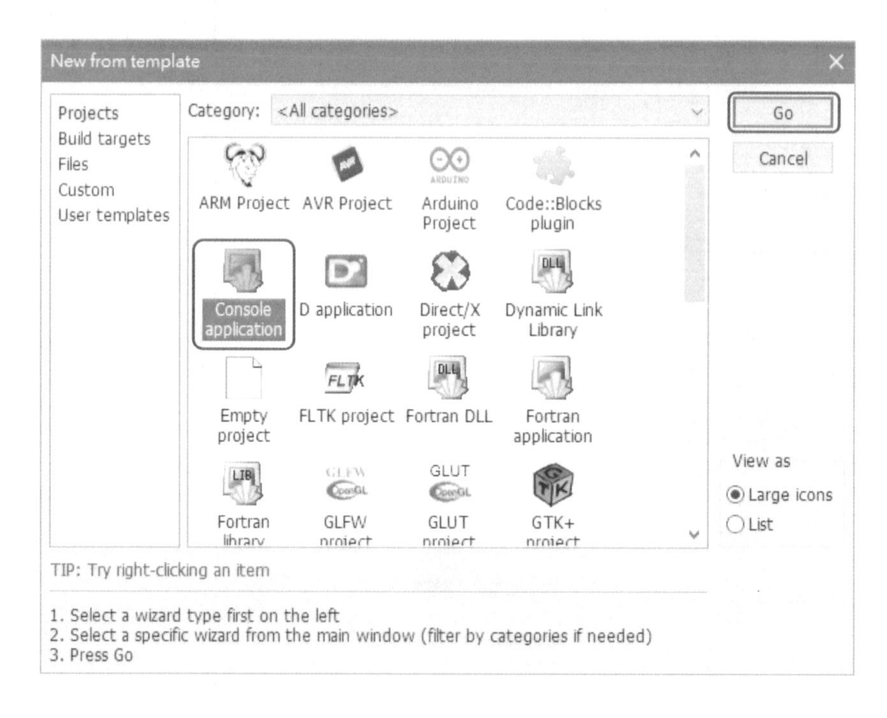

Step3 點選「Next」。

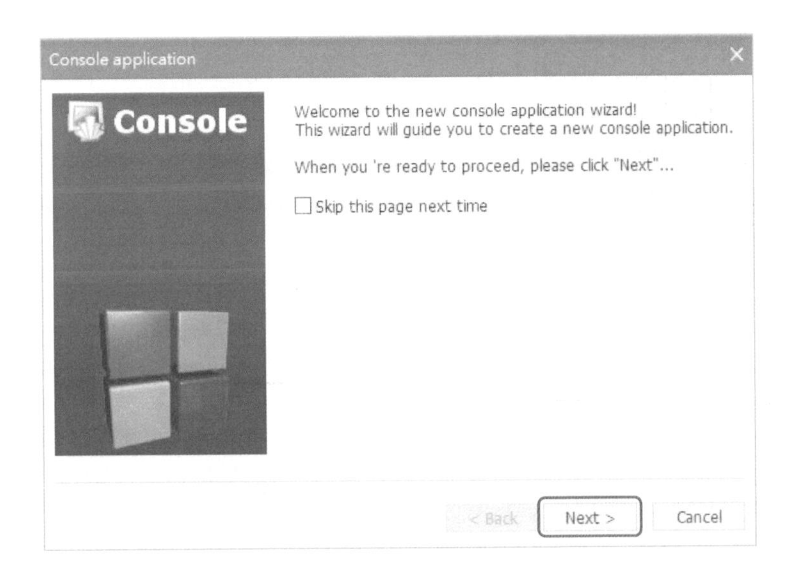

Step4 點選「C++」，接著點選「Next」。

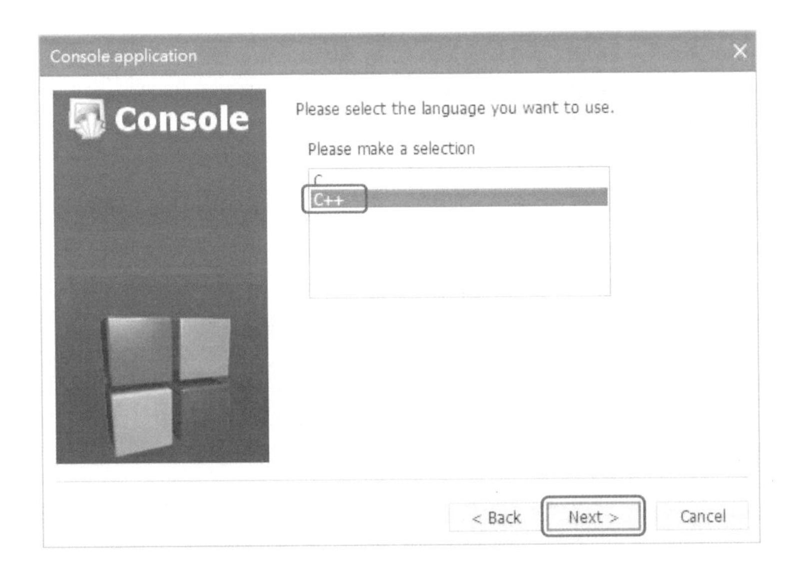

Step5 在 Project title 輸入專案的標題，點選「...」，選取專案資料夾，Project filename 與 Resulting filename 會自動產生不需要輸入，接著點選「Next」。

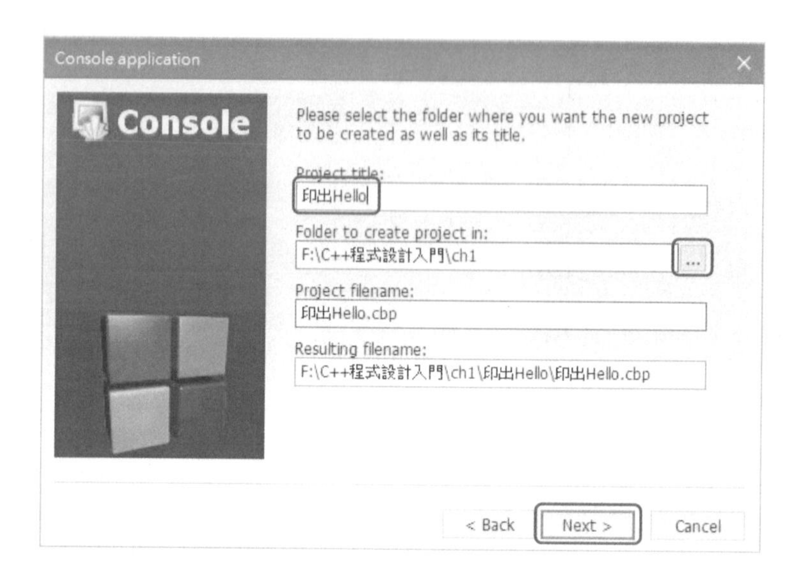

Step6 此視窗用於設定除錯與發佈資料夾，可以使用預設值，直接點選「Finish」。

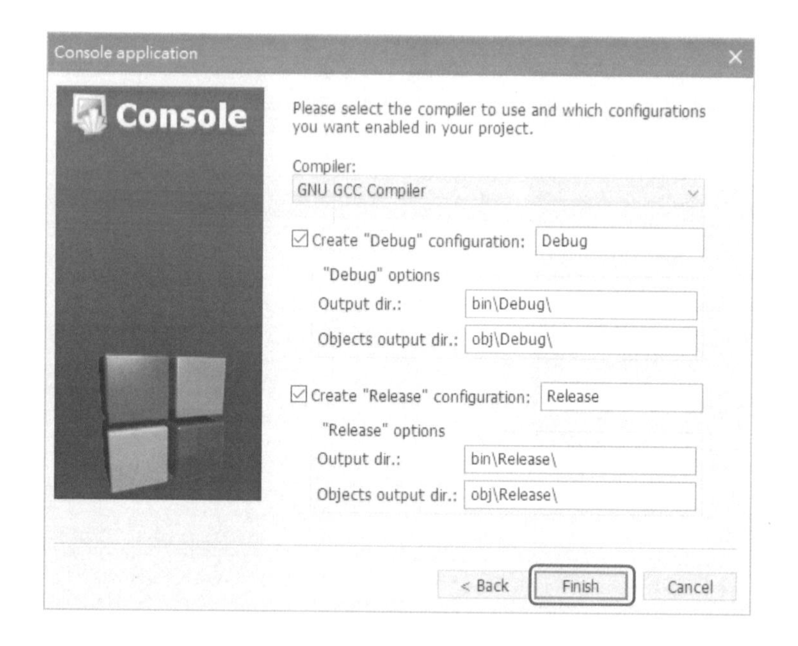

撰寫程式

點選左側的「Projects → 印出 Hello → Sources → main.cpp」，將程式寫在 main.cpp 內，C 與 C++預設以函式 main 為程式執行的起始點，檔案 main.cpp 內包含函式 main，程式須寫在檔案 main.cpp 的函式 main 內。

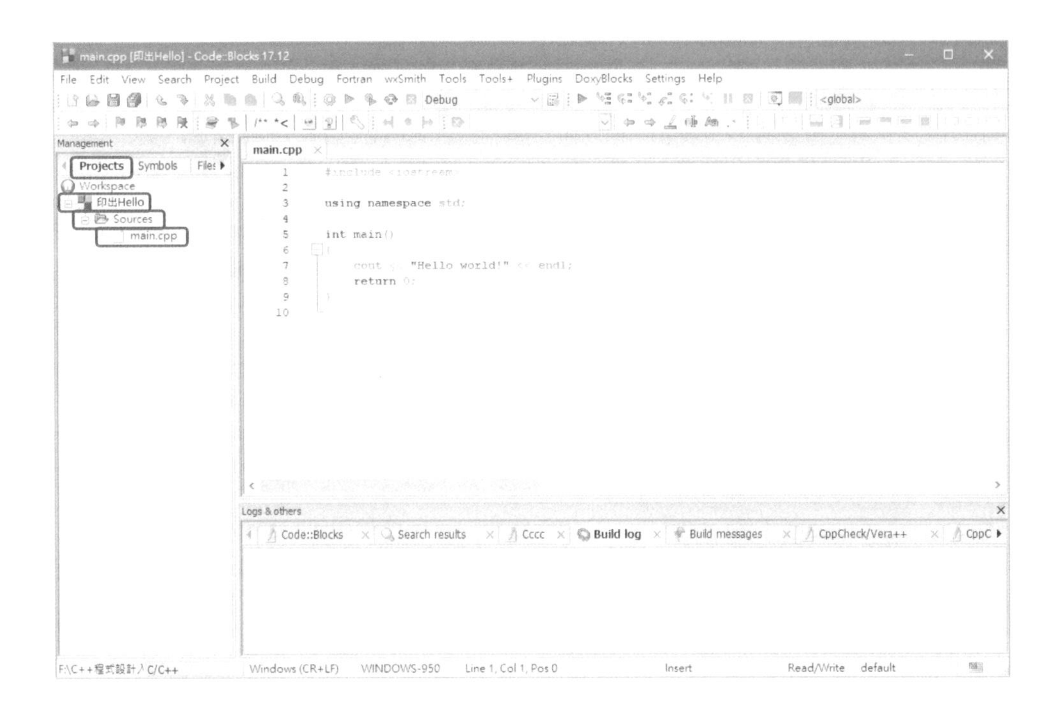

程式編譯與執行

將「印出 Hello」程式拷貝到 main.cpp 內，如下圖，點選「 」建立執行檔，接著點選「 」執行程式；若點選「 」可以建立與執行執行檔，相當於先點選「 」建立執行檔，再點選「 」執行程式。

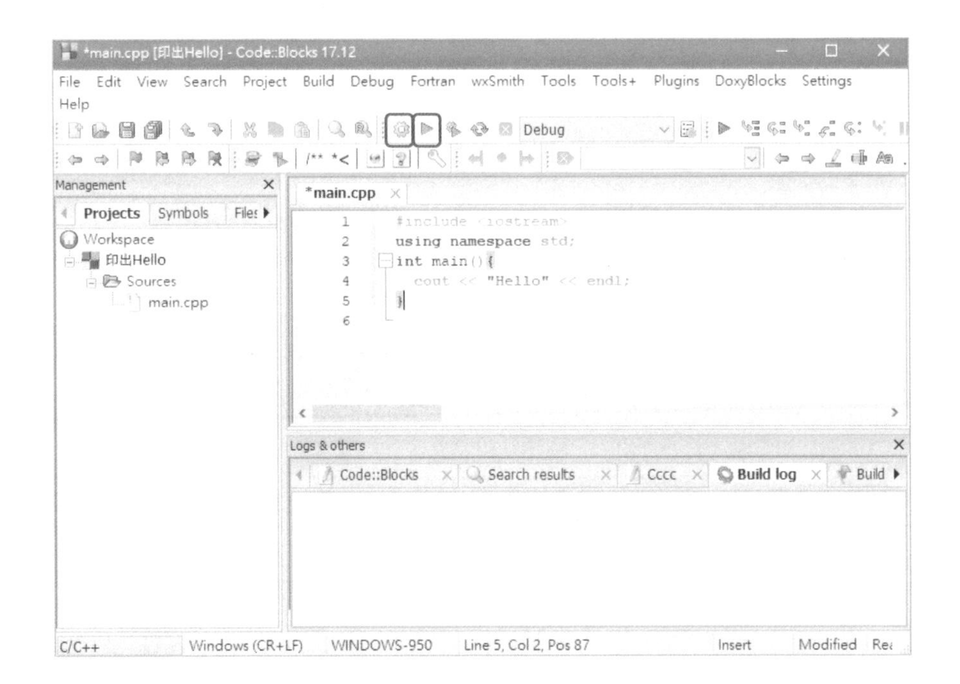

出現以下視窗表示成功執行程式。

```
F:\C++程式設計入門\ch1\印出Hello\bin\Debug\印出Hello.exe
Hello

Process returned 0 (0x0)   execution time : 0.031 s
Press any key to continue.
```

1-4 C++輸入與輸出

C++語言提供直覺地輸入與輸出控制元件，較適合初學者學習程式設計，本書的輸入輸出皆使用 C++語言，C++語言中最常用輸入與輸出的物件為 cin 與 cout，使用這些函式需先包含 iostream，因 iostream 中包含 cin 與 cout 類別，且 cin 與 cout 定義在標準命名空間（std）內，所以要加上「using namespace std;」，編譯時才找得到這些系統物件，cin 與 cout 使用方式如下。

分類	格式與說明	範例
輸出字串	cout << "字串"; 「<<」表示輸出資料，輸出字串到螢幕，字串部分前後要加上雙引號。	cout << "Hello"; 輸出結果：Hello
輸出變數	cout << 變數; 「<<」表示輸出資料，輸出變數的值到螢幕，變數前後不加雙引號。變數概念於下一章介紹。	int years=15; cout << years; 輸出結果：15
輸出多個字串與變數	cout << "字串" << 變數; cout << 變數 << "字串"; 「<<」表示輸出資料，輸出變數與字串可以串接多個變數與字串，沒有數量與次序限制，只是每個字串與變數前面都需加上「<<」，輸出時是由左到右依序輸出。變數概念於下一章介紹。	int years=15; cout << "我的年齡是"<< years << "歲"; 輸出結果：我的年齡是 15 歲

分類	格式與說明	範例

單一輸入	`cin >> 變數;`
	由鍵盤輸入資料到變數。
		`int num;`
		`cin >> num;`
		等待使用者輸入數值，數值會存入 num 中。變數概念於下一章介紹。

多個輸入	`cin >> 變數1 >> 變數2 >> 變數3;`
	由鍵盤輸入到多個變數，多個輸入值之間須以空白鍵或 Enter 鍵隔開，第一個輸入的值會儲存到變數 1；第二個輸入的值會儲存到變數 2；第三個輸入的值會儲存到變數 3。變數概念於下一章介紹。
		`int a,b,c;`
		`cin >> a >> b >> c;`
		等待使用者輸入數值，數值會依序分別存入 a、b 與 c 中。

輸入與輸出範例：請問幾歲(檔案名稱：ch1\請問幾歲.cpp)

問題敘述

寫一個程式，螢幕輸出「請問幾歲？」，等待使用者輸入，假設輸入「15」，螢幕輸出「我今年 15 歲」。

解題想法

這個程式需要使用 cin 與 cout 兩物件，cin 用於輸入資料，cout 用於顯示資料到螢幕。

行數	程式碼
1	`#include <iostream>`
2	`using namespace std;`
3	`int main(){`
4	`  int years;`
5	`  cout << "請問幾歲？" << endl;`
6	`  cin >> years;`
7	`  cout << "我今年" << years << "歲" << endl;`
8	`}`

解說

- 第 1 行：包含 iostream 為了 cin 與 cout。
- 第 2 行：使用標準命名空間(std)，cin 與 cout 定義於此。

- 第 3 到 8 行：為 main 函式。
- 第 4 行：宣告 years 為整數變數，下一章詳細說明變數的概念。
- 第 5 行：螢幕上輸出「請問幾歲？」
- 第 6 行：等待輸入，輸入的數值儲存入變數 years。
- 第 7 行：螢幕上輸出「我今年 xx 歲」，xx 表示鍵盤輸入的數值。

程式執行結果

輸入 15，程式執行結果，如下圖。

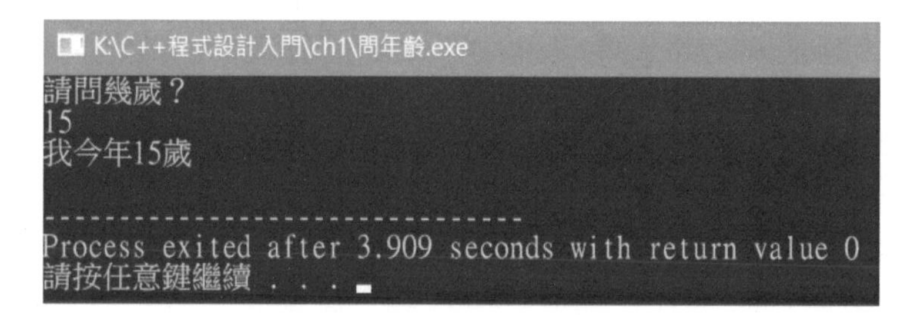

1-5 除錯

程式要寫得好，一定要知道程式怎麼運作，可以經由除錯方式追蹤程式的執行，進而了解程式的運作細節，可以由此更加了解所撰寫的程式，並可以找出錯誤進而修正程式。

使用 Dev-C++進行除錯

Step1 點選「程式碼編輯視窗」行號左側空白處，此時被點選位置的整行都會變成紅色，表示程式執行時到此行就會中斷，並選取具有 Debug 功能的編譯器，例如：編譯器「TDM-GCC 4.9.2 64-bit Debug」後面一定要接「Debug」才開啟除錯功能。

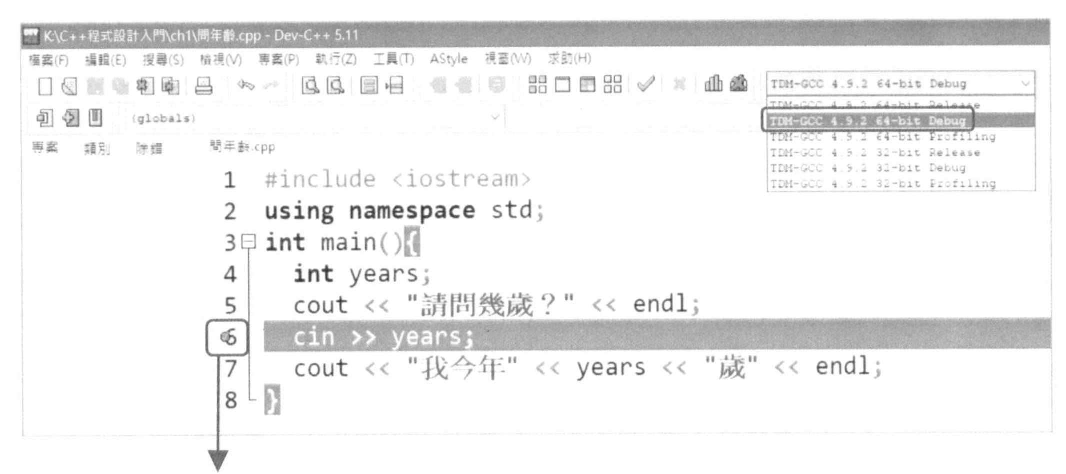

點選此行的行號位置，此行變成紅色，
表示程式執行到此中斷。

Step2 進行除錯前，需先重新編譯程式，讓程式執行檔加入除錯的資訊，請點選「執行 → 編譯」。

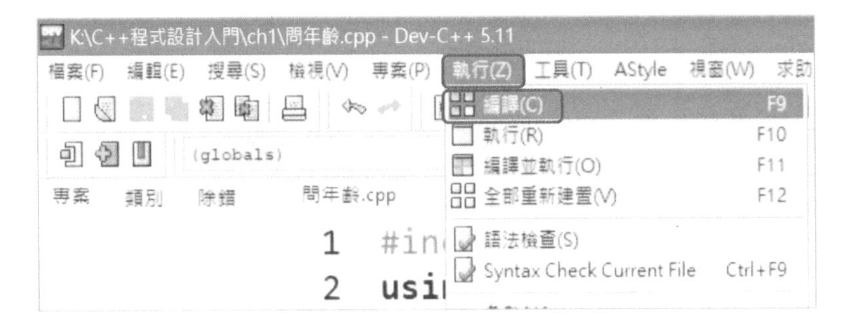

Step3 點選「執行 → 除錯」進入除錯模式，等待使用者輸入除錯指令，如單步執行、追蹤入函式、跳過函數單步執行等。

除錯後出現以下畫面，被中斷的行由紅色變成藍色表示程式執行到此，且這一行還未執行，螢幕輸出「請問幾歲？」後，等待使用者除錯，此時使用滑鼠圈選 years 變數，點選下方的「新增監看式」，左邊「除錯」視窗會顯示 years 為 0。接著點選「逐行執行」，表示執行被中斷的那一行(本範例為 cin >> year)。

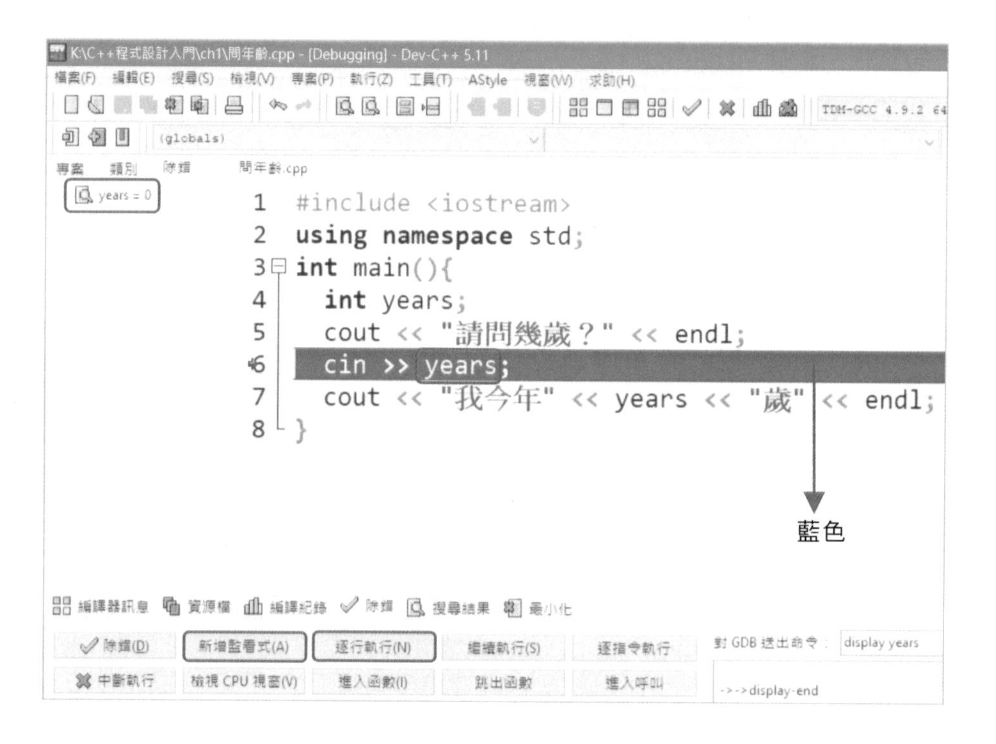

Step4 請點選 Dev C++所產生的「命令提示字元」視窗，輸入「15」，按下「Enter」鍵，如下圖。

回到 Dev-C++畫面，左邊「除錯」視窗中 years 顯示為 15，表示鍵盤輸入的值已經儲存在變數 years，可以再點選「逐行執行」，一步一步執行程式就可以知道程式執行的過程，點選「中斷執行」才能中斷除錯的功能，回到 Dev C++程式編輯模式。

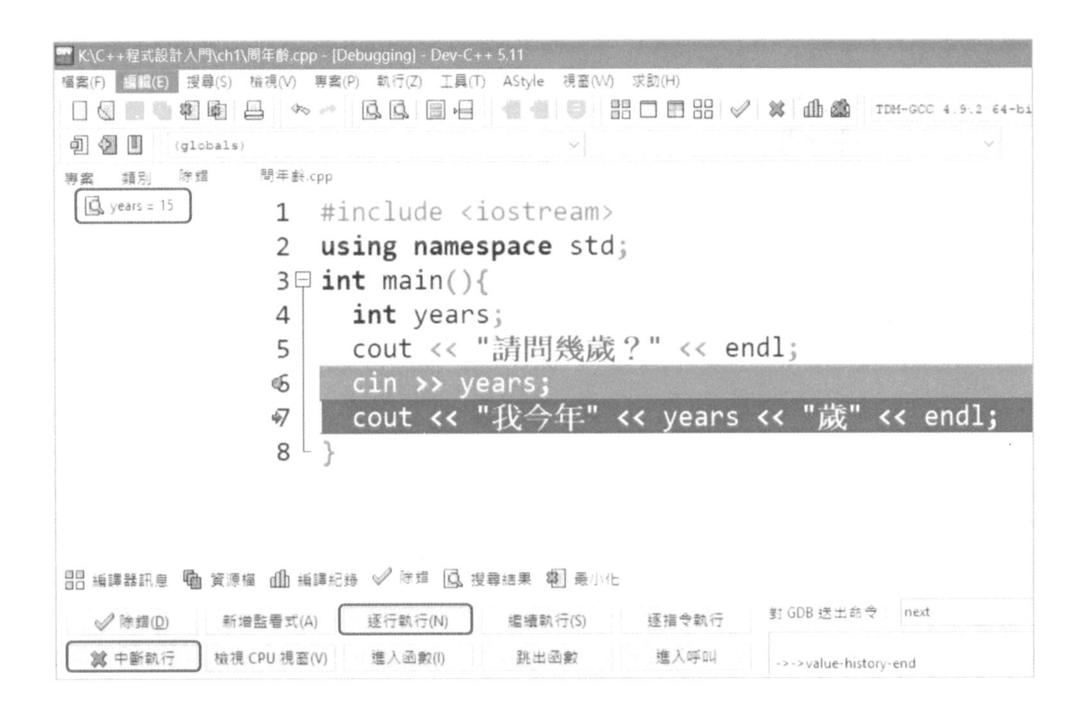

使用 Code::Blocks 進行除錯

新增專案與原始碼，使用「請問幾歲」範例程式碼，如下。

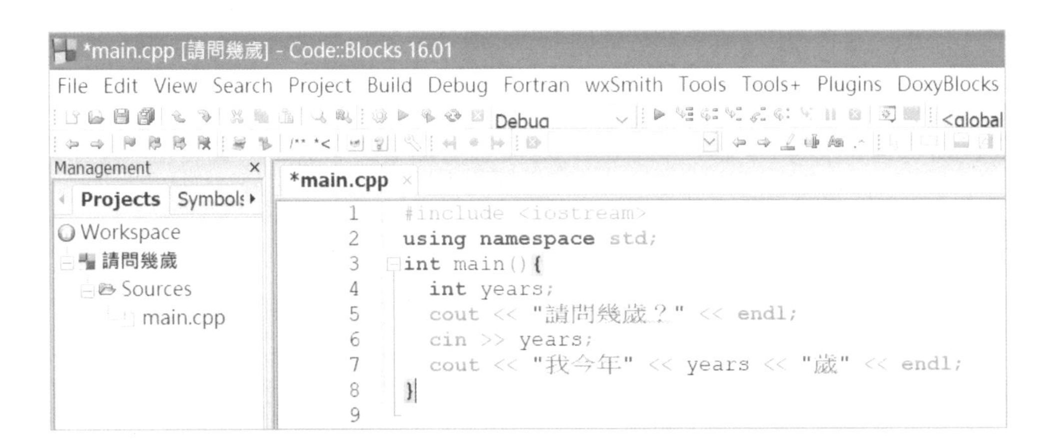

Step1 新增中斷點，以滑鼠點選程式碼最左側空白處，會出現紅色圓點表示該行已新增中斷點，如本範例在「cin >> years;」設定中斷點，程式執行到此會停下來。接著點選「 (Step into)」，進行偵錯。

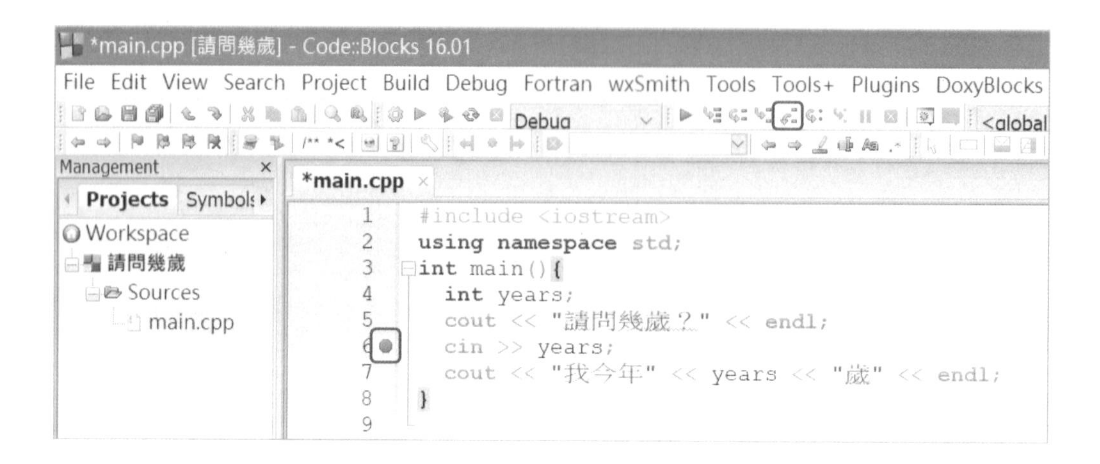

Step2 停留在第 5 行「cout << "請問幾歲？" << endl;」，點選「 (Next line)」執行第 5 行。

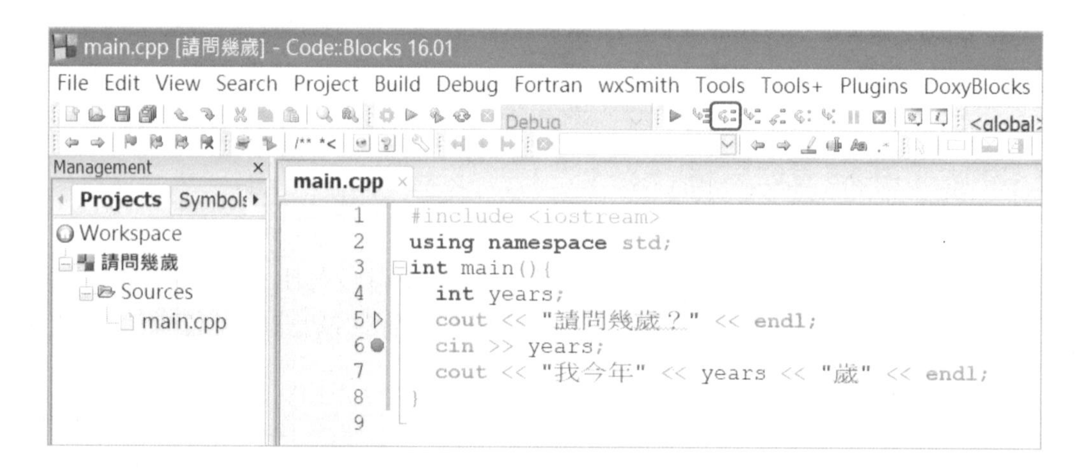

顯示「請問幾歲？」到螢幕上。

```
K:\C++程式設計入門\ch1\請問幾歲\bin\Debug\請問幾歲.exe
請問幾歲？
```

Step3 點選「(Next line)」執行第 6 行「cin >> years;」。

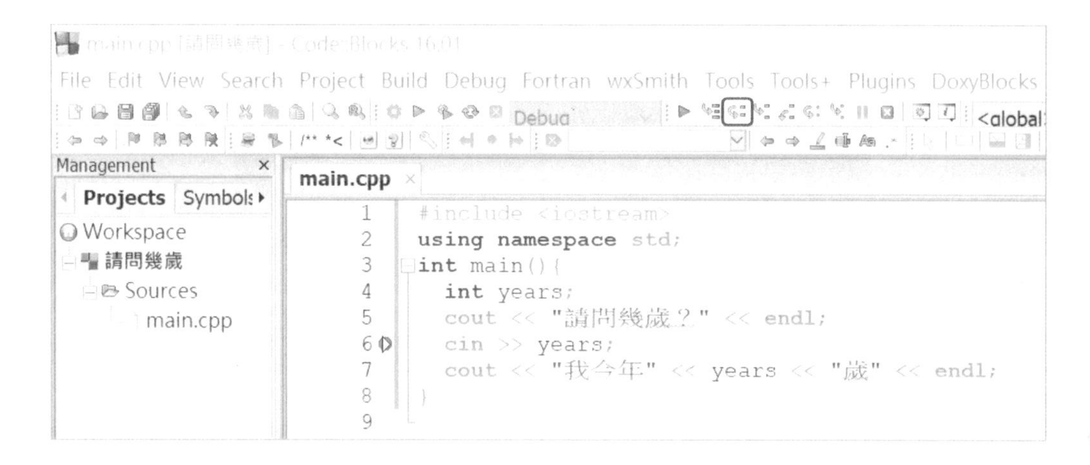

輸入「15」後，按下 Enter 鍵，將「15」輸入到程式中，儲存到變數 years。

Step4 在「Watches」視窗，顯示變數 years 為 15，接著點選「(Next line)」會執行第 7 行「cout << "我今年" << years << "歲" << endl;」。

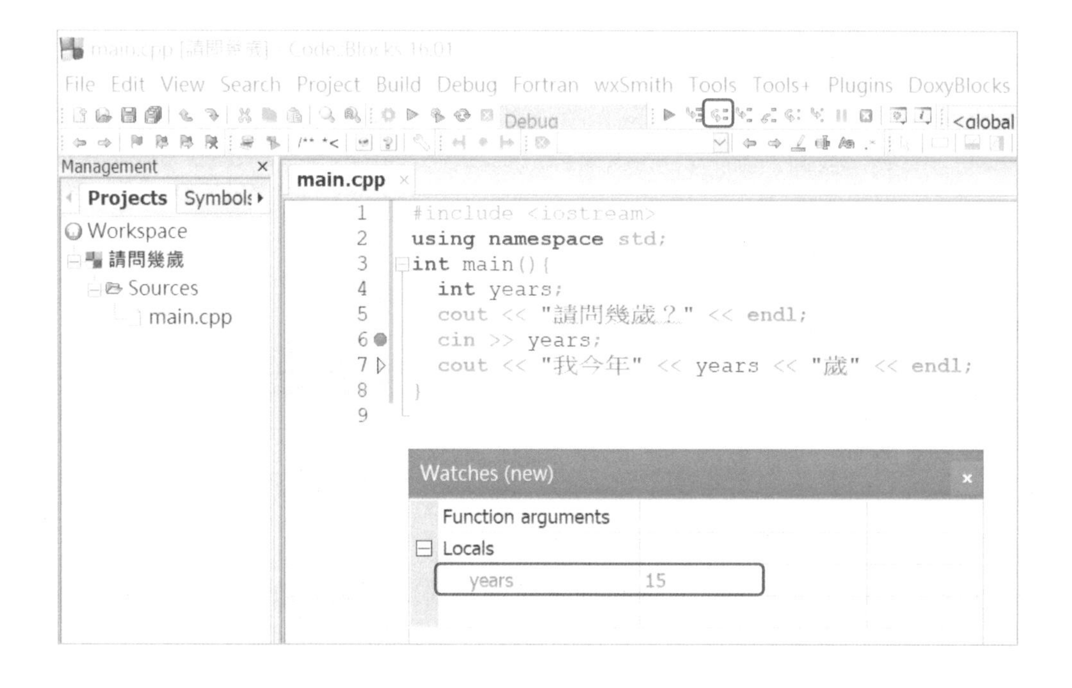

顯示「我今年 15 歲」到螢幕上。

```
K:\C++程式設計入門\ch1\請問幾歲\bin\Debug\請問幾歲.exe
請問幾歲？
15
我今年15歲
```

1-6 養成良好的撰寫程式習慣

編輯 C 語言程式時，可以遵守以下注意事項，讓程式可以正確編譯與容易閱讀。

1-6-1 區塊中每一行結束需要加「分號」

左大括號與右大括號所包夾的範圍被稱為區塊，左大括號「{」表示區塊開始，而右大括號「}」表示區塊結束，函式、條件判斷（if-else）與迴圈（for 或 while）後面可以新增區塊，區塊中的每一行結束時，需要加上分號(;)表示該行結束，如前節範例，main 函式區塊中每一行結束加上分號，如下表，但左大括號與右大括號後面不加分號(;)。

行數	程式碼
1	`#include <iostream>`
2	`using namespace std;`
3	`int main(){`
4	`  int years;`
5	`  cout << "請問幾歲？" << endl;`
6	`  cin >> years;`
7	`  cout << "我今年" << years << "歲" << endl;`
8	`}`

1-6-2 程式碼縮行

程式中大部分的換行與空格都沒有意義，程式中需要適當的換行與空格，讓後續維護程式的人更容易閱讀。想想看若 main 主程式中每一行程式都不換行，程式可以正常編譯，但對於後續維護程式的工程師會造成困擾，程式碼不易閱讀。

程式碼以縮行方式表示屬於同一區塊，縮行表示每行開始的空白字數，縮行相同字數表示屬於同一的區塊，幫助程式設計師更容易閱讀程式碼，如下圖，標示為「①」表示未縮行屬於同一區塊，「②」縮行 2 個字元〈可以縮行 2 到 4 個字元，沒有統一規定，也可以縮行自己想要的字元數〉，表示為 main 函式區塊。C 語言並未強迫一定要縮行，不縮行的程式進行編譯也不會有問題。

行數	程式碼
1	`#include <iostream>`
2	`using namespace std;` ①
3	`int main(){`
4	`  int years;`
5	`  cout << "請問幾歲？" << endl;`
6	`  cin >> years;` ②
7	`  cout << "我今年" << years << "歲" << endl;`
8	`  system("pause");`
9	`}` ①

1-6-3 註解

程式碼中可以新增說明文字，解釋程式碼的運作情形，這些說明文字需轉換成註解，若是一行的註解，可以使用「//」，表示從「//」後的文字是註解，若是整個區塊都忽略，則使用「/*」與「*/」所包夾的區域，整個區域都成為註解。

行數	程式碼
1	`#include <iostream>`
2	`using namespace std;`
3	`int main(){`
4	`//years 用於儲存歲數` → 註解一行
5	`  int years;`
6	`  /*`
7	`    本程式為輸入輸出範例` → 註解整個區塊
8	`  */`
9	`  cout << "請問幾歲？" << endl;`
10	`  cin >> years;`
11	`  cout << "我今年" << years << "歲" << endl;`
12	`}`

習題

選擇題

(　) 1.　C 語言由以下哪一個語言演進而來？

(A) E 語言　(B) B 語言　(C) A 語言　(D) D 語言。

(　) 2.　以下何種語言可以讓程式不需修改就可以在各處理器上執行？

(A) 機器語言　(B) 自然語言　(C) 高階語言　(D) 組合語言。

(　) 3.　C 語言透過什麼軟體將程式碼轉成執行程式？

(A) 翻譯器　(B) 組譯器　(C) 編譯器　(D) 直譯器。

(　) 4.　Dev-C++提供的功能不含下列何者？

(A) 編輯　(B) 主動修正錯誤　(C) 編譯　(D) 執行

(　) 5.　關於 C 語言的敘述，下列何者敘述有誤？

(A) 程式碼縮行是為了讓程式設計師更容易閱讀程式

(B) 註解一行，需在該行最前面加上「//」

(C) 區塊中每一行結束需加上「.」符號

(D) 區塊是左大括號與右大括號所包夾起來的範圍。

變數、資料型別與運算子 2

2-1 變數

2-1-1 何謂變數？

變數是程式放資料的空間，佔有電腦的記憶體空間，程式在運算過程中，將資料進行處理與運算，就是對變數進行處理與運算，就是對變數所對應的記憶體進行處理與運算。

還記得數學中的方程式，如 x+y=12，x 與 y 是未知數，跟本章要介紹的變數有相同的概念，代表某個資料，而電腦的變數還多了佔有固定長度的記憶體空間。程式中命名變數的方式通常有固定的規則，如成績就用 score 表示，加總就用 sum 等，再對變數進行運算，例如 sum=score1+score2，就是將 score1 加 score2 的結果儲存到 sum。這樣的變數命名規則沒有強制性，只是讓後續維護程式的人更容易閱讀。

充電時間　變數與記憶體

程式經由編譯變成執行檔，執行檔由資料與指令所組成，為了執行程式，電腦將資料與指令由硬碟讀取到記憶體，電腦執行指令並處理資料，過程中需要有暫存資料的記憶體空間，記憶體存取方式為以位址存取資料，記憶體位址的編排第 1 個 Byte 位址定義為 0，第二個 Byte 位址為 1，依此類推。程式中使用變數命名某個記憶體空間，亦即某個變數代表某個記憶體空間，程式中變數初始化相當於將值儲存入所對應的記憶體空間，使用者只需瞭解變數的使用，記憶體與變數的對應由程式語言處理。

假設一個有 10 個 Byte 的記憶體，依照記憶體位址的編號應由 0 開始編號到 9，假設宣告一個變數 x，該變數佔有 1 個 Byte 的記憶體，編譯後成為執行檔執行，自動將其對應到位址 6 的記憶體，程式中寫到「x=13」，電腦就會將 13 儲存入位址為 6 的記憶體中，如右圖。

位址	內容	
0		
1		
2		
3		
4		
5		
6	13	(註：變數 x 所對應的記憶體)
7		
8		
9		

2-1-2 變數的命名

變數的命名有一定的規則，好的變數命名可以讓程式更容易閱讀，其參考規則如下。

(1) 變數的第一個字母一定只能是英文大小寫字母或底線(_)，其後可以接英文大小寫字母、底線(_)或數字，所以不能以數字開頭。

正確	不正確	
SCORE_1	1_SCORE	無法使用數字開頭
SCORE_1	SCORE?1	包含「?」，「?」不是英文字母、底線或數字

(2) 大小寫字母視為不同變數，A 與 a 視為不同的變數。

(3) 同一個作用範圍不可以命名兩個相同的變數名稱。

(4) 變數名稱可以利用多個有意義的單字組合而成，程式設計者較容易閱讀與瞭解，如表示數學成績的變數可以使用 mathScore 來表示。

(5) 變數長度限制與編譯器有關，超過長度的變數（超過 32 個字母的長度）會被忽略，通常命名變數不要過長，過長的變數名稱不易閱讀。

(6) C++語言中關鍵字無法命名為變數名稱，如：if、else、switch、int、for、while、and、or、not 與 double 等。

2-2 資料型別

C++語言中的基本資料型別可以分成 char、short、int、long int、long long int、float 與 double 等。

2-2-1 字元

字元用於存放一個英文字母、數字或半形的特殊符號，例如：「,(逗號)」、「.(句號)」與「*(星號)」等。

資料型別	所佔空間	數值範圍
char	1 位元組	0 至 255

2-2-2 整數

整數為未含有小數點的數值，程式中數值變數都有其存放空間限制，所表達的數值因此有範圍限制，超過範圍後數值就無法正確表示，運算結果也不正確。

整數分成 short (佔 2Byte)、unsigned short (佔 2Byte)、int (佔 4Byte)、long int (佔 4Byte)、unsigned int (佔 4Byte)、long long(佔 8Byte)、long long int(佔 8Byte)，各種整數資料型別佔用記憶體的空間與整數數值範圍如下。

資料型別	所佔空間	數值範圍
short short int	2 位元組	-32768 到 32767 相當於-2^{15}到 $2^{15}-1$
unsigned short unsigned short int	2 位元組	0 到 65535 相當於 0 到 $2^{16}-1$
int long int	4 位元組	-2,147,483,648 到 2,147,483,647 相當於-2^{31}到 $2^{31}-1$
unsigned int unsigned long int	4 位元組	0 到 4,294,967,295 相當於 0 到 $2^{32}-1$
long long long long int	8 位元組	-9223372036854775808 到 9223372036854775807 相當於-2^{63}到 $2^{63}-1$
unsigned long long unsigned long long int	8 位元組	0 到 18446744073709551615 相當於 0 到 $2^{64}-1$

若變數的數值超出該資料型別能夠儲存的數值範圍，會導致變數所儲存的數值不正確，該變數會導致程式執行結果不正確。

2-2-3 浮點數

浮點數是帶有小數點的數值，其範圍以科學符號表示，如表示 3.4E38 相當於 3.4 乘以 10 的 38 次方。

資料型別	所佔空間	數值範圍
float	4 位元組	單精度浮點數 −3.4E38 到 3.4E38
double	8 位元組	倍精度浮點數 −1.7E308 到 1.7E308

若變數的數值超出該資料型別能夠儲存的數值範圍，會導致變數所儲存的數值不正確，該變數會導致程式執行結果不正確。

2-2-4 布林值

布林值是只能表示對(true)或錯(false)的資料型別。

資料型別	所佔空間	數值範圍
bool	1 位元組	true 或 false

2-3 變數的宣告與初始化

C++語言的變數需要宣告後才能使用，宣告表示告訴程式可以使用這個變數，要配置多大的記憶體空間，宣告方式如下。

(a) 宣告變數

格式：資料型別 變數;

例如：「int x;」宣告 x 為整數。

(b) 宣告變數並初始化

格式：資料型別 變數=資料值;

例如：「int x=100;」宣告 x 為整數，並初始化為 100。

(c) 宣告多個變數

格式：資料型別 變數 1,變數 2,變數 3;

例如：「int x,y,z;」宣告 x、y 與 z 為整數。

2-3-1 變數的宣告與初始化

將變數給定初始值稱作初始化，各種資料型別的宣告與初始化如下。

(a) 字元變數宣告方式

```
char  chA  =  'x'
```

說明：設定字元變數 chA 為「x」，單引號（'）夾著一個字母稱作字元；雙引號（"）夾著一個到多個字母稱作字串，例如："x"，C++語言會在最後自動加上「\0」表示字串結束。

(b) 整數變數宣告方式

```
int  i;
i = 6;
```

說明：設定整數變數 i 為 6。

(c) 浮點數變數宣告方式

```
double  y;
y= 99.9999
```

說明：設定浮點數變數 y 為 99.9999。

(d) 布林值變數宣告方式

```
bool y;
y= false
```

說明：設定布林值變數 y 為 false。

2-4 運算子

將數值或變數進行運算，需要使用運算子，運算子分成指定運算子、算數運算子、字串串接運算子、比較運算子與邏輯運算子等，以下就分別介紹並舉例說明。

2-4-1 指定運算子

用等號(=)表示，意思是等號右邊先運算，再將運算結果儲存到左邊的變數，如 A=1+2，右邊的 1+2 先運算獲得 3，將 3 再儲存到左邊的 A。

2-4-2 算術運算子

算術運算子為數學的運算子，例如：A-B 表示 A 減 B，減(-)為算術運算子，。可以結合指定運算子(=)將結果儲存到變數 C，C=A-B。以下介紹算術運算子。

運算子	說明	舉例
+	加	A=5+2 結果：A=7
-	減	A=5-2 結果：A=3
*	乘	A=5*2 結果：A=10
/	除	A=5/2 結果：A=2，整數除整數最後只保留整數，捨去小數點以下的數值。
%	相除後求餘數	A=5%2 結果：A=1

乘號在數學中可以不用加上，但在程式中乘號不可以忽略，其他使用方式與數學相同，先乘除後加減，使用小括號括起來的部分優先計算。

以下提供程式中數學運算子範例。

運算式	結果
a=(2+3*2)*(4-1)	變數 a 的值為 24，因為左邊括弧內 3*2 先運算，結果為 6，再加上 2 得到 8，右邊括弧內 4-1，運算結果為 3，最後 8 乘以 3 得 24，獲得最後結果。

2-4-3 比較運算子

比較運算子	說明	舉例
<	判斷是否小於	A=(5<2) 結果：A=0(0 表示條件不成立，結果為假)
<=	判斷是否小於等於	A=(5<=2) 結果：A=0(0 表示條件不成立，結果為假)
>	判斷是否大於	A=(5>2) 結果：A=1(1 表示條件成立，結果為真)
>=	判斷是否大於等於	A=(5>=2) 結果：A=1(1 表示條件成立，結果為真)
!=	判斷是否不等於	A=(5!=2) 結果：A=1(1 表示條件成立，結果為真)
==	判斷是否等於	A=(5==2) 結果：A=0(0 表示條件不成立，結果為假)

2-4-4 邏輯運算子

邏輯運算子有三種運算子，且(&&)、或(||)、非(!)。

(1) (X&&Y)：當 X 是 True，Y 也是 True，結果為 True；X 與 Y 只要其中一個為 False，結果為 False。

X && Y	Y=True	Y=False
X=True	True	False
X=False	False	False

(2) (X||Y)：當 X 與 Y 其中一個為 True，則結果為 True；當 X 是 False 且 Y 也是 False，則結果為 False。

<table>
<tr><th>X || Y</th><th>Y=True</th><th>Y=False</th></tr>
<tr><td>X=True</td><td>True</td><td>True</td></tr>
<tr><td>X=False</td><td>True</td><td>False</td></tr>
</table>

(3) (! X)：若 X 為 True，! X 結果為 False；若 X 為 False，! X 結果為 True。

	! X
X=True	False
X=False	True

充電時間

可以使用邏輯運算子（且(&&)、或(||)、非(!)）連結多個條件，若要多個條件須同時為 true 運算結果才為 true，就使用「&&」運算子結合這些條件；若只要其中之一條件為 true 運算結果就為 true，就使用「||」運算子結合這些條件；若要取相反的結果，就使用「!」運算子置於該條件前面，邏輯運算子結合多個條件運算舉例如下。

舉例	X 值	結果	說明
((X>60) && (X<80))	70	true	條件(70>60)為 true，而條件(70<80)為 true，經由&&(且)運算結果為 true
((X>60) && (X<80))	60	false	條件(60>60) 為 false，只要有一個條件 false，經由&&(且)運算結果就為 false
((X>60) || (X<80))	60	true	條件(60<80) 為 true，只要有一個條件為 true 就為 true，經由||(或)運算結果就為 true。
!(X>60)	60	true	條件(60>60)為 false，取!(非)運算，結果變成 true。

2-4-5 遞增減運算子

遞增減運算子分為遞增(++)與遞減(--)，以下介紹遞增減運算子。

運算子	說明	舉例
++	遞增	int A=5; A++; 結果：A=6

運算子	說明	舉例
--	遞減	int A=5; A--; 結果：A=4

2-4-6 計算記憶體空間的運算子

sizeof()是運算子，而不是函式，可以計算出資料所佔有的記憶體空間，單位為位元組(byte)。

運算子	說明	舉例

sizeof()	計算出資料所佔有的記憶體空間	int A=5;
		cout << sizeof(A);
		結果：4

2-4-7 運算子優先權次序

F=2+3*5-14/7，這是一個計算公式，有加減乘除四種運算子，乘除先運算或加減先運算會有不同的結果，而運算子的運算先後順序是有其規則的，這些規則定義在程式語言裡，以下是 C++語言運算子的優先權規定。

優先權	運算子	說明
高	( )	括號
↑	++、--	字尾遞增、字尾遞減
	!	非：邏輯運算子的非（NOT）
	-	取負號：正數變負數，負數變正數
	sizeof	計算資料佔有的記憶體空間
	*、/、%	乘法、除法、求餘數
	+、-	加法、減法
	<	判斷是否小於
	<=	判斷是否小於等於
	>	判斷是否大於
	>=	判斷是否大於等於

優先權	運算子	說明
↓	==	判斷是否相等
	!=	判斷是否不相等
	&&	邏輯運算子的且（AND）
低	||	邏輯運算子的或（OR）

範例一	乘除先運算	加減再運算
F=2+3*5-14/7	F=2+15-2	F=15

範例二	括號先運算	求餘數再運算
F=(2+3)%4	F=5%4	F=1

2-5 隱含型別轉換與強制型別轉換

2-5-1 隱含型別轉換（Implicit type conversion）

未執行指定運算子(=)時，C++語言運算過程中會自動將小的儲存空間的變數轉換成大的儲存空間變數，以不失真為考量；但若是使用指定運算子(=)，會將指定運算子右邊資料型別轉換成指定運算子左邊資料型別，若是浮點數指定運算到整數，小數點以下自動忽略；若是倍精度浮點數指定運算到單精度浮點數，超過單精度浮點數的所能表達的位數自動忽略；將長整數(long long int)指定運算到整數(int)，超出整數所能表示的範圍值會自動忽略。這樣的型別轉換是由編譯器自動完成。

舉例如下(ch2\隱含型別轉換.cpp)：

行數	程式碼
1	`#include <iostream>`
2	`using namespace std;`
3	`int main(){`
4	`  int a;`
5	`  double x;`
6	`  cout << "3/2 的結果為" << 3/2 << endl;`
7	`  a=3/2;`
8	`  cout << "a 為整數資料型別，a=3/2 的結果為" << a << endl;`
9	`  x=3/2;`
10	`  cout << "x 為倍幅精度浮點數資料型別，x=3/2 的結果為" << x << endl;`

```
11      cout << "3/2.0 的結果為" << 3/2.0 << endl;
12      a=3/2.0;
13      cout << "a 為整數資料型別，a=3/2.0 的結果為" << a << endl;
14      x=3/2.0;
15      cout << "x 為倍幅精度浮點數資料型別，x=3/2.0 的結果為" << x << endl;
16  }
```

執行結果

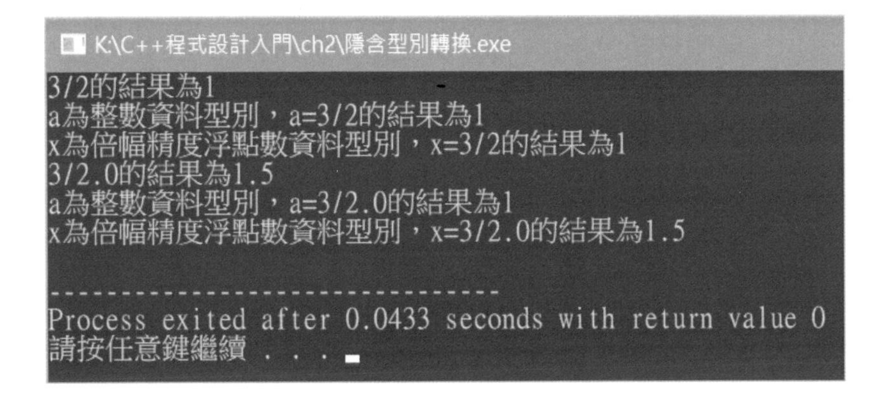

解說

- 3/2 的結果為 1 (計算 3/2 時，因為 3 與 2 皆為整數，所以相除後還是整數為 1)。
- a 為整數資料型別，a=3/2 的結果為 1 (計算 3/2 時，因為 3 與 2 皆為整數，所以相除後還是整數為 1，1 經由指定運算子儲存入整數 a，所以結果為 1)。
- x 為倍幅精度浮點數資料型別，x=3/2 的結果為 1 (計算 3/2 時，因為 3 與 2 皆為整數，所以相除後還是整數為 1，1 經由指定運算子儲存入倍幅精度浮點數 x，結果還是 1)。
- 3/2.0 的結果為 1.5 (計算 3/2.0 時，因為 3 為整數與 2.0 為浮點數，所以相除後還是浮點數為 1.5)。
- a 為整數資料型別，a=3/2.0 的結果為 1 (計算 3/2.0 時，因為 3 為整數與 2.0 為浮點數，所以相除後還是浮點數為 1.5，1.5 經由指定運算子儲存入整數 a，所以結果為 1)。

- x 為倍幅精度浮點數資料型別，x=3/2.0 的結果為 1.5 (計算 3/2.0 時，因為 3 為整數與 2.0 為浮點數，所以相除後還是浮點數為 1.5，1.5 經由指定運算子儲存入倍幅精度浮點數 x，所以結果為 1.5)。

2-5-2 強制型別轉換（Explicit type conversion）

在程式運算過程中強迫做型別轉換稱作強制型別轉換，格式如下。

(強制轉換型別) 變數 或 **(強制轉換型別) 數值** **變數 1=(強制轉換型別) 變數 2** 或 **變數 1=(強制轉換型別) 數值**

如此變數或數值會轉換到指定的強制轉換型別，接著儲存到指定的變數。

舉例如下(ch2\強制型別轉換.cpp)：

行數	程式碼
1	`#include <iostream>`
2	`using namespace std;`
3	`int main(){`
4	`  int a;`
5	`  double x;`
6	`  cout << "(int)3/2 的結果為" << (int)3/2 << endl;`
7	`  a=(int)3/2;`
8	`  cout << "a 為整數資料型別，a=(int)3/2 的結果為" << a << endl;`
9	`  x=(int)3/2;`
10	`  cout << "x 為倍幅精度浮點數資料型別，x=(int)3/2 的結果為" << x << endl;`
11	`  cout << "(double)3/2 的結果為" << (double)3/2 << endl;`
12	`  a=(double)3/2;`
13	`  cout << "a 為整數資料型別，a=(double)3/2 的結果為" << a << endl;`
14	`  x=(double)3/2;`
15	`  cout << "x 為倍幅精度浮點數資料型別，x=(double)3/2 的結果為" << x << endl;`
16	`}`

執行結果

```
K:\C++程式設計入門\ch2\強制型別轉換.exe
(int)3/2的結果為1
a為整數資料型別，a=(int)3/2的結果為1
x為倍幅精度浮點數資料型別，x=(int)3/2的結果為1
(double)3/2的結果為1.5
a為整數資料型別，a=(double)3/2的結果為1
x為倍幅精度浮點數資料型別，x=(double)3/2的結果為1.5

--------------------------------
Process exited after 0.05321 seconds with return value 0
請按任意鍵繼續 . . .
```

解說

- (int)3/2 的結果為 1 (計算(int)3/2 時，(int)3 將 3 轉成整數，因為 3 與 2 皆為整數，所以相除後還是整數為 1)。
- a 為整數資料型別，a=(int)3/2 的結果為 1 (計算(int)3/2 時，因為 3 與 2 皆為整數，所以相除後還是整數為 1，1 經由指定運算子儲存入整數 a，所以結果為 1)。
- x 為倍幅精度浮點數資料型別，x=(int)3/2 的結果為 1 (計算(int)3/2 時，因為 3 與 2 皆為整數，所以相除後還是整數為 1，1 經由指定運算子儲存入倍幅精度浮點數 x，所以結果為 1)。
- (double)3/2 的結果為 1.5 (計算(double)3/2 時，(double)3 將 3 轉成倍幅精度浮點數，因為 3 為倍幅精度浮點數與 2 為整數，所以相除後是倍幅精度浮點數為 1.5)。
- a 為整數資料型別，a=(double)3/2 的結果為 1 (計算(double)3/2 時，(double)3 將 3 轉成倍幅精度浮點數，因為 3 為倍幅精度浮點數與 2 為整數，所以相除後是倍幅精度浮點數為 1.5，1.5 經由指定運算子儲存入整數 a，所以結果為 1)。
- x 為倍幅精度浮點數資料型別，x=(double)3/2 的結果為 1.5 (計算(double)3/2 時，(double)3 將 3 轉成倍幅精度浮點數，因為 3 為倍幅精度浮點數與 2 為整數，所以相除後是倍幅精度浮點數為 1.5，1.5 經由指定運算子儲存入倍幅精度浮點數 x，所以結果為 1.5)。

2-6 變數的作用範圍

變數的作用範圍跟程式中宣告變數的位置有關，若變數宣告在區塊(block)視為區域變數(local variables)，區塊指的是一對大括號「{}」所包夾的區域，作用範圍只在區塊內，在區塊之外，區域變數就無法使用，區塊中包含另一個區塊，各自命名相同的變數名稱，此時範圍較小的區塊會覆蓋較大的區塊，也就是較大區塊所命名變數，其作用範圍不含較小區塊，於本節範例舉例說明；除了區域變數外，還有全域變數(glabal variables)，宣告在函式外，程式中宣告全域變數之後的不同區塊皆可以使用，全域變數作用範圍包含整個程式範圍。

經由以下程式範例，說明區域變數與全域變數的作用範圍(ch2\區域與全域變數.cpp)。

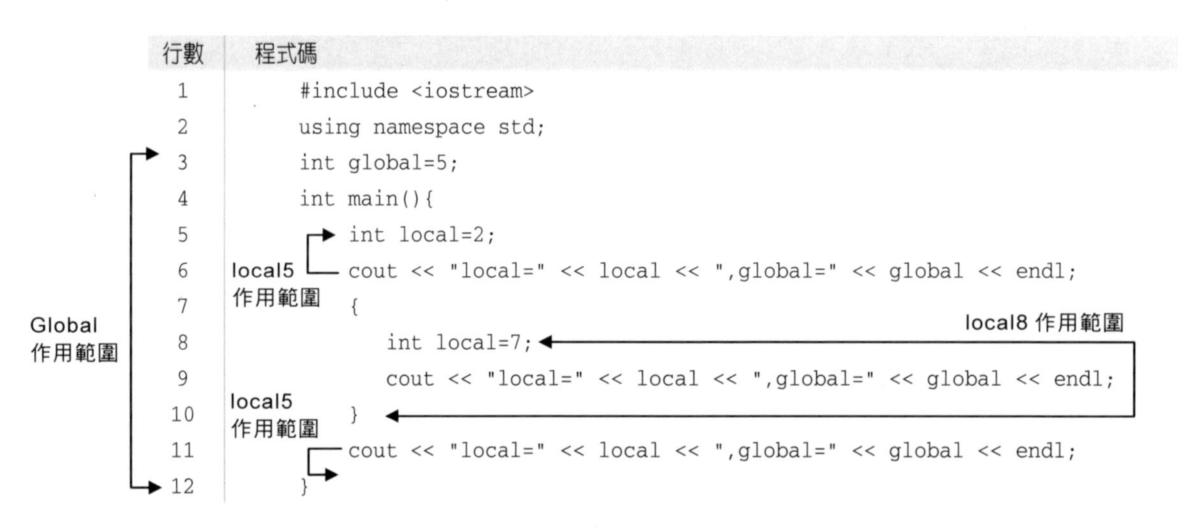

行數	程式碼
1	`#include <iostream>`
2	`using namespace std;`
3	`int global=5;`
4	`int main(){`
5	`int local=2;`
6	`cout << "local=" << local << ",global=" << global << endl;`
7	`{`
8	`int local=7;`
9	`cout << "local=" << local << ",global=" << global << endl;`
10	`}`
11	`cout << "local=" << local << ",global=" << global << endl;`
12	`}`

執行結果

```
K:\C++程式設計入門\ch2\區域與全域變數.exe
local=2,global=5
local=7,global=5
local=2,global=5

--------------------------------
Process exited after 0.0439 seconds with return value 0
請按任意鍵繼續 . . .
```

解說

- 第 3 行：宣告 global 為全域變數，其位置在主程式(main)外，所以為全域變數，作用範圍為整個宣告開始到檔案結束(第 3 行到第 12 行)。
- 第 5 行：宣告 local 為區域變數，其位置在主程式(main)區塊內，所以為區域變數，作用範圍為主程式(main)區塊內(第 5 到第 11 行)，但不包含第 7 到第 10 行，因為第 8 行宣告另一個區域變數 local。第 6 行所輸出的變數 local 的值為 2。
- 第 8 行：宣告 local 為區域變數，與第 5 行的 local 同名且作用範圍重疊，第 8 行所宣告區域變數 local，將會覆蓋第 5 行所宣告的區域變數 local，第 9 行所輸出變數 local 的值為 7。
- 第 11 行：輸出變數 local 的值為 2。

2-7 範例練習

2-7-1 服裝訂購系統(ch2\服裝訂購系統.cpp)

假設上衣 250 元、褲子 300 元與背心 200 元，使用者可以自行輸入三種服裝的數量，請設計一個程式計算訂購服裝的總金額。

(a) 解題想法

將上衣、褲子與背心訂購數量依序儲存到三個整數變數中，再乘以對應的價格，再加總起來。本題會使用到運算子的乘法(*)、加法(+)與指定運算子(=)。

(b) 程式碼與解說

行數	程式碼
1	`#include <iostream>`
2	`using namespace std;`
3	`int main(){`
4	`  int num1,num2,num3,sum;`
5	`  cout << "請輸入上衣件數？";`
6	`  cin >> num1;`
7	`  cout << "請輸入褲子件數？";`
8	`  cin >> num2;`

```
9       cout << "請輸入背心件數？";
10      cin >> num3;
11      sum=250*num1+300*num2+200*num3;
12      cout << "訂購服裝的總金額為" << sum << endl;
13  }
```

解說

- 第 4 行：宣告整數變數 num1、num2、num3 與 sum，num1 用於儲存上衣訂購件數，num2 用於儲存褲子訂購件數，num3 用於儲存背心訂購件數，sum 用於儲存訂購總金額。
- 第 5 行：於螢幕顯示「請輸入上衣件數？」。
- 第 6 行：等待使用者輸入上衣件數，輸入值儲存入變數 num1。
- 第 7 行：於螢幕顯示「請輸入褲子件數？」。
- 第 8 行：等待使用者輸入褲子件數，輸入值儲存入變數 num2。
- 第 9 行：於螢幕顯示「請輸入背心件數？」。
- 第 10 行：等待使用者輸入背心件數，輸入值儲存入變數 num3。
- 第 11 行：計算訂購總金額，使用物品數量乘以對應的物品金額再加總獲得訂購總金額。
- 第 12 行：顯示服裝訂購的總金額，將變數 sum 的結果輸出。

(c) 預覽結果

按下「執行 → 編譯並執行」，依序輸入上衣 2 件、褲子 3 件與背心 4 件，按下 Enter 鍵，結果顯示在螢幕。

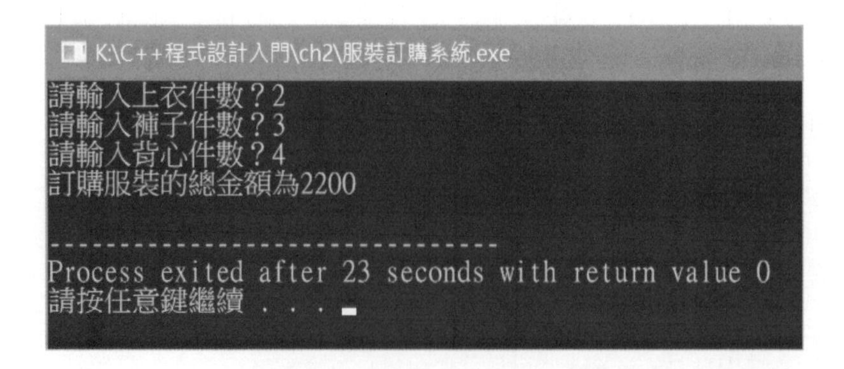

2-7-2 計算圓面積與圓周長(ch2\計算圓面積與圓周長.cpp)

請設計一個程式計算圓面積與圓周長，依輸入的半徑計算圓面積與圓周長。

(a) 解題想法

將圓的半徑儲存到浮點數變數，再依照圓面積與圓周長公式進行運算，將計算結果儲存到兩個浮點數變數。本題會使用到運算子的乘法(*)與指定運算子(=)。

(b) 程式碼與解說

行數	程式碼
1	`#include <iostream>`
2	`using namespace std;`
3	`int main(){`
4	`  double r,cir,area;`
5	`  cout << "請輸入半徑？";`
6	`  cin >> r;`
7	`  cir=2*r*3.14;`
8	`  cout << "圓周長為" << cir << endl;`
9	`  area=r*r*3.14;`
10	`  cout << "圓面積為" << area << endl;`
11	`}`

解說

- 第 4 行：宣告倍精度浮點數變數 r、cir 與 area，r 用於儲存半徑，cir 用於儲存圓周長，area 用於儲存圓面積。
- 第 5 行：於螢幕顯示「請輸入半徑？」。
- 第 6 行：等待使用者輸入半徑，輸入值儲存入變數 r。
- 第 7 行：計算圓周長，使用半徑乘以 2 轉換成直徑，再乘以 3.14 獲得圓周長。
- 第 8 行：顯示圓周長與變數 cir 的結果。
- 第 9 行：計算圓面積，使用半徑乘以半徑，再乘以 3.14 獲得圓面積。
- 第 10 行：顯示圓面積與變數 area 的結果。

(c) 預覽結果

按下「執行 → 編譯並執行」，半徑「5」，按下「Enter」鍵，將圓周與面積計算結果顯示在螢幕上。

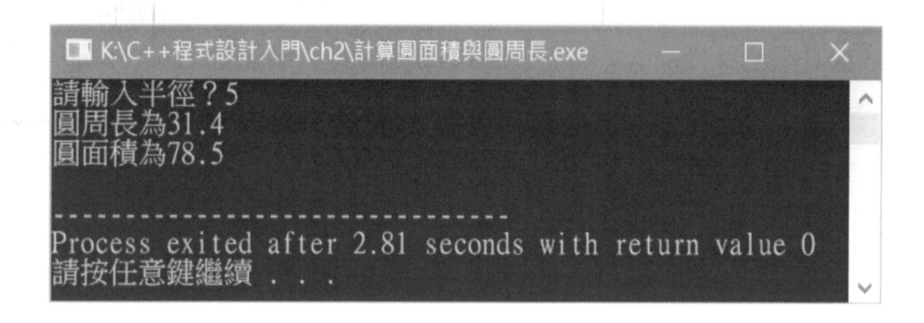

2-7-3 攝氏轉華氏(ch2\攝氏轉華氏.cpp)

請設計一個程式將輸入的攝氏溫度轉成華氏溫度，轉換公式如下。

華氏溫度=攝氏溫度*9/5+32

(a) 解題想法

將攝氏溫度儲存到浮點數變數，再依照攝氏溫度轉華氏溫度公式進行運算，將計算結果儲存到另一個浮點數變數。本題會使用到運算子的加法(+)、乘法(*)、除法(/)與指定運算子(=)。

(b) 程式碼與解說

行數	程式碼
1	`#include <iostream>`
2	`using namespace std;`
3	`int main(){`
4	`  double C,F;`
5	`  cout << "請輸入攝氏溫度？";`
6	`  cin >> C;`
7	`  F=C*9/5+32;`
8	`  cout << "轉換成華氏溫度為" << F << endl;`
9	`}`

解說

- 第 4 行：宣告倍精度浮點數變數 C 與 F，C 用於儲存攝氏，F 用於儲存華氏。
- 第 5 行：於螢幕顯示「請輸入攝氏溫度？」。
- 第 6 行：等待使用者輸入攝氏溫度，輸入值儲存入變數 C。
- 第 7 行：計算華氏，使用「攝氏乘以 9 除以 5 加 32」轉換成華氏。
- 第 8 行：顯示「轉換成華氏溫度為」與變數 F 的結果。

(c) 預覽結果

按下「執行 → 編譯並執行」，輸入「50」，按下「Enter」按鈕，結果顯示在螢幕。

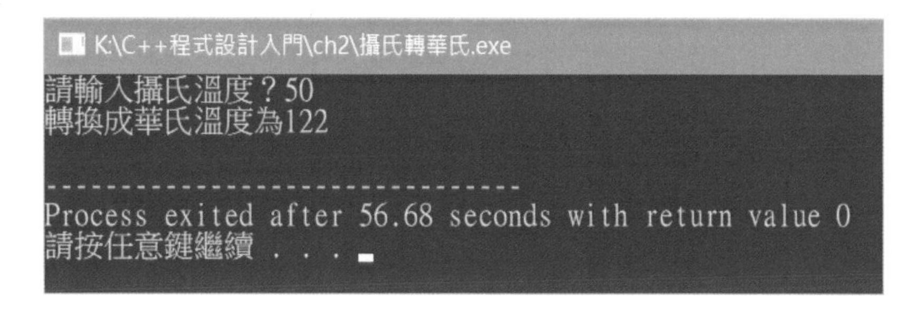

2-7-4 複利計算(ch2\複利計算.cpp)

寫一個程式協助使用者計算定存一筆錢，依照所輸入的利率，定存一年到三年的本金與利息和，使用複利方式計算。

(a) 解題想法

將本金與利率儲存到兩個浮點數變數，再依照複利公式計算前三年的本利和，將計算結果分別儲存到三個浮點數變數。本題會使用到運算子的加法(+)、乘法(*)、除法(/)與指定運算子(=)。

(b) 程式碼與解說

行數	程式碼
1	`#include <iostream>`
2	`using namespace std;`

```
3    int main(){
4      double money,interest,r1,r2,r3;
5      cout << "請輸入本金？";
6      cin >> money;
7      cout << "請輸入年利率？";
8      cin >> interest;
9      r1=money*(1+interest/100);
10     cout << "第一年本利和為" << r1 << endl;
11     r2=money*(1+interest/100)*(1+interest/100);
12     cout << "第二年本利和為" << r2 << endl;
13     r3=money*(1+interest/100)*(1+interest/100)*(1+interest/100);
14     cout << "第三年本利和為" << r3 << endl;
15   }
```

解說

- 第 4 行：宣告倍精度浮點數變數 money、interest、r1、r2 與 r3，money 用於儲存本金，interest 用於儲存年利率，r1 用於儲存第一年本金和，r2 用於儲存第二年本金和，r3 用於儲存第三年本金和。
- 第 5 行：於螢幕顯示「請輸入本金？」。
- 第 6 行：等待使用者輸入本金，輸入值儲存入變數 money。
- 第 7 行：於螢幕顯示「請輸入年利率？」。
- 第 8 行：等待使用者輸入年利率，輸入值儲存入變數 interest。
- 第 9 行：計算第一年本利和，使用「本金乘以(1 加上利率除以 100)」轉換成第一年本利和，儲存到變數 r1。
- 第 10 行：顯示「第一年本利和為」與變數 r1 的結果。
- 第 11 行：計算第二年本利和，使用「本金乘以(1 加上利率除以 100)再乘以(1 加上利率除以 100)」轉換成第二年本利和，儲存到變數 r2。
- 第 12 行：顯示「第二年本利和為」與變數 r2 的結果。
- 第 13 行：計算第三年本利和，使用「本金乘以(1 加上利率除以 100)，再乘以(1 加上利率除以 100)，再乘以(1 加上利率除以 100)」轉換成第三年本利和，儲存到變數 r3。
- 第 14 行：顯示「第三年本利和為」與變數 r3 的結果。

(c) 預覽結果

按下「執行 → 編譯並執行」，於本金輸入「10000」，利率輸入「5」，計算結果顯示在螢幕。

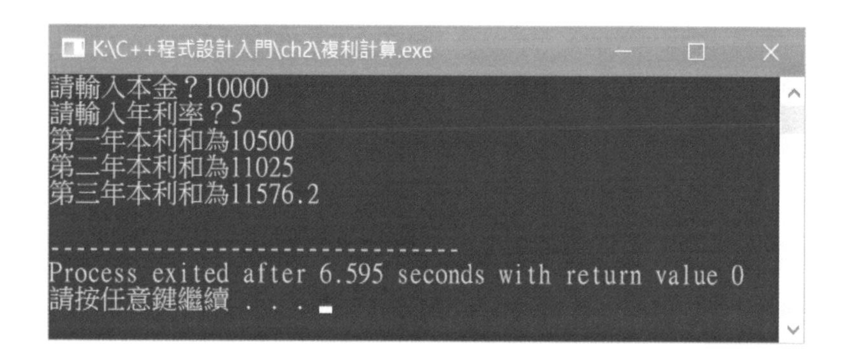

解析 APCS 程式設計觀念題

（A）1. 程式執行時，程式中的變數值是存放在 (106 年 3 月 APCS 第 23 題)

(A) 記憶體 (B) 硬碟 (C) 輸出入裝置 (D) 匯流排

解析 程式執行時，變數存放在記憶體內，請參考本章內容。

（A）2. 程式執行過程中，若變數發生溢位情形，其主要原因為何？ (106 年 3 月 APCS 第 24 題)

(A) 以有限數目的位元儲存變值

(B) 電壓不穩定

(C) 作業系統與程式不甚相容

(D) 變數過多導致編譯器無法完全處理

解析 C 語言的每一種資料型別都有儲存空間限制，也就是有限數量的位元來儲存變數值，有限的空間產生資料型別的數值範圍，若數值超過資料型別的數值範圍，就會發生溢位，無法正確表達該數值。

（C）3. 若 a, b, c, d, e 均為整數變數，下列哪個算式計算結果與 a+b*c-e 計算結果相同？ (106 年 3 月 APCS 第 25 題)

(A) (((a+b)*c)-e) (B) ((a+b)*(c-e))e))

(C) ((a+(b*c))-e) (D) (a+((b*c)-e))

解析　此題為運算子的優先權，C 語言也遵守數學先乘除後加減的規則，括弧優先處理。

（A）4.　右側程式碼執行後輸出結果為何？

(105 年 10 月 APCS 第 4 題)

(A) 3　(B) 4　(C) 5　(D) 6

行數	程式碼
1	`int a=2, b=3;`
2	`int c=4, d=5;`
3	`int val;`
4	`val = b/a + c/b + d/b;`
5	`printf("%d\n", val);`

解析　在 C 語言中，整數除以整數還是整數，小數點以下無條件捨去，所以第四行 b/a＝3/2＝1，c/b＝4/3＝1，d/b＝5/3＝1，所以計算後 val 等於 3。

（A）5.　假設 x,y,z 為布林(boolean)變數，且 x＝TRUE, y＝TRUE, z＝FALSE。請問下面各布林運算式的真假值依序為何？(TRUE 表真，FALSE 表假)

(105 年 10 月 APCS 第 14 題) (類似題 106 年 3 月 APCS 第 22 題，請自行作答)

- !(y || z) || x
- !y || (z || !x)
- z || (x && (y || z))
- (x || x) && z

(A) TRUE FALSE TRUE FALSE

(B) FALSE FALSE TRUE FALSE

(C) FALSE TRUE TRUE FALSE

(D) TRUE TRUE FALSE TRUE

解析　!(y || z) || x = !(TRUE || FALSE) || TRUE =!(TRUE) || TRUE = FALSE || TRUE =**TRUE**

!y || (z || !x) = !TRUE || (FALSE || !TRUE) = FALSE || (FALSE || FALSE) = FALSE || FALSE = **FALSE**

z || (x && (y || z)) = FALSE || (TRUE && (TRUE || FALSE)) = FALSE || (TRUE && (TRUE)) = FALSE || TRUE = **TRUE**

(x || x) && z = (TRUE || TRUE) && FALSE = TRUE && FALSE = **FALSE**

習題

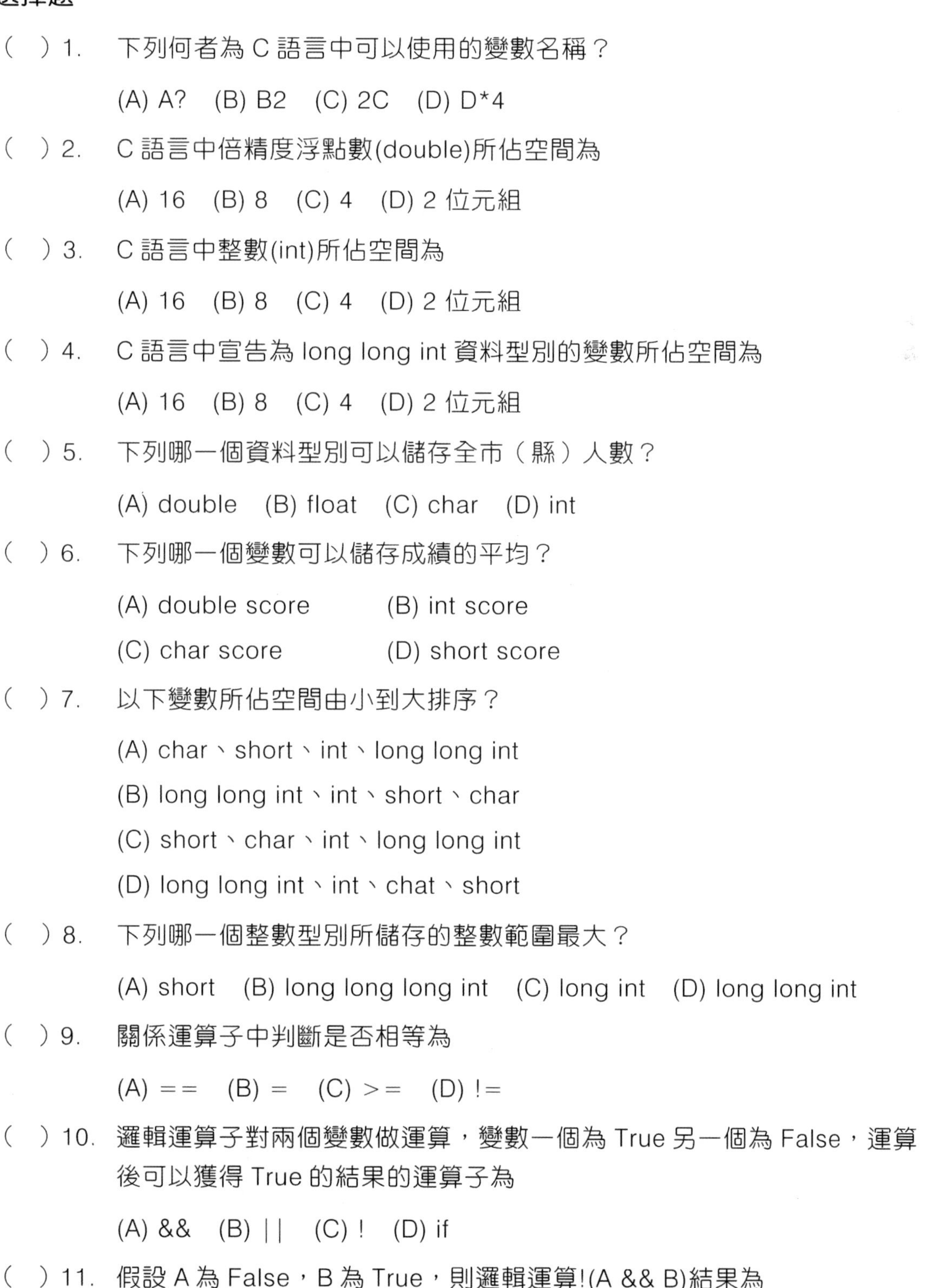

選擇題

(　) 1. 下列何者為 C 語言中可以使用的變數名稱？

(A) A?　(B) B2　(C) 2C　(D) D*4

(　) 2. C 語言中倍精度浮點數(double)所佔空間為

(A) 16　(B) 8　(C) 4　(D) 2 位元組

(　) 3. C 語言中整數(int)所佔空間為

(A) 16　(B) 8　(C) 4　(D) 2 位元組

(　) 4. C 語言中宣告為 long long int 資料型別的變數所佔空間為

(A) 16　(B) 8　(C) 4　(D) 2 位元組

(　) 5. 下列哪一個資料型別可以儲存全市（縣）人數？

(A) double　(B) float　(C) char　(D) int

(　) 6. 下列哪一個變數可以儲存成績的平均？

(A) double score　(B) int score

(C) char score　(D) short score

(　) 7. 以下變數所佔空間由小到大排序？

(A) char、short、int、long long int

(B) long long int、int、short、char

(C) short、char、int、long long int

(D) long long int、int、chat、short

(　) 8. 下列哪一個整數型別所儲存的整數範圍最大？

(A) short　(B) long long long int　(C) long int　(D) long long int

(　) 9. 關係運算子中判斷是否相等為

(A) ==　(B) =　(C) >=　(D) !=

(　) 10. 邏輯運算子對兩個變數做運算，變數一個為 True 另一個為 False，運算後可以獲得 True 的結果的運算子為

(A) &&　(B) ||　(C) !　(D) if

(　) 11. 假設 A 為 False，B 為 True，則邏輯運算!(A && B)結果為

(A) True　(B) False　(C) Right　(D) Wrong

(　) 12. 請計算 1+4*2-9/3 的結果為

(A) 8　(B) 9　(C) 10　(D) 6

(　) 13. C 語言中輸出 5/2 的結果為

(A) 2.5　(B) 2　(C) 3　(D) 5

(　) 14. C 語言中輸出 5/2.0 的結果為

(A) 2.5　(B) 2　(C) 3　(D) 5

程式實作

1. 計算長方形周長與面積(ch2\ex 計算長方形周長與面積.cpp)

   設計一個程式允許輸入長方形的長與寬，計算長方形的周長與面積。

   預覽結果：按下「執行 → 編譯並執行」，於長度輸入「3」，寬度輸入「4」，計算結果顯示在螢幕如下。

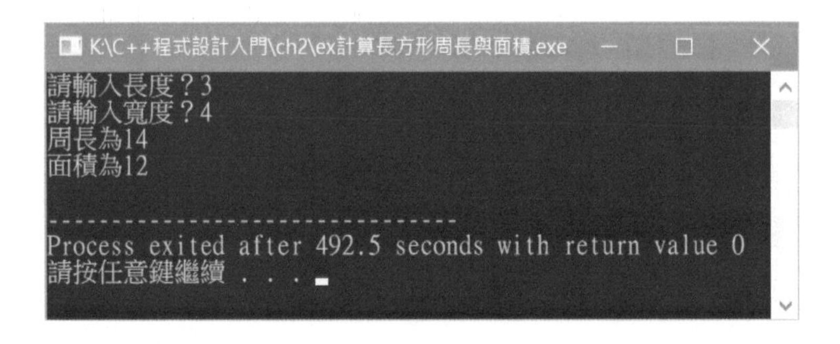

2. 求三數總和與平均(ch2\ex 求三數總和與平均.cpp)

   求第一次期中考、第二次期中考與期末考成績，成績皆為整數，請計算分數的加總與平均。

   預覽結果：按下「執行 → 編譯並執行」，於第一次期中考輸入「75」，第一次期中考輸入「80」，期末考輸入「65」，計算結果顯示在螢幕如下。

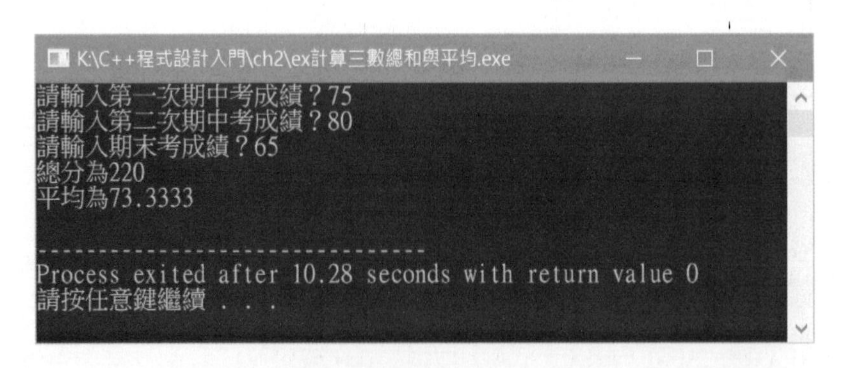

3. 英制轉公制(ch2\ex 英制轉公制.cpp)

將身高由英制改成公制，例如 5 尺 8 吋換算成公制，1 尺等於 12 吋，1 吋等於 2.54 公分，轉換公式為(5*12+8)*2.54 等於 172.72 公分。

預覽結果：按下「執行 → 編譯並執行」，於輸入「5」尺，輸入「8」吋，計算結果顯示在螢幕如下。

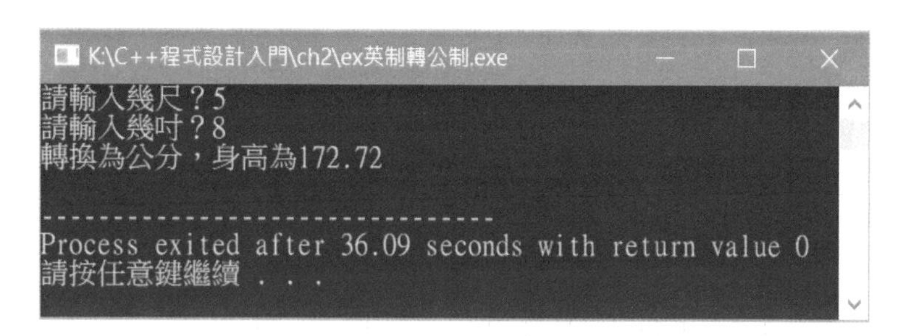

4. 華氏轉攝氏(ch2\ex 華氏轉攝氏.cpp)

設計一個程式將輸入的華氏溫度轉成攝氏溫度，轉換公式如下。

攝氏溫度=(華氏溫度-32)*5/9

預覽結果：按下「執行 → 編譯並執行」，於華氏溫度「100」，計算結果顯示在螢幕如下。

5. 計程車車資計算(ch2\ex 計程車車資計算.cpp)

簡單計程車車資計算，路程少於 1.25 公里收取 70 元，超過 1.25 公里每 0.25 公里加 5 元，里程數大於等於 1.25 公里，如下表。

里程(X)	金額
1.5>X	70
1.75>X>=1.5	75
2>X>=1.75	80
2.25>X>=2	85
2.5>X>=2.25	90

預覽結果：按下「執行 → 編譯並執行」，於計程車里程數「2.2」，計算結果顯示在螢幕如下。

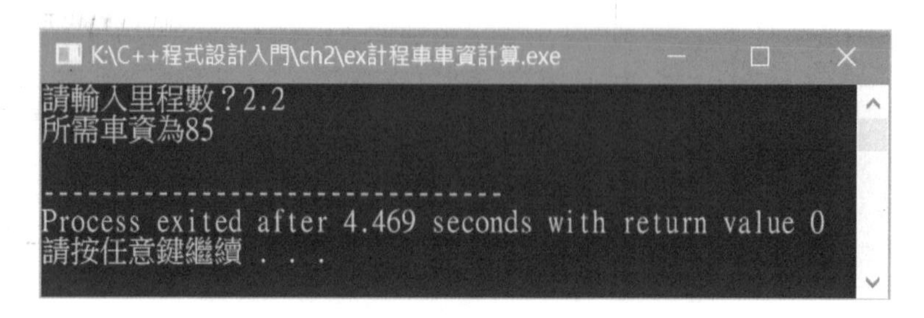

（註：使用 int 做強制型別轉換，例(int)5.9999 等於 5。

6. 分組報告(ch2\ex 分組報告.cpp)

   因為教學需求，全班 40 位同學要進行分組報告，每五個同學一組，為了讓學生能平均分配，老師規定依座號順序分組，也就是 1 號到 5 號一組，6 號到 10 號一組，請寫一個程式允許使用者輸入座號，輸出分組的組別。

   預覽結果：按下「執行 → 編譯並執行」，輸入座號如「19」，計算結果顯示在螢幕如下。

7. 賣場買飲料(ch2\ex 賣場買飲料.cpp)

   為了刺激銷售量，賣場通常買一打會比買一罐便宜，假設一罐賣 20 元，一打賣 200 元，請設計一程式計算買幾罐需花多少錢，若不足一打就個別買。

   預覽結果：按下「執行 → 編譯並執行」，輸入購買飲料的罐數，如「30」，計算結果顯示在螢幕如下。

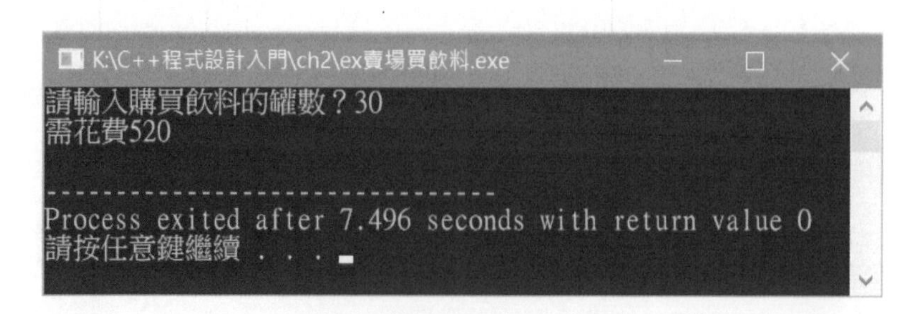

選擇結構

程式的三個主要結構為**循序結構**、**選擇結構**與**重複結構**。**循序結構**為程式有從開始逐行執行的特性，第一行執行完畢後執行第二行，第二行執行完畢後執行第三行，直到程式執行結束；**選擇結構**為若條件測試的結果為真，則做條件測試為真的動作，否則執行條件測試為假的動作，例如：若成績大於等於 60 分，則輸出及格，否則輸出不及格。**重複結構**讓電腦重複執行某個區塊的程式多次，電腦適合做重複的工作，例如：求 1+2+3+...+1000，使用重複結構可在很短時間內重複執行加總程式，直到求出結果，善用這三種結構可以寫出解決複雜問題的程式。

日常生活中也有許多選擇結構的對話，「若明天天氣很好的話，我們就去動物園，否則就待在家裡」，程式語言提供選擇結構的程式結構，讓使用者可以於程式中使用，邏輯上的語意為「若測試條件成立，則執行條件成立的動作，否則執行條件不成立的動作」，許多問題的解決過程，都會遇到選擇結構，如登入系統時需要驗證帳號和密碼，正確則可登入系統，否則跳到登入畫面，重新輸入帳號與密碼。選擇結構分成單向選擇結構、雙向選擇結構、多向選擇結構與巢狀選擇結構，以下分別說明敘述。

3-1 流程圖簡介

流程圖常用於幫助初學程式設計者寫出問題的解題步驟，若能將解題流程以流程圖表示，就可以轉換成程式語言，所以流程圖也需提供程式語言的三個主要結構**循序結構**、**選擇結構**與**重複結構**，在介紹條件判斷前，我們要先瞭解流程圖的圖示，如下表。

流程圖圖示	意義
⟶	程式流程，表示程式的處理順序，表示**循序結構**。
◇	條件選擇，於菱形內寫入條件判斷，表示**選擇結構**。

流程圖圖示	意義
▭	程式敘述區塊，寫出所需完成的功能。
⬭	開始或結束，看到此圖表示程式的開始或結束。
▱	程式所需的輸入與輸出。

重複結構可由上述元件組合而成，流程圖表示請參閱重複結構章節。

3-2 單向選擇結構

單向選擇結構是最簡單的選擇結構，日常生活上經常用到，例如：「若週末天氣好的話，我們就去動物園」。單向選擇結構只做測試條件為真時，執行對應的動作，只有一個方向的選擇，因此稱做單向選擇結構。單向選擇結構除了日常生活對話方式表達，還可以使用流程圖與程式語法表達，以下就流程圖與程式語法分別說明。單向選擇使用流程圖表示，如下圖。

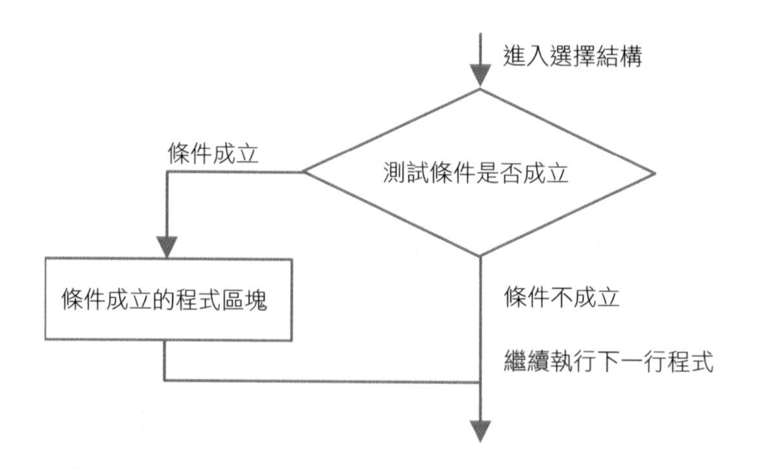

單向選擇程式語法	程式範例

if (條件判斷) {
    條件成立的敘述
}
	if (score >= 60) {
	    cout << "很好，請繼續保持下去";
	}

說明
若變數 score 大於等於 60，則顯示「很好，請繼續保持下去」。

有了這樣的概念後，我們就舉個實例說明。

3-2-1 判斷及格(ch3\判斷及格.cpp)

寫一個程式判斷所輸入成績是否及格，成績及格則顯示「很好，請繼續保持下去」。

(a) 解題想法

可以使用單向選擇結構撰寫程式，判斷成績是否及格，及格就顯示「很好，請繼續保持下去」。

流程圖表示如下。

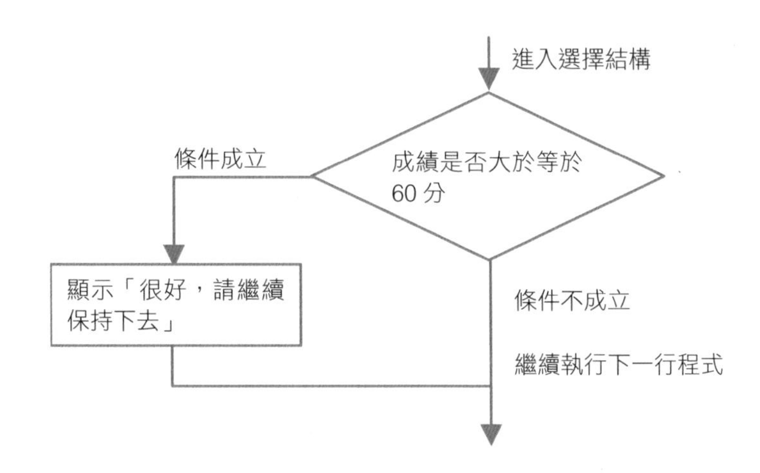

(b) 程式碼與解說

行數	程式碼
1	`#include <iostream>`
2	`using namespace std;`
3	`int main(){`
4	`  int score=98;`
5	`  if (score > 60){`
6	`    cout << "很好，請繼續保持下去" << endl;`
7	`  }`
8	`}`

解說

- 第 4 行：宣告整數變數 score，並初始化為 98。

- 第 5 到 7 行：條件判斷(if)對 score 做判斷，大於等於 60 分就輸出「**很好，請繼續保持下去**」。

(c) 預覽結果

按下「執行 → 編譯並執行」，結果顯示在螢幕。

3-3 雙向選擇結構

雙向選擇結構比起單向選擇結構更複雜一些，日常生活上屬於雙向選擇的對話，例如：「若週末天氣好的話，我們就出去參觀動物園，否則去看電影」。雙向選擇結構為當測試條件為真時，執行測試條件為真的動作，否則做測試條件為假的動作，有兩個方向的選擇，因此稱做雙向選擇結構。雙向選擇結構也可使用流程圖與程式語法表達，雙向選擇使用流程圖表示，如下圖。

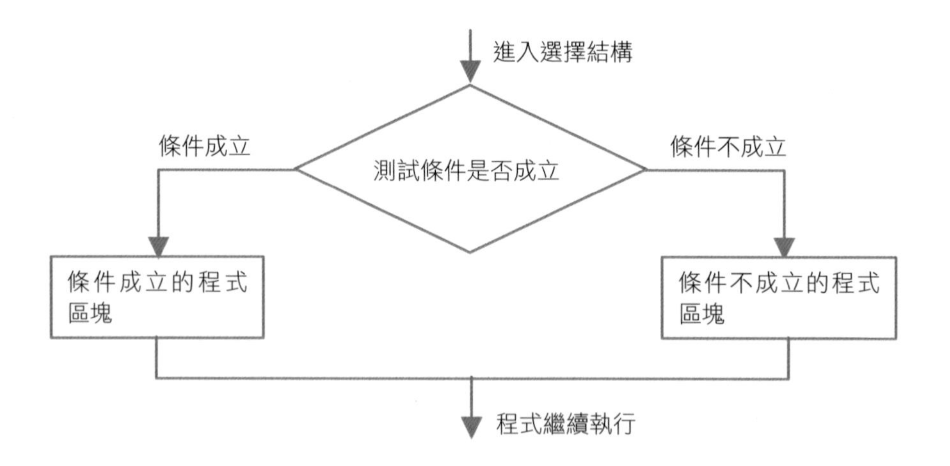

雙向選擇程式語法	程式範例(滿 2000 打九折)

if (條件判斷) {
    條件成立的敘述
}else{
    條件不成立的敘述
}
	if (cost >= 2000) {
	    cout << cost * 0.9;
	} else {
	    cout << cost;
	}

說明	
若 cost 大於等於 2000，則顯示為 cost 的值打九折，否則顯示 cost 的值。	

3-3-1 滿 2000 打九折(ch3\滿 2000 打九折.cpp)

採買物品時，有時會遇到店家為了刺激消費，會使用滿額折扣，如：滿 2000 打九折，未滿 2000 則不打折，請寫一個程式幫助店家計算顧客所需付出的金額。

(a) 解題想法

可以使用雙向選擇結構撰寫程式，判斷購買金額是否在 2000 元以上，若購買金額在 2000 元以上，輸出購買金額乘以 0.9；否則依照原價輸出。

流程圖表示如下。

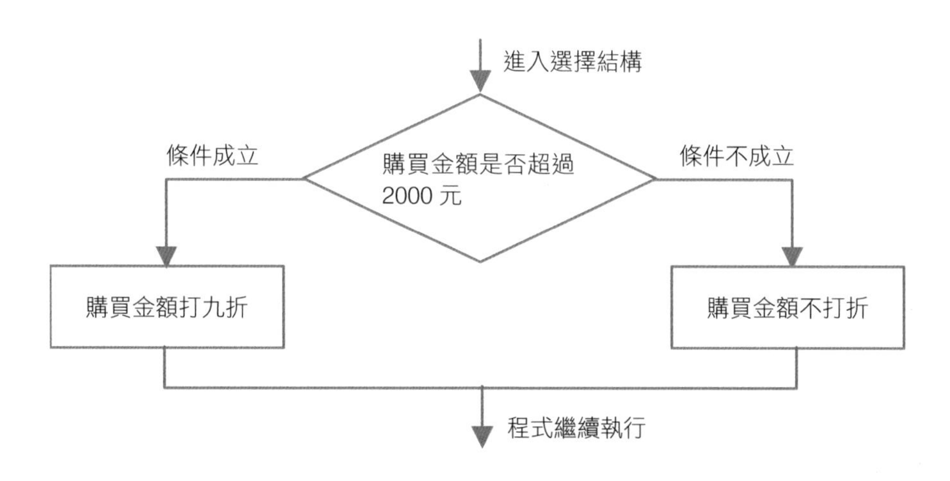

(b) 程式碼與解說

行數	程式碼
1	`#include <iostream>`
2	`using namespace std;`
3	`int main(){`

```
4      int cost=3000;
5      if (cost >= 2000){
6        cout << cost*0.9 << endl;
7      }else{
8        cout << cost << endl;
9      }
10   }
```

解說

- 第 4 行：宣告整數變數 cost，並初始化為 3000。
- 第 5 到 9 行：條件判斷(if)對 cost 做判斷，大於等於 2000 就將該數值打九折(第 5 到 6 行)，否則該數值不打折(第 7 到 9 行)。

(c) 預覽結果

按下「執行 → 編譯並執行」，結果顯示在螢幕。

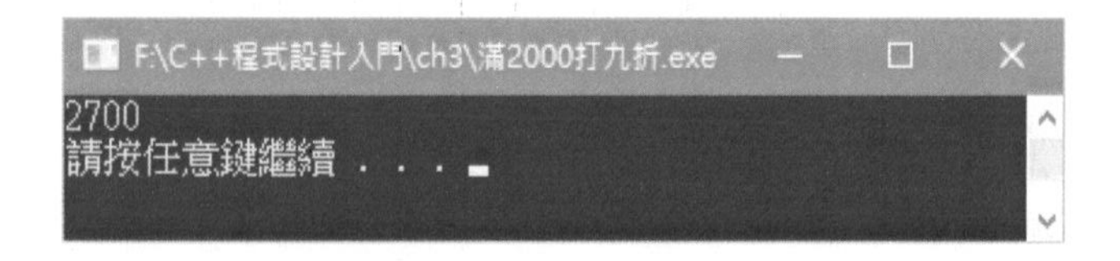

3-3-2 判斷奇偶數(ch3\判斷奇偶數.cpp)

請寫一個程式判斷輸入的值是奇數還是偶數，通常會以求除以 2 的餘數，若餘數為 0 表示輸入的數為偶數，否則輸入的數為奇數。

(a) 解題想法

可以使用雙向選擇結構撰寫程式，判斷輸入值除以 2 的餘數，若餘數為 0，則輸出該數為偶數；否則輸出該數為奇數。

流程圖表示如下。

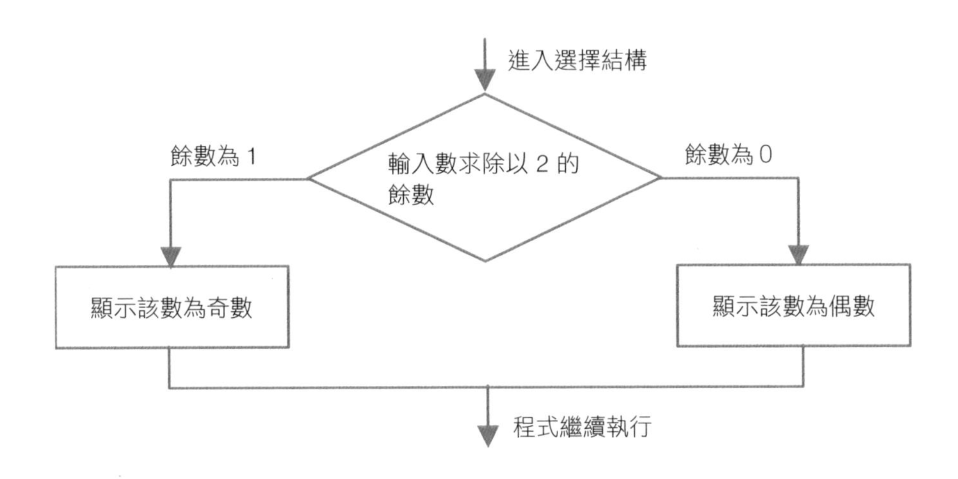

(b) 程式碼與解說

行數	程式碼
1	`#include <iostream>`
2	`using namespace std;`
3	`int main(){`
4	`  int num;`
5	`  cout << "請輸入一個數值：";`
6	`  cin >> num;`
7	`  if ((num%2) == 0){`
8	`    cout << num <<"為偶數" << endl;`
9	`  }else{`
10	`    cout << num <<"為奇數" << endl;;`
11	`  }`
12	`}`

解說

- 第 4 行：宣告 num 為整數變數。
- 第 5 行：顯示「請輸入一個數值：」於螢幕。
- 第 6 行：由鍵盤輸入一整數，儲存到變數 num。
- 第 7 到 11 行：利用條件判斷(if)對 num 做判斷，取 2 的餘數，若餘數為 0 則顯示為偶數(第 7 到 8 行)，否則餘數不為 0，則顯示為奇數(第 9 到 11 行)。

(c) 預覽結果

按下「執行 → 編譯並執行」，輸入一個數字，例如：13，顯示結果在螢幕上。

3-3-3 密碼驗證(ch3\密碼驗證.cpp)

請寫一個程式模擬密碼登入，若密碼正確則顯示登入完成，否則顯示登入失敗。

(a) 解題想法

可以使用雙向選擇結構撰寫程式，判斷輸入的密碼是否正確，若密碼正確，則顯示「登入完成」；否則顯示「登入失敗」。

流程圖表示如下。

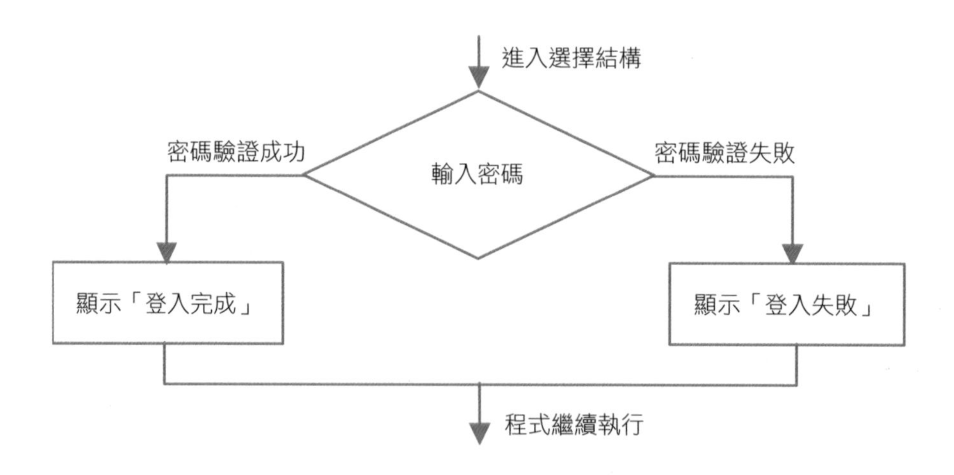

(b) 程式碼與解說

行數	程式碼
1	`#include <iostream>`
2	`using namespace std;`
3	`int main(){`
4	`  int num;`
5	`  cout  << "請輸入數值密碼：";`
6	`  cin >> num;`

```
7      if (num == 999){
8        cout << "登入完成" <<endl;
9      }else{
10       cout << "登入失敗" <<endl;
11     }
12   }
```

解說

- 第 4 行：宣告整數變數 num。
- 第 5 行：螢幕顯示「請輸入數值密碼：」。
- 第 6 行：鍵盤輸入密碼儲存入變數 num。
- 第 7 到 8 行：判斷輸入的值是否為「999」，若是則顯示「登入完成」。
- 第 9 到 11 行：否則顯示「登入失敗」。

(c) 預覽程式執行結果

按下「執行 → 編譯並執行」，結果顯示在螢幕。

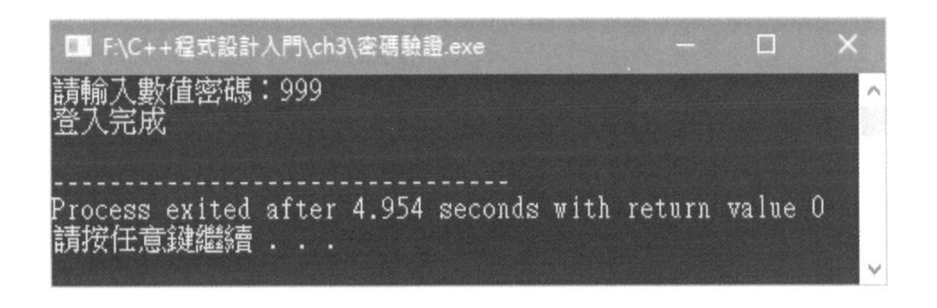

3-3-4 三角形判斷(ch3\三角形判斷.cpp)

設計一個程式允許輸入三角形三邊長，分別為 a、b 與 c，根據三角形中任兩邊相加要大於第三邊，判斷是否為三角形。

(a) 解題想法

可以使用雙向選擇結構撰寫程式，判斷任兩邊相加是否大於第三邊，若任兩邊相加要大於第三邊，則顯示「可構成三角形」；否則顯示「無法構成三角形」。任兩邊相加是否大於第三邊，可以結合關係運算子的大於運算子(>)與邏輯運算子的且運算子(&&)完成任兩邊相加是否大於第三邊的判斷。

流程圖表示如下。

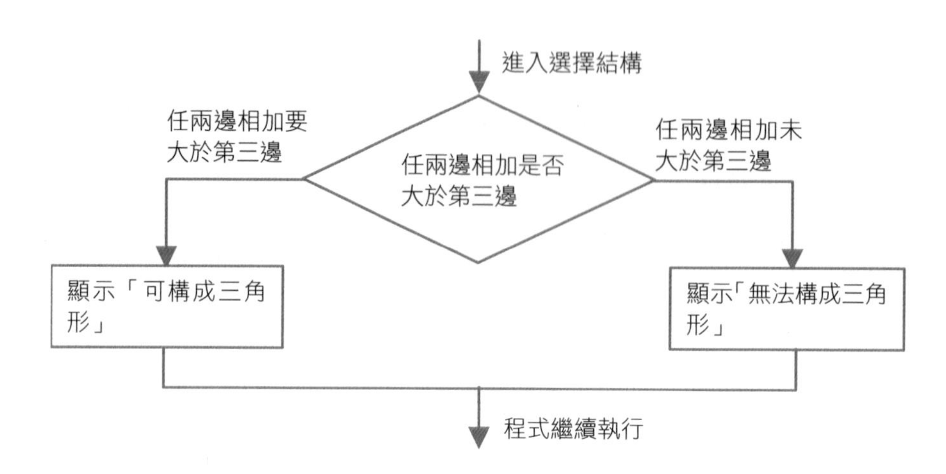

(b) 程式碼與解說

行數	程式碼
1	`#include <iostream>`
2	`using namespace std;`
3	`int main(){`
4	`  int a,b,c;`
5	`  cout  << "請輸入三角形 a 邊長為：";`
6	`  cin >> a;`
7	`  cout  << "請輸入三角形 b 邊長為：";`
8	`  cin >> b;`
9	`  cout  << "請輸入三角形 c 邊長為：";`
10	`  cin >> c;`
11	`  if ((a+b>c)&&(a+c>b)&&(b+c>a)){`
12	`    cout << "可構成三角形" <<endl;`
13	`  }else{`
14	`    cout << "無法構成三角形" <<endl;`
15	`  }`
16	`}`

解說

- 第 4 行：宣告整數變數 a、b 與 c。
- 第 5 行：螢幕顯示「請輸入三角形 a 邊長為：」。
- 第 6 行：鍵盤輸入密碼儲存入變數 a。
- 第 7 行：螢幕顯示「請輸入三角形 b 邊長為：」。

- 第 8 行：鍵盤輸入密碼儲存入變數 b。
- 第 9 行：螢幕顯示「請輸入三角形 c 邊長為：」。
- 第 10 行：鍵盤輸入密碼儲存入變數 c。
- 第 11 到 12 行：判斷輸入的值是否為(a+b>c)且(a+c>b)且(b+c>a)，若是則顯示「可構成三角形」。
- 第 13 到 15 行：否則顯示「無法構成三角形」。

(c) 預覽程式執行結果

按下「執行 → 編譯並執行」，輸入三邊長分別為 3，4 與 5，結果顯示在螢幕。

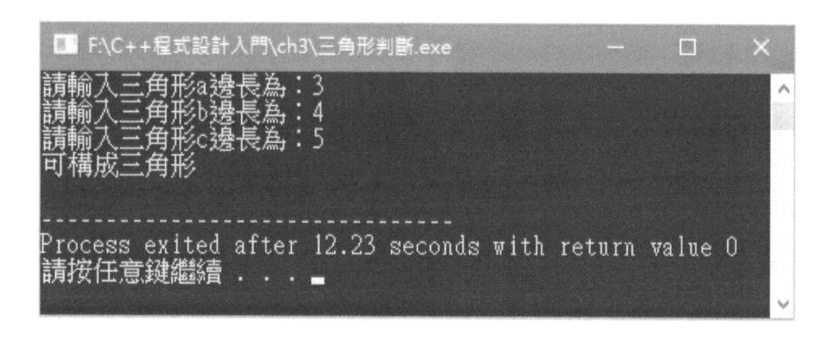

解析 APCS 程式設計觀念題

（D）1. 給定右側函式 F()，已知 F(7)回傳值為 17，且 F(8)回傳值為 25，請問 if 的條件判斷式應為何？

(106 年 3 月 APCS 第 16 題)

```
int F(int a){
  if(_____?_____)
    return a * 2 + 3;
  else
    return a * 3 + 1;
}
```

(A) a % 2 != 1

(B) a * 2 > 16

(C) a + 3 < 12

(D) a * a < 50

解析　F(7)回傳值為 17，因此判斷是執行「a*2+3」獲得，且 F(8)回傳值為 25，因此判斷是執行「a*3+1」獲得，選項(D) a*a < 50，是唯一符合此結果的判斷式。

習題

選擇題

( ) 1. 下列何者不是程式設計中三個主要結構

(A) 循序結構 (B) 排序結構 (C) 選擇結構 (D) 重複結構

( ) 2. 程式中若要寫出「若成績大於 60 分則顯示及格，否則顯示不及格」這樣的結構為

(A) 循序結構 (B) 排序結構 (C) 選擇結構 (D) 重複結構

( ) 3. 程式第一行執行完後執行第二行，程式第二行執行完後執行第三行，這樣的結構為

(A) 循序結構 (B) 排序結構 (C) 選擇結構 (D) 重複結構

( ) 4. 程式中重複執行相同的動作，這樣的結構為

(A) 循序結構 (B) 排序結構 (C) 選擇結構 (D) 重複結構

( ) 5. 流程圖中選擇結構為以下何圖？

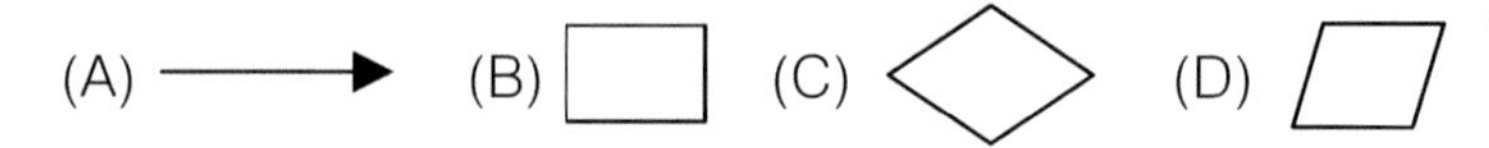

( ) 6. 以下程式執行後，a 等於多少？

```
int a = 3000;
if (a > 2000) {
   a = a * 0.5;
}else{
   a = a * 0.6;
}
```

(A) 1500 (B) 1800 (C) 3000 (D) 2000

( ) 7. 以下程式執行後，a 等於多少？

```
int a = 2000;
if (a > 2000) {
   a = a * 0.5;
}else{
   a = a * 0.6;
}
```

(A) 1000 (B) 1800 (C) 1200 (D) 2000

程式實作

1. 絕對值(ch3\ex 絕對值.cpp)

   設計程式允許輸入一個數值，求出該數的絕對值，絕對值表示，若該數小於 0，則取該數加上負號，否則該數維持不變。執行結果，如下圖。

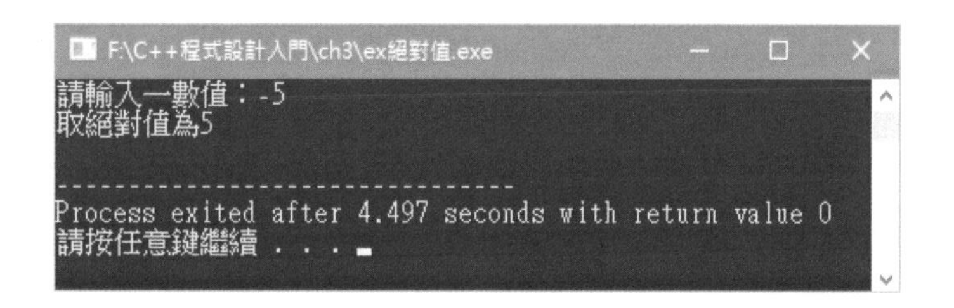

2. 近視判斷(ch3\ex 近視判斷.cpp)

   設計程式允許輸入視力測量值，根據測量值判斷是否有近視，若測量值小於 0.9，顯示有近視，否則顯示視力正常。執行結果，如下圖。

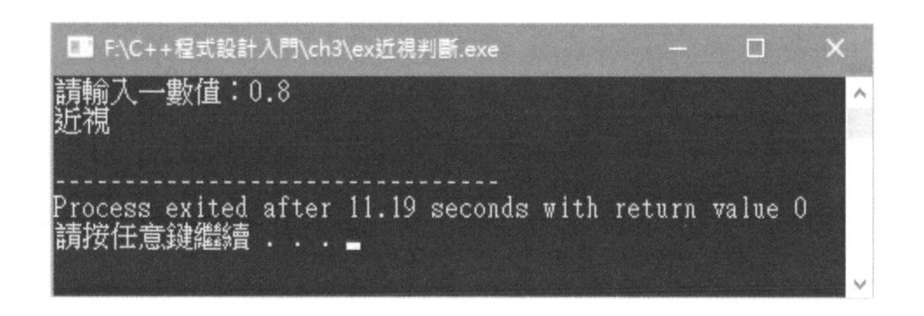

3. 象限判斷(ch3\ex 象限判斷.cpp)

   數學將平面象限分成四個象限，平面分成 X 軸與 Y 軸，由 X 軸與 Y 軸切割成四個象限如下圖所示，請寫一個程式輸入平面中某點的 X 值與 Y 值，輸出該點所在象限。

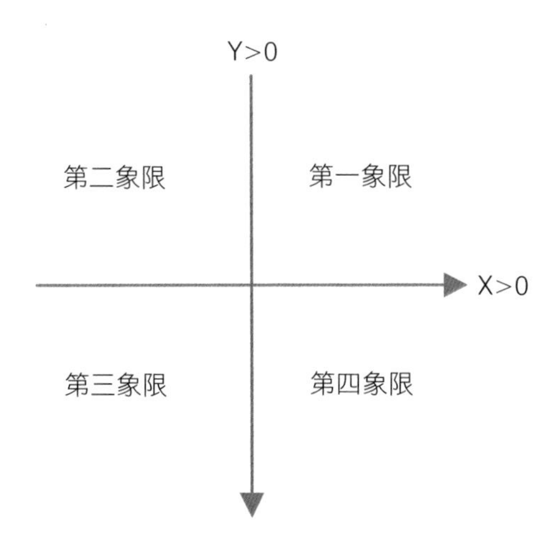

歸納出 X 值與 Y 值與各象限的定義如下。

(a) 若 X>0 且 Y>0，則在第一象限

(b) 若 X<0 且 Y>0，則在第二象限

(c) 若 X<0 且 Y<0，則在第三象限

(d) 若 X>0 且 Y<0，則在第四象限

(e) 若 X=0 或 Y=0，則在座標軸上

執行結果，如下圖。

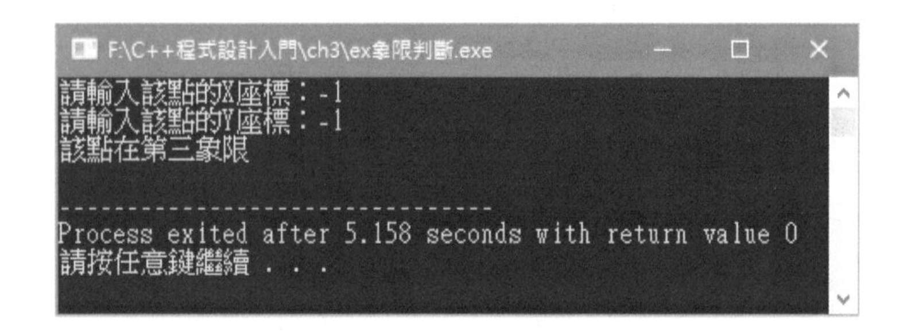

4. 時差調整(ch3\ex 時差調整.cpp)

小明在美國，而小華在台灣，因為時差的關係假設美國比台灣晚 11 小時，也就是台灣早上 10 點，美國就晚上 23 點，而台灣早上 11 點，美國就晚上 0 點。請以 24 小時表示時間，晚上 24 點請以 0 點表示，也就是只能輸入與輸出都是介於 0 與 23 的整數，請設計一個程式輸入台灣時間，輸出對應的美國時間，時間輸入為整點。執行結果，如下圖。

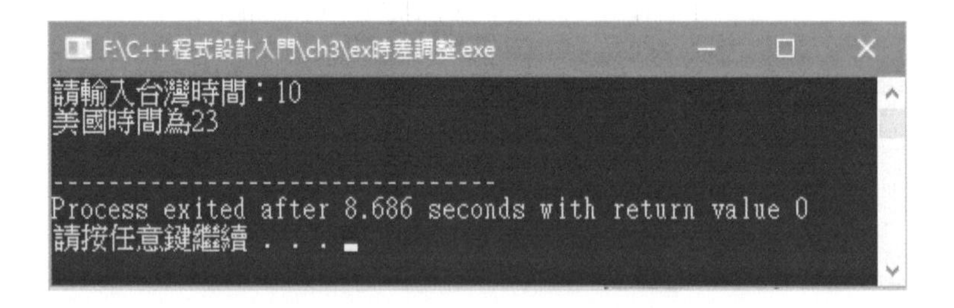

多向選擇結構

除了單向選擇與雙向選擇外，更廣義的選擇結構是多向選擇，意即選擇結構中還可以加入選擇結構，單向選擇與雙向選擇為多向選擇結構的特例，多向選擇結構讓程式有無限可能執行的路徑與狀態。

4-1 ›› 多向選擇結構—使用多個 if-else

我們可以使用多個 if-else 來達成多向選擇結構，以下以成績與評語對應關係為例，介紹多向選擇結構，例如：假設成績與評語有對應關係，若成績大於等於 80 分，評語為「非常好」；否則若成績大於等於 60 分，也就是小於 80 分且大於等於 60 分，評語為「不錯喔」；否則評語為「要加油」，也就是小於 60 分，這就是多向選擇結構，以下就流程圖與程式語法分別說明。

成績與評語的多向選擇結構使用流程圖表示，如下圖。

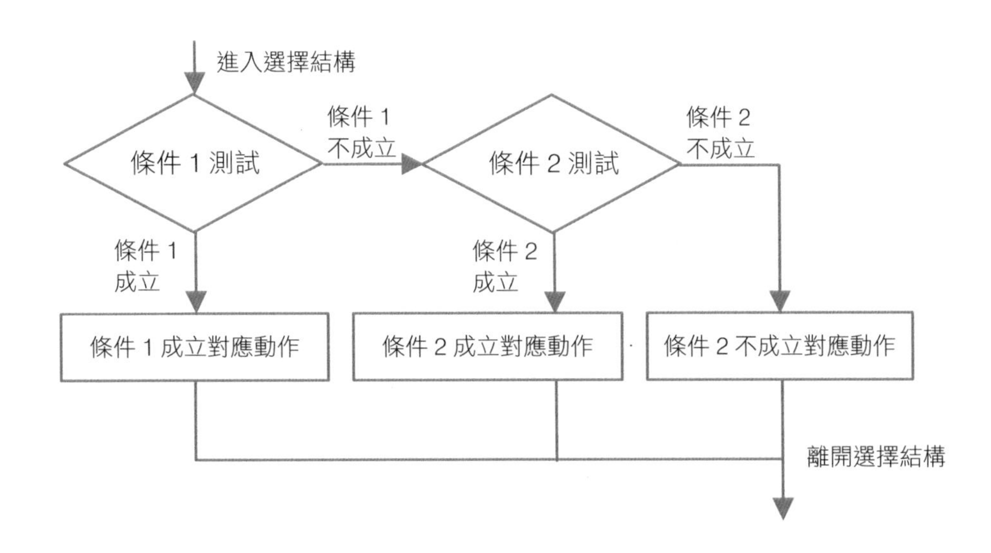

多向選擇結構可以使用多個 if-else 串接起來，以下說明 if-else 的多向選擇語法。

多向選擇程式語法	程式範例（分數與評語）

if (條件判斷 1) {
　條件判斷 1 成立的敘述
}else if (條件判斷 2) {
　條件判斷 2 成立的敘述
}else {
　條件判斷 2 不成立的敘述
}
	if (score >= 80) {
	　cout << "非常好";
	}else if (score >= 60) {
	　cout << "不錯喔";
	}else {
	　cout << "要加油";
	}

4-1-1 分數與評語(ch4\分數與評語.cpp)

寫一個程式若成績大於等於 80 分，評語為「非常好」，否則若成績大於等於 60 分，評語為「不錯喔」，否則評語為「要加油」，表示為表格如右。

成績	評語
成績>=80	非常好
80>成績>=60	不錯喔
成績<60	要加油

(a) 解題想法

可以使用多向選擇結構撰寫程式，若成績是否大於等於 80，則顯示「非常好」，否則若成績大於等於 60，則顯示「不錯喔」，否則顯示「要加油」。

流程圖表示如下。

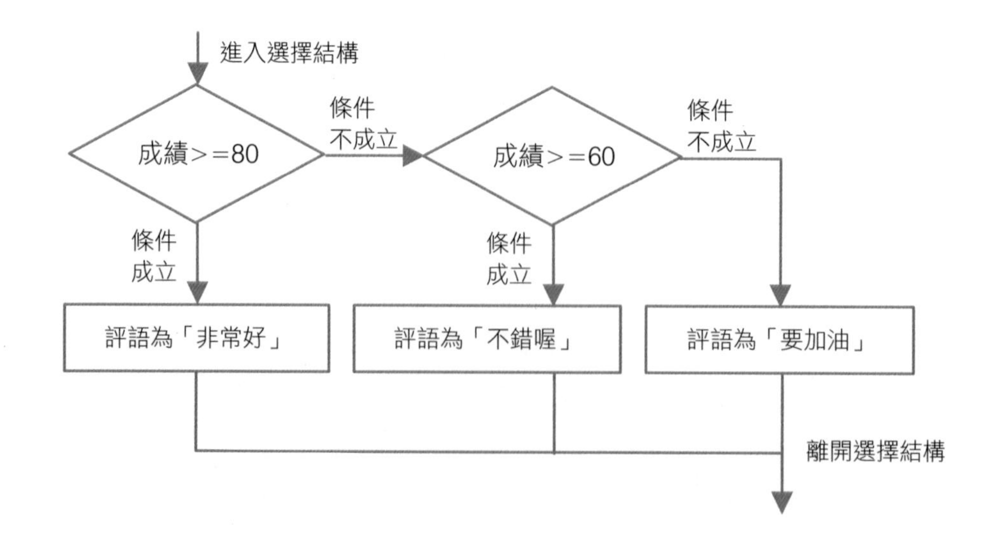

(b) 程式碼與解說

行數	程式碼
1	`#include <iostream>`
2	`using namespace std;`
3	`int main(){`
4	`  int score;`
5	`  cout << "請輸入一個成績？";`
6	`  cin >> score;`
7	`  if  (score >= 80)  {`
8	`    cout  << "非常好" << endl;`
9	`  }else if (score >= 60) {`
10	`    cout  <<  "不錯喔" << endl;`
11	`  }else {`
12	`    cout  << "要加油" << endl;`
13	`  }`
14	`}`

解說

- 第 4 行：宣告整數變數 score。
- 第 5 行：於螢幕輸出「請輸入一個成績？」。
- 第 6 行：由鍵盤輸入成績儲存入變數 score。
- 第 7 到 8 行：判斷變數 score 是否大於等於 80，若是則顯示「非常好」。
- 第 9 到 10 行：否則若變數 score 大於等於 60(隱含成績小於 80)，若是則顯示「不錯喔」。
- 第 11 到 13 行：否則(隱含成績小於 60)顯示「要加油」。

(c) 預覽程式執行結果

按下「執行 → 編譯並執行」，輸入成績為 60，結果顯示在螢幕，如下圖。

4-1-2 郵資計算(ch4\郵資計算.cpp)

某快遞公司以重量為計算郵資的依據，重量與郵資計算如下表，請寫一個程式協助快遞人員計算郵資，快遞人員只要輸入重量，程式自動計算郵資。

重量	X<=5 公斤	X>5 且 X<=10 公斤	X>10 且 X<=15 公斤	X>15 且 X<=20 公斤	X>20 公斤
價格	50	70	90	110	超過 20 公斤 無法寄送

(a) 解題想法

可以使用多向選擇結構撰寫程式，若重量小於等於 5 公斤，則顯示「50」，否則若重量小於等於 10 公斤，則顯示「70」，若重量小於等於 15 公斤，則顯示「90」，若重量小於等於 20 公斤，則顯示「110」，否則顯示「超過 20 公斤無法寄送」。

流程圖表示如下。

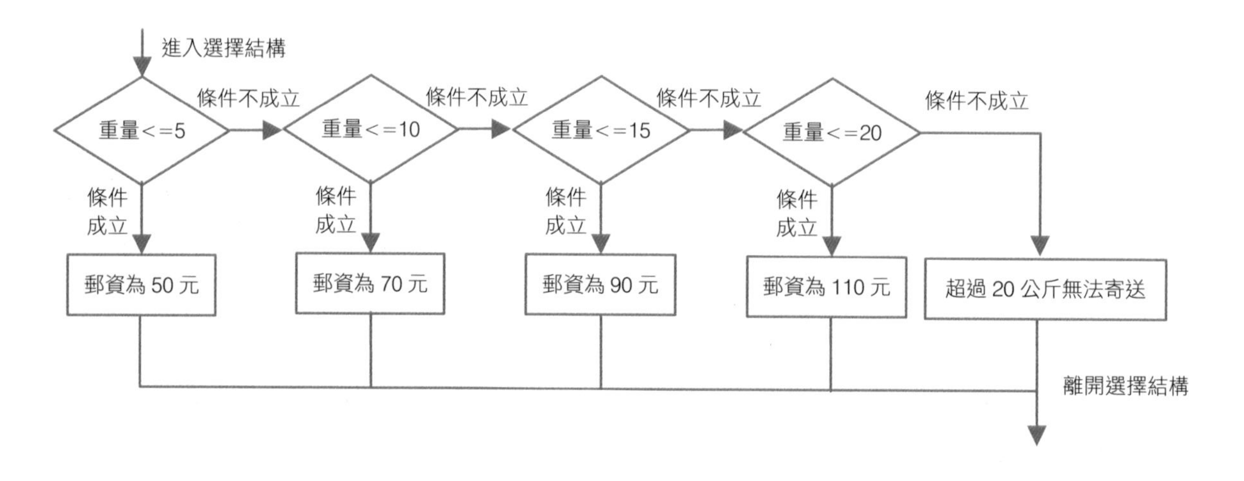

(b) 程式碼與解說

行數	程式碼
1	`#include <iostream>`
2	`using namespace std;`
3	`int main(){`
4	`  int weight;`
5	`  cout << "請輸入物品重量？";`
6	`  cin >> weight;`
7	`  if  (weight <= 5)  {`
8	`    cout  << "所需郵資為 50 元" << endl;`

```
9       }else if (weight <= 10) {
10        cout  << "所需郵資為 70 元" << endl;
11      }else if (weight <= 15) {
12        cout  << "所需郵資為 90 元" << endl;
13      }else if (weight <= 20) {
14        cout  << "所需郵資為 110 元" << endl;
15      }else {
16        cout  << "超過 20 公斤無法寄送" << endl;
17      }
18    }
```

解說

- 第 4 行：宣告整數變數 weight。
- 第 5 行：於螢幕輸出「請輸入物品重量？」。
- 第 6 行：由鍵盤輸入重量儲存入變數 weight。
- 第 7 到 8 行判斷 weight 是否小於等於 5，若是則顯示「50」
- 第 9 到 10 行：否則若 weight 是否小於等於 10(隱含成績大於 5)，若是則顯示「70」。
- 第 11 到 12 行：否則若 weight 是否小於等於 15(隱含成績大於 10)，若是則顯示「90」。
- 第 13 到 14 行：否則若 weight 是否小於等於 20(隱含成績大於 15)，若是則顯示「110」。
- 第 15 行到 17 行：：否則(隱含重量大於 20)顯示「超過 20 公斤無法寄送」。

(c) 預覽程式執行結果

按下「執行 → 編譯並執行」，結果顯示在螢幕，如下圖。請輸入重量「10」，螢幕輸出所需郵資。

4-1-3 BMI 計算(ch4\ BMI 計算.cpp)

BMI 常用來判斷肥胖程度，BMI 等於體重（KG）除以身高（M）的平方，會有一個分類標準，假設 BMI 與肥胖分級如右。請寫一個程式讓使用者輸入身高與體重，顯示 BMI 值與肥胖程度。

BMI 值	肥胖分級
BMI ＜ 18	體重過輕
18 ≦ BMI ＜24	體重正常
24 ≦ BMI ＜ 27	體重過重
27 ≦ BMI	體重肥胖

(a) 解題想法

可以使用多向選擇結構撰寫程式，若 BMI 值小於 18，則顯示「體重過輕」，否則若 BMI 值小於 24，則顯示「體重正常」，若 BMI 值小於 27，則顯示「體重過重」，否則顯示「體重肥胖」。

流程圖表示如下。

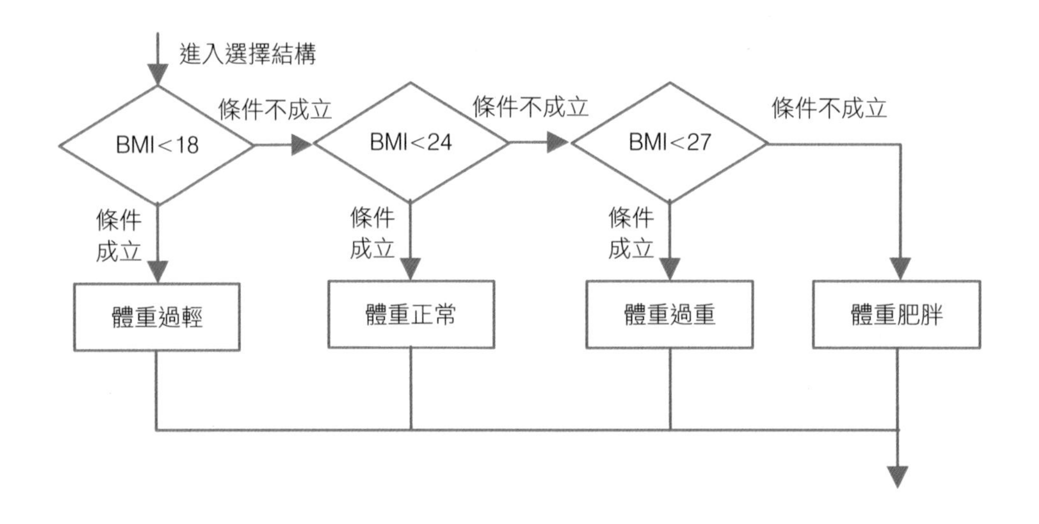

(b) 程式碼與解說

行數	程式碼
1	`#include <iostream>`
2	`using namespace std;`
3	`int main(){`
4	`  double weight,height,BMI;`
5	`  cout << "請輸入體重(KG)？";`
6	`  cin >> weight;`
7	`  cout << "請輸入體重(M)？";`
8	`  cin >> height;`
9	`  BMI=weight/(height*height);`

```
10    cout << "BMI為" << BMI << endl;
11    if  (BMI < 18)  {
12      cout  << "體重過輕" << endl;
13    }else if (BMI < 24) {
14      cout  << "體重正常" << endl;
15    }else if (BMI < 27) {
16      cout  << "體重過重" << endl;
17    }else {
18      cout  << "體重肥胖" << endl;
19    }
20  }
```

解說

- 第 4 行：宣告 weight、height 與 BMI 為倍精度浮點數變數。
- 第 5 行：於螢幕輸出「請輸入體重(KG)？」。
- 第 6 行：由鍵盤輸入重量儲存入變數 weight。
- 第 7 行：於螢幕輸出「請輸入體重(M)？」。
- 第 8 行：由鍵盤輸入重量儲存入變數 height。
- 第 9 行：計算所得 BMI 值儲存在 BMI 變數中。
- 第 10 行：輸出 BMI 值於螢幕。
- 第 11 到 12 行：判斷所計算出的 BMI 值是否小於 18，若是則顯示「體重過輕」。
- 第 13 到 14 行：否則判斷所計算出的 BMI 值是否小於 24(隱含 BMI 值大於等於 18)，若是則顯示「體重正常」。
- 第 15 到 16 行：否則判斷所計算出的 BMI 值是否小於 27(隱含 BMI 值大於等於 24)，若是則顯示「體重過重」。
- 第 17 到 19 行：否則(隱含 BMI 值大於等於 27)顯示「體重肥胖」。

(c) 預覽程式執行結果

按下「執行→編譯並執行」，結果顯示在螢幕，如下圖。請輸入體重「75」，身高「1.7」，螢幕輸出 BMI 值與肥胖分級。

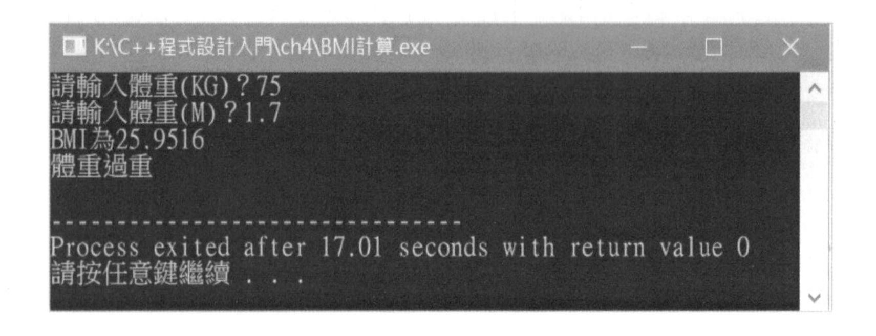

4-2 多向選擇結構－使用 Switch-Case

多向選擇結構除了使用 If-Then-Else 格式表達外，還可以使用 Switch-Case 格式表示，Switch-Case 格式是針對某個變數測試，該變數若為狀態 1，則執行狀態 1 成立的動作，該變數若為狀態 2，則執行狀態 2 成立的動作，以此類推，流程圖與語法如下。

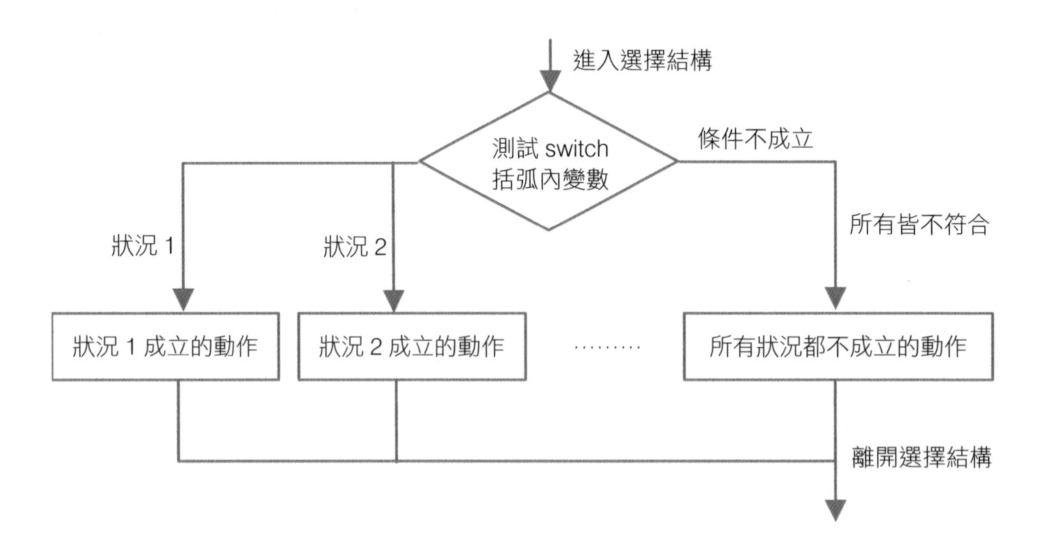

<table>
<tr><th>多向選擇程式語法</th><th>程式範例</th></tr>
<tr><td><pre>
switch (測試變數){
   case 狀況 1:
     狀況 1 的動作
     break;
   case 狀況 2:
     狀況 2 的動作
     break;
   case 狀況 3:
     狀況 3 的動作
     break;
   default:
     狀況 1、狀況 2 與狀況 3 皆不符合的動作
     break;
}
</pre></td><td><pre>
switch (BMI){
    case 1 ... 17:
      cout << "體重過輕" << endl;
      break;
    case 18 ... 23:
      cout << "體重正常" << endl;
      break;
    case 24 ... 26:
      cout << "體重過重" << endl;
      break;
    default :
      cout << "體重肥胖" << endl;
      break;
  }
</pre></td></tr>
<tr><td>註：switch 中測試變數需為整數。</td><td>註：BMI 需轉換成整數。</td></tr>
</table>

可以將前節 BMI 計算從 if-else 格式改成 switch-case 格式。使用 if-else 撰寫程式不易閱讀，使用 switch-case 較易閱讀，我們使用 BMI 計算為範例介紹 switch-case 結構。

4-2-1 BMI 計算(ch4\ BMI 計算-switch.cpp)

BMI 常用來判斷肥胖程度，BMI 等於體重（KG）除以身高（M）的平方，會有一個分類標準，假設 BMI 與肥胖分級如右。請寫一個程式讓使用者輸入身高與體重，顯示 BMI 值與肥胖程度。

BMI 值	肥胖分級
BMI ＜ 18	體重過輕
18 ≦ BMI ＜24	體重正常
24 ≦ BMI ＜ 27	體重過重
27 ≦ BMI	體重肥胖

(a) 解題想法

可以使用多向選擇結構撰寫程式，若 BMI 值小於 18，則顯示「體重過輕」，否則若 BMI 值小於 24，則顯示「體重正常」，否則若 BMI 值小於 27，則顯示「體重過重」，否則顯示「體重肥胖」。

流程圖表示如下。

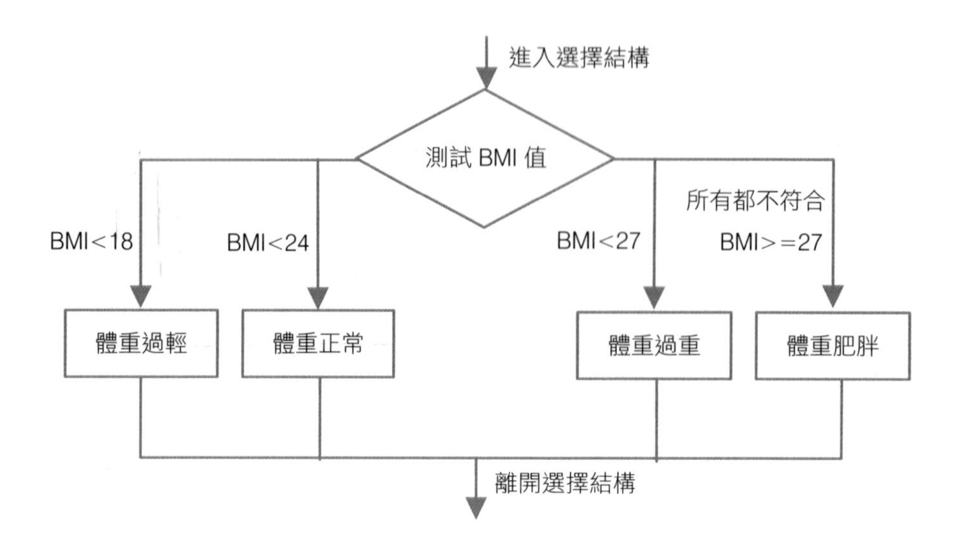

(b) 程式碼與解說

行數	程式碼
1	`#include <iostream>`
2	`#include <math.h>`
3	`using namespace std;`
4	`int main(){`
5	`  double weight,height,BMI;`
6	`  int iBMI;`
7	`  cout << "請輸入體重(KG)?";`
8	`  cin >> weight;`
9	`  cout << "請輸入身高(M)?";`
10	`  cin >> height;`
11	`  BMI=weight/(height*height);`
12	`  cout << "BMI 為" << BMI << endl;`
13	`  iBMI=floor(BMI);`
14	`  switch (iBMI){`
15	`    case 1 ... 17:`
16	`      cout  << "體重過輕" << endl;`
17	`      break;`
18	`    case 18 ... 23:`
19	`      cout  << "體重正常" << endl;`
20	`      break;`
21	`    case 24 ... 26:`
22	`      cout  << "體重過重" << endl;`
23	`      break;`
24	`    default:`
25	`      cout  << "體重肥胖" << endl;`
26	`      break;`
27	`  }`
28	`}`

解說

- 第 5 行：宣告 weight、height 與 BMI 為倍精度浮點數變數。
- 第 6 行：宣告 iBMI 為整數變數。
- 第 7 行：於螢幕輸出「請輸入體重(KG)？」。
- 第 8 行：由鍵盤輸入重量儲存入變數 weight。
- 第 9 行：於螢幕輸出「請輸入身高(M)？」。
- 第 10 行：由鍵盤輸入身高儲存入變數 height。
- 第 11 行：計算所得 BMI 值儲存在 BMI 變數中。
- 第 12 行：輸出 BMI 值於螢幕。
- 第 13 行：使用 floor 函式將 BMI 捨去小數轉成整數，儲存入 iBMI。
- 第 14 到 27 行：使用 switch-case 判斷 BMI 值與肥胖程度。
- 第 15 到 17 行：判斷所計算出的 BMI 值是否小於 18，若是則顯示「體重過輕」。
- 第 18 到 20 行：否則判斷所計算出的 BMI 值是否大於等於 18 且小於 24，若是則顯示「體重正常」。
- 第 21 到 23 行：否則判斷所計算出的 BMI 值是否大於等於 24 且小於 27，若是則顯示「體重過重」。
- 第 24 到 26 行：否則(隱含 BMI 值大於等於 27)顯示「體重肥胖」。

(c) 預覽程式執行結果

按下「執行 → 編譯並執行」，結果顯示在螢幕，如下圖。請輸入體重「75」，身高「1.7」，螢幕輸出 BMI 值與肥胖分級。

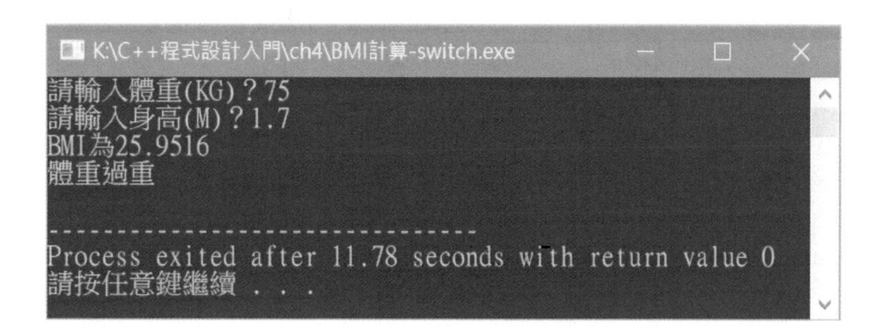

4-2-2 母音與子音(ch4\母音與子音.cpp)

寫一程式判斷英文字母是母音還是子音，輸入一個字母，顯示該字母是母音還是子音。

(a) 解題想法

可以使用多向選擇結構撰寫程式，若輸入的字母等於「a」，則顯示「a 為母音」，否則若輸入的字母等於「e」，則顯示「e 為母音」，否則若輸入的字母等於「i」，則顯示「i 為母音」，否則若輸入的字母等於「o」，則顯示「o 為母音」，否則若輸入的字母等於「u」，則顯示「u 為母音」，否則顯示「子音」。

流程圖表示如下。

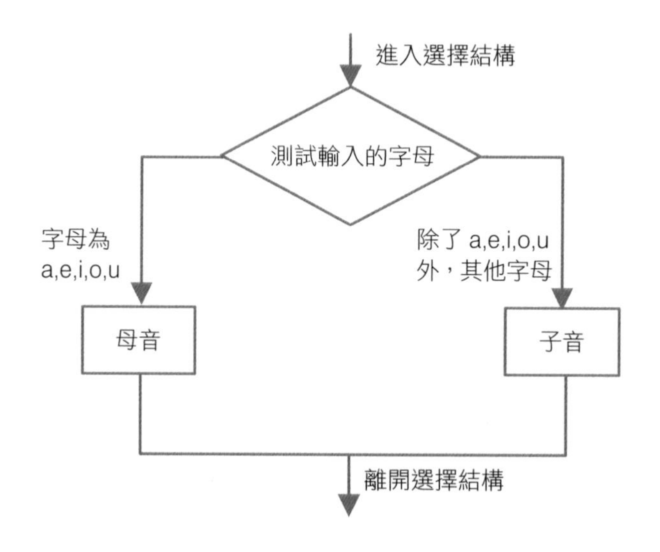

(b) 程式碼與解說

行數	程式碼
1	`#include <iostream>`
2	`using namespace std;`
3	`int main(){`
4	`  char ch;`
5	`  cout << "請輸入一個小寫英文字母？";`
6	`  cin >> ch;`
7	`  switch (ch){`
8	`    case 'a':`
9	`      cout  << "a 為母音" << endl;`
10	`      break;`
11	`    case 'e':`

```
12            cout  << "e 為母音" << endl;
13            break;
14          case 'i':
15            cout  << "i 為母音" << endl;
16            break;
17          case 'o':
18            cout  << "o 為母音" << endl;
19            break;
20          case 'u':
21            cout  << "u 為母音" << endl;
22            break;
23          default:
24            cout  << ch << "為子音" << endl;
25            break;
26        }
27      }
```

解說

- 第 4 行：宣告 ch 為字元變數。
- 第 5 行：在螢幕輸出「請輸入一個小寫英文字母？」。
- 第 6 行：由鍵盤輸入一小寫字母儲存入變數 ch。
- 第 7 到 26 行：使用 switch-case 結構判斷 ch 為母音還是子音。
- 第 8 到 10 行：判斷 ch 是否為 a，若是則顯示「a 為母音」。
- 第 11 到 13 行：判斷 ch 是否為 e，若是則顯示「e 為母音」。
- 第 14 到 16 行：判斷 ch 是否為 i，若是則顯示「i 為母音」。
- 第 17 到 19 行：判斷 ch 是否為 o，若是則顯示「o 為母音」。
- 第 20 到 22 行：判斷 ch 是否為 u，若是則顯示「u 為母音」。
- 第 23 到 25 行：否則(隱含 ch 不是 a、e、i、o、u)顯示該字元與「為子音」。

(c) 預覽程式執行結果

按下「執行 → 編譯並執行」，請輸入一個小寫英文字母，例如「c」，螢幕輸出「c 為子音」，如下圖。

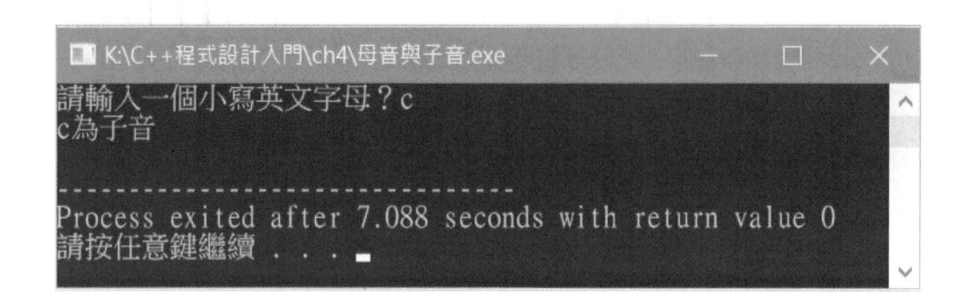

4-2-3 所得稅計算(ch4\所得稅計算.cpp)

小王想要計算應繳納所得稅，上網查詢得到所得稅計算公式如下表，所得稅計算採累進稅率，假設小王所得淨額為 650000，其應納稅額為 500000 稅率為 5%，剩餘 150000 稅率為 10%，也就是「50000*0.05+150000*0.1=40000」，有另一種算法是將所得淨額 650000 全部都算成 10%再減去前 500000 多繳的稅，也就是「650000*10%-500000(10%-5%)=40000」，本範例是使用後者，表中累進差額就是將多算的稅扣除。請寫一個程式讓小王輸入綜合所得淨額，顯示全年應納稅額。

綜合所得淨額	稅率	累進差額	全年應納稅額
500,000 元以下 ×	5% －	0 元	＝ 全年應納稅額
500,001 元 ~ 1,000,000 元 ×	10% －	25,000 元	＝ 全年應納稅額
1,000,001 元 ~ 2,000,000 元 ×	20% －	125,000 元	＝ 全年應納稅額
2,000,001 元 ~ 4,000,000 元 ×	30% －	325,000 元	＝ 全年應納稅額
4,000,001 元以上 ×	40% －	625,000 元	＝ 全年應納稅額

(a) 解題想法

可以使用多向選擇結構撰寫程式，若所得淨額小於等於 500,000 元以下，則所得稅為「所得淨額乘以 0.05」，否則若所得淨額小於等於 1,000,000 元以下，則所得稅為「所得淨額乘以 0.1-25,000」，否則若所得淨額小於等於 2,000,000 元以下，則所得稅為「所得淨額乘以 0.2-125,000」，否則若所得淨額小於等於 4,000,000 元以下，則所得稅為「所得淨額乘以 0.3-325,000」，否則所得稅為「所得淨額乘以 0.4-625,000」。

流程圖表示如下。

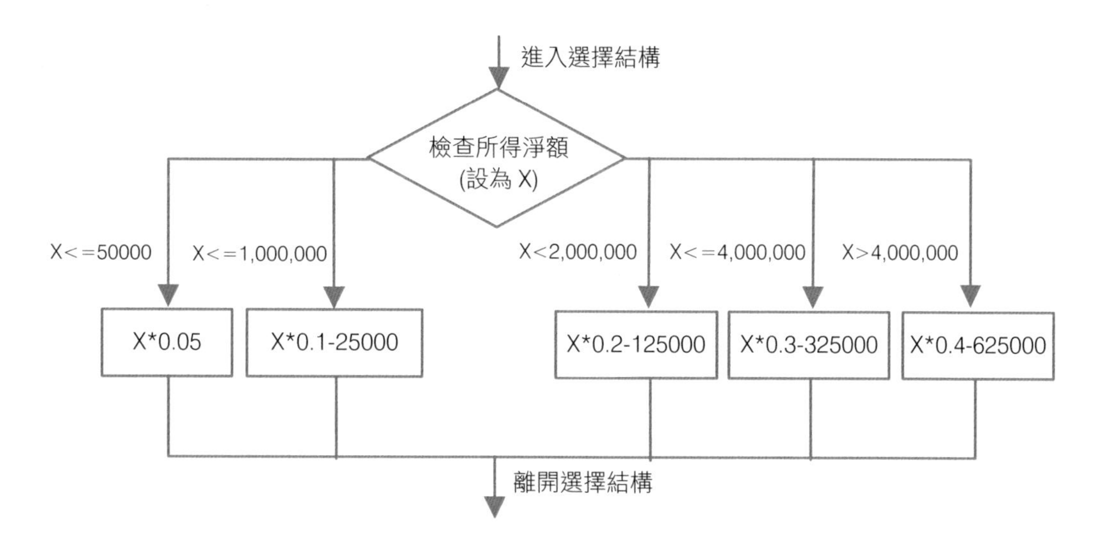

(b) 程式碼與解說

行數	程式碼

```
1   #include <iostream>
2   using namespace std;
3   int main(){
4     int income;
5     cout << "請輸入所得淨額?";
6     cin >> income;
7     switch (income){
8       case 1 ... 500000:
9         cout  << "所得稅為" << income*0.05 << endl;
10        break;
11      case 500001 ... 1000000:
12        cout  << "所得稅為" << income*0.1-25000 << endl;
13        break;
14      case 1000001 ... 2000000:
15        cout  << "所得稅為" << income*0.2-125000 << endl;
16        break;
17      case 2000001 ... 4000000:
18        cout  << "所得稅為" << income*0.3-325000 << endl;
19        break;
20      default:
21        cout  << "所得稅為" << income*0.4-625000 << endl;
22        break;
23    }
24  }
```

解說

- 第 4 行：宣告 income 為整數變數。
- 第 5 行：於螢幕輸出「請輸入所得淨額？」。
- 第 6 行：由鍵盤輸入所得淨額儲存入變數 income。
- 第 7 到 23 行：使用 switch-case 計算所得稅。
- 第 8 到 10 行：判斷所得淨額是否介於 1 到 500000 元，若是則顯示「所得稅為所得淨額乘以 0.05」。
- 第 11 到 13 行：判斷所得淨額是否介於 500001 到 1000000 元，若是則顯示「所得稅為所得淨額乘以 0.1 減去 25000」。
- 第 14 到 16 行：判斷所得淨額是否介於 1000001 到 2000000 元，若是則顯示「所得稅為所得淨額乘以 0.2 減去 125000」。
- 第 17 到 19 行：判斷所得淨額是否介於 2000001 到 4000000 元，若是則顯示「所得稅為所得淨額乘以 0.3 減去 325000」。
- 第 20 到 22 行：否則(所得淨額大於 4000000)顯示「所得稅為所得淨額乘以 0.4 減去 625000」。

(c) 預覽程式執行結果

按下「執行 → 編譯並執行」，請輸入所得淨額，例如「1000001」，螢幕輸出「75000.2」，如下圖。

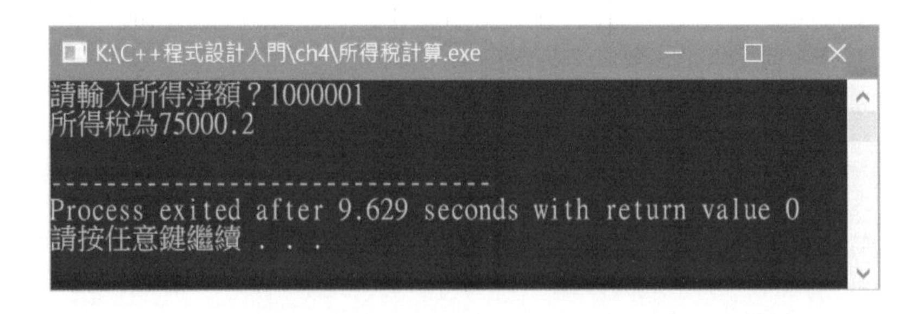

解析 APCS 程式設計觀念題

（B）1. 右側 switch 敘述程式碼可以如何以 if-else 改寫？

(105 年 10 月 APCS 第 2 題)

```
switch(x) {
  case 10: y='a'; break;
  case 20:
  case 30: y='b'; break;
  default: y='c';
}
```

(A) if (x==10) y = 'a';
if (x==20 || x==30) y = 'b';
y = 'c';

(B) if (x==10) y = 'a';
else if (x==20 || x==30) y = 'b';
else y = 'c';

(C) if (x==10) y = 'a';
if (x>=20 && x<=30) y = 'b';
y = 'c';

(D) if (x==10) y = 'a';
else if(x>=20 && x<=30) y = 'b';
else y = 'c';

解析 case 20 後方沒有接 break，表示 x 等於 20 或 30，y 都等於 b。default 表示若 x 不是 10、20、或 30，則 y 等於 c。選項(A)，y 最後都等於 c，所以不正確。選項(C)與(D)出現 if (x>=20 && x<=30)就一定不正確。選項(B)與題目的 switch 程式碼有相同的執行結果。

（B）2. 右側是依據分數 s 評定等第的程式碼片段，正確的等第公式應為：(105 年 10 月 APCS 第 9 題)

90～100 判為 A 等

80～89 判為 B 等

70～79 判為 C 等

60～69 判為 D 等

0～59 判為 F 等

這段程式碼在處理 0～100 的分數時，有幾個分數的等第是錯？

(A) 20　(B) 11　(C) 2　(D) 10

```
if (s>=90) {
  printf("A \n");
}
else if (s>=80){
  printf("B \n");
}
else if (s>60) {
  printf("D \n");
}
else if (s>70){
  printf ("C \n");
}
else {
  printf ("F\n");
}
```

解析　程式中「else if (s>70)」不會被執行，分數 70 到 79 會判斷為 D 產生錯誤，且分數 60 會被判斷為 F 也是錯誤的，所以總共 11 個。

（D）3. 右側程式執行過後所輸出數值為何？ (105 年 3 月 APCS 第 16 題)

(A) 11

(B) 13

(C) 15

(D) 16

行數	程式碼
1	`void main () {`
2	`  int count = 10;`
3	`  if (count > 0) {`
4	`    count = 11;`
5	`  }`
6	`  if (count > 10) {`
7	`    count = 12;`
8	`    if (count % 3 == 4) {`
9	`      count = 1;`
10	`    }`
11	`    else {`
12	`      count = 0;`
13	`    }`
14	`  }`
15	`  else if (count > 11) {`
16	`    count = 13;`
17	`  }`
18	`  else {`
19	`    count = 14;`
20	`  }`
21	`  if (count) {`
22	`    count = 15;`
23	`  }`
24	`  else {`
25	`    count = 16;`
26	`  }`
27	`  printf ("%d\n", count);`
28	`}`

解析　第 3 行變數 count 大於 0，執行第 4 行變數 count 設定為 11。第 6 行變數 count 大於 10，設定變數 count 為 12，「count % 3」不等於 4，所以變數 count 設定為 0。因為第 6 行成立所以第 15 行到第 20 行不會執行。第 21 行 count 不等於 0 才成立，執行第 25 行設定變數 count 為 16，輸出 16 到螢幕上。

選擇題

( ) 1. 下列何者適合用於多個選一個的結構？

(A) test (B) for (C) while (D) switch-case

( ) 2. 求以下程式的結果

```
int score = 70;
if (score > 80){
   score = score + 10;
}else if (score > 60){
   score = score + 15;
}else if (score > 40){
   score = score + 20;
}else{
   score = score + 25;
}
```

(A) 80 (B) 85 (C) 90 (D) 95

( ) 3. 求以下程式的結果

```
int amount = 15000;
switch (amount){
   case 1 ... 9999:
      amount = amount * 0.9;
      break;
   case 10000 ... 19999:
      amount = amount * 0.8;
      break;
   case 20000 ... 29999:
      amount = amount * 0.7;
      break;
   default:
      amount = amount * 0.6;
}
```

(A) 9000 (B) 10500 (C) 12000 (D) 13500

( ) 4. 多向選擇結構中 if-else 最多可以包含多少個 if-else 結構

(A) 3 (B) 6 (C) 9 (D) 沒有限制

(　) 5.　求以下程式的結果

```
int x = 5%3;
switch (x){
    case 2:
        cout << "x=2";
        break;
    case 1:
        cout << "x=1";
        break;
    case 0:
        cout << "x=0";
        break;
    default:
        cout << "以上皆非";
}
```

(A) x=2　(B) x=1　(C) x=0　(D) 以上皆非

(　) 6.　求以下程式 x 的結果

```
int x = 3;
int y = 10;
if (x > y){
    x = x * y;
}else if (x < y) {
    x = 2 * x;
}else {
    x = x + y;
}
```

(A)30　(B) 6　(C) 20　(D) 13

程式實作

1. 體溫與發燒(ch4\ex 體溫與發燒.cpp)

   設計程式根據體溫判斷是否發燒，由使用者輸入體溫，程式判斷是否發燒，假設體溫小於 36 度，顯示體溫過低，體溫大於等於 36 度小於 38 度，顯示體溫正常，否則若體溫大於等於 38 度小於 39 度，顯示體溫有點燒，否則體溫大於等於 39 度，顯示體溫很燒。

   執行結果，如下圖。輸入體溫「36.5」，輸出為「體溫正常」。

2. 三一律(ch4\ex 三一律.cpp)

 設計程式允許輸入兩個數值分別存入 A 與 B，比較這兩數，只有三種情形分別是 A 大於 B，A 等於 B，A 小於 B，請求出這兩數的關係屬於這三種的哪一種。執行結果，如下圖。輸入 A 值「3」，輸入 B 值「4」，輸出為「A 小於 B」。

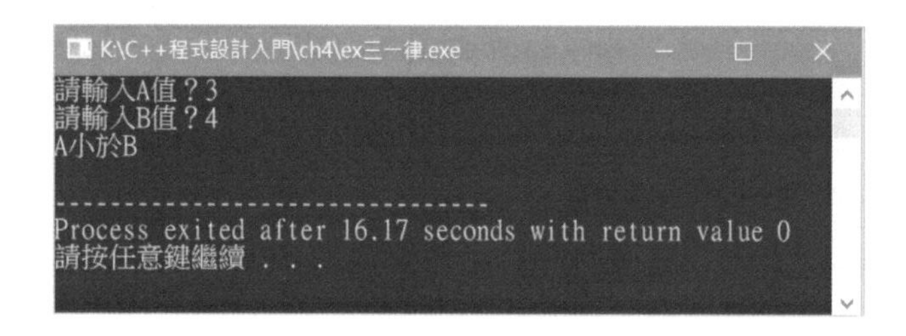

3. 求三數最大值(ch4\ex 求三數最大值.cpp)

 設計程式允許輸入三個數值，且三數皆不相同，請求出這三數的最大值。執行結果，如下圖。輸入 A 值「8」，輸入 B 值「6」，輸入 C 值「9」，輸出為「C=9 為最大值」。

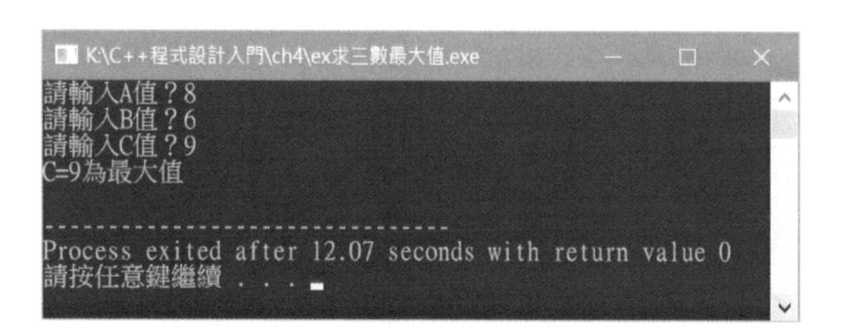

4. 閏年判斷(ch4\ex 閏年判斷.cpp)

 設計程式允許輸入西元幾年，請求出該年是否是閏年，閏年表示該年多一天，若為 4 的倍數稱做閏年，但若為 100 的倍數就不為閏年，且若為 400 倍數又是閏年。執行結果，如下圖。輸入年份「2012」，輸出為「2012 是閏年」。

5. 門票購買(ch4\ex 門票購買.cpp)

設計程式計算遊樂園門票總金額，一張門票 100 元，但為鼓勵購買門票，特訂定以下規則購買 2 到 5 張九折、 6 到 10 張八折、11 到 20 張七折、21 以上六折。執行結果，如下圖。請輸入購買門票數「15」，輸出為「門票總金額為 1050」。

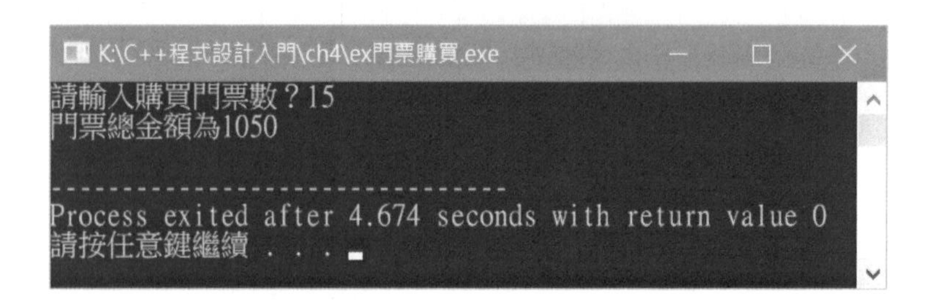

6. 水費計算(ch4\ex 水費計算.cpp)

設計程式計算每月水費，水費計算是以度（立方公尺）為單位，水費收費是採四段式，以下為水費收費表，採累進費率，例如水費本月使用 80 度，則需繳交水費為 80*(12.075)-110.25＝855.75。

段別	第一段	第二段	第三段	第四段
每度單價	7.35	9.45	11.55	12.075
實用度數	1~10 度	11~30 度	31~50 度	51 度以上
累進差額(元)	0	-21	-84	-110.25

執行結果，如下圖。請輸入用水度數「51」，輸出為「水費為 505.575」。

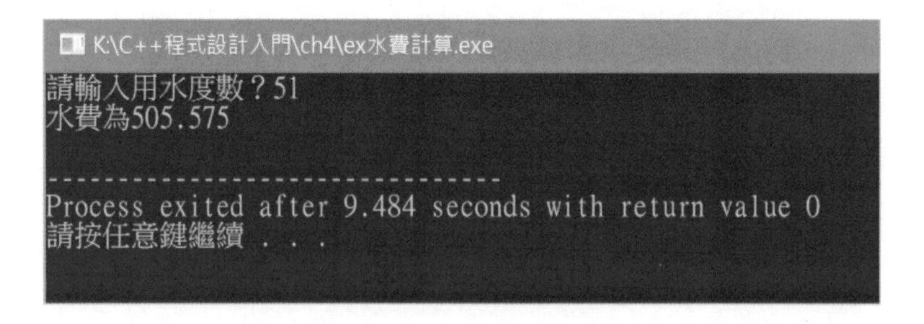

迴圈結構 5

電腦每秒鐘可執行幾億次的指令，擁有強大的計算能力，程式中迴圈結構可以重複執行某個程式區塊許多次，如此才能善用電腦的計算能力。迴圈結構利用指定迴圈變數的初始條件、迴圈變數的終止條件與迴圈變數的增減值來控制迴圈執行次數。許多問題的解決都涉及迴圈結構的使用，例如：加總、排序、找最大值...等，善用迴圈結構才能有效利用電腦的運算能力與簡化程式碼。假設要撰寫程式產生 1000 個「Hello」，若不使用迴圈結構需寫 1000 個「cout << "Hello"」，如下表。

產生 1000 個「Hello」的程式碼

```
cout  << "Hello"
cout  << "Hello"
cout  << "Hello"
…
cout  << "Hello"
```

1000 個
cout << "Hello"

使用迴圈結構可以簡化程式碼達成相同功能，如下表。

產生 1000 個「Hello」的程式碼

```
for(int  i=0;i<1000;i++){
     cout  << "Hello";
}
```

C 語言中迴圈結構有 for 與 while 兩種，若以條件測試的先後分成**前測試迴圈**與**後測試迴圈**，迴圈當中可以包含迴圈稱做**巢狀迴圈**，另外迴圈當中可以設定跳出迴圈(使用 break)，跳過正在執行的迴圈執行迴圈的下一輪(使用 continue)，以下我們就詳細介紹這些結構。

迴圈的流程圖表示如下，迴圈結構會進行迴圈變數的測試，若測試迴圈變數成立，則為進行迴圈程式區塊，迴圈程式區塊執行結束會再測試迴圈變數，若成立就繼續執行，不成立就跳出迴圈，執行下一行程式。

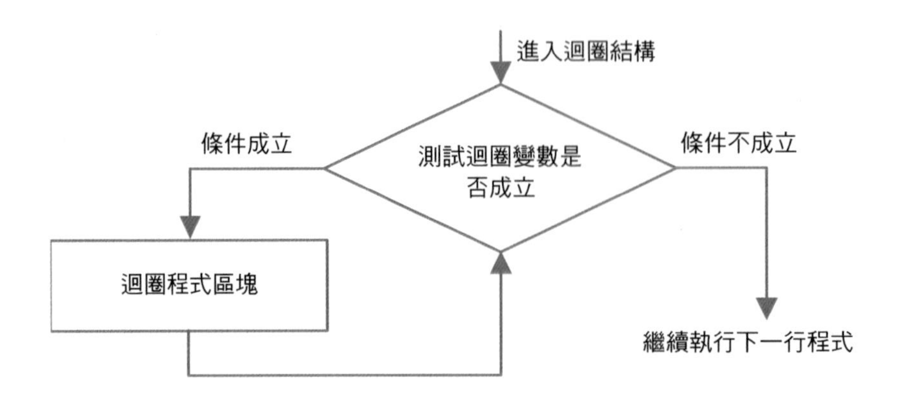

5-1 迴圈結構—使用 for

for 迴圈結構通常用於已知重複次數的程式，迴圈結構中指定迴圈變數的初始值、終止值與遞增(減)值，迴圈變數將由初始值變化到終止值，每次依照遞增(減)的值進行數值增加或減少，若以流程圖表示如下。

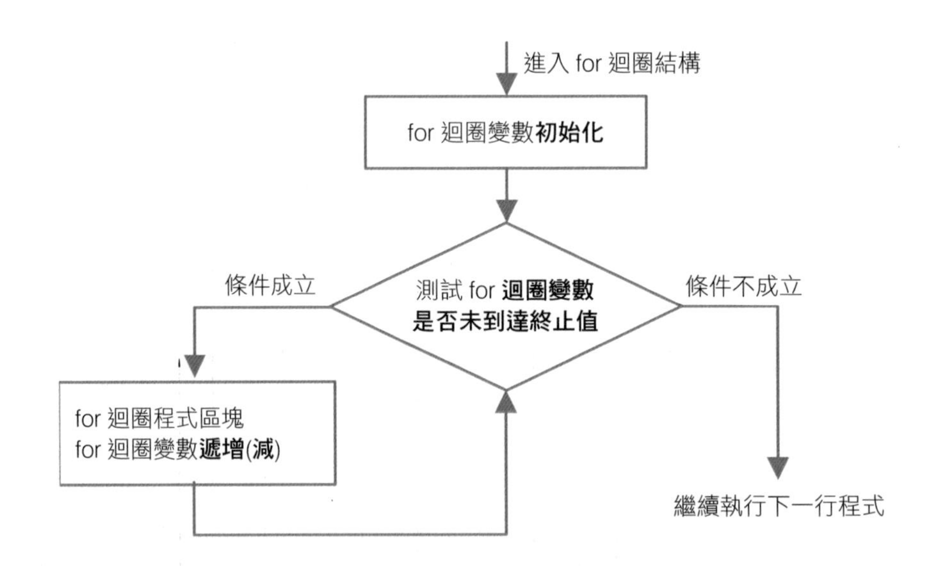

for 程式語法	程式範例(印出 1000 個 Hello)

for(int 迴圈變數 = 起始值; 終止值; 遞增減值){
　重覆的程式
}
	for(int i=0;i<1000;i++){
	　cout << "Hello";
	}

說明
for 迴圈內迴圈變數由**起始值**變化到**終止值**，每重複執行一次程式迴圈變數就會**遞增(減)值**，重複執行迴圈內程式，直到超過終止值後停止執行。

5-1-1 產生 ASCII 碼(ch5\產生 ASCII 碼.cpp)

電腦中所有資料皆以二進位元方式儲存，大小寫英文字母、數字都有國際標準的二進位編碼，這樣的編碼稱為 ASCII 碼，如 A 的 ASCII 碼以二進位表示為 01000001，十進位表示為 65；B 的 ASCII 碼以二進位表示為 01000010，十進位表示為 66、C 的 ASCII 碼以二進位表示為 01000011，十進位表示為 67，依此類推。請寫一個程式利用迴圈與「(char)」強制型別轉換，「(char)」將整數轉換成對應的 ASCII 字元。

(a) 解題想法

可以使用迴圈結構撰寫程式，迴圈變數起始值為輸入的起始值，迴圈變數中止值為輸入的中止值，迴圈每執行一次迴圈變數就會遞增 1，迴圈內使用「(char)」將整數轉換成對應的 ASCII 字元顯示在螢幕上。

流程圖表示如下。

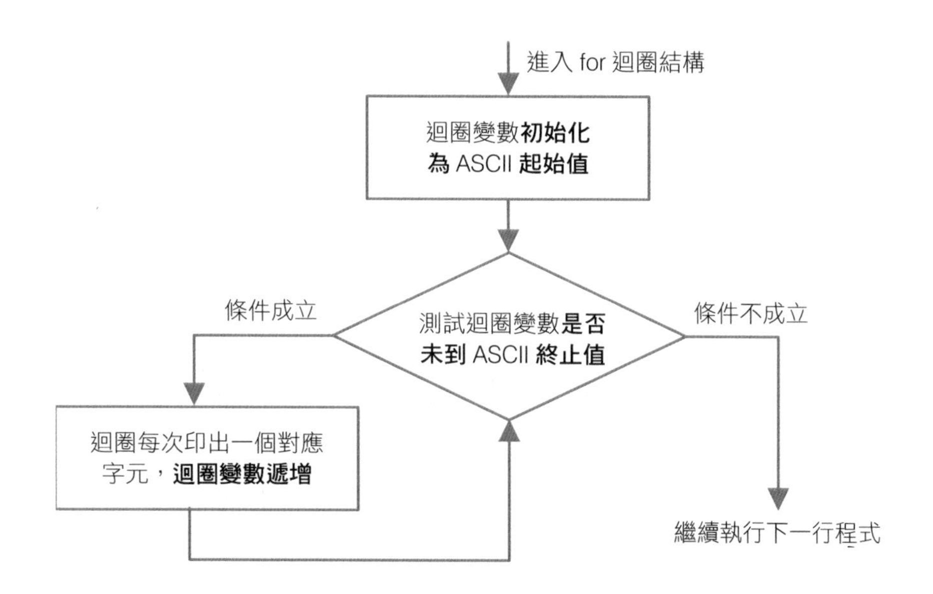

(b) 程式碼與解說

行數	程式碼
1	`#include <iostream>`
2	`#include <stdlib.h>`
3	`using namespace std;`
4	`int main(){`
5	`  int start,end;`
6	`  cout << "請輸入ASCII的啟始值？";`

```
7      cin >> start;
8      cout << "請輸入 ASCII 的終止值？";
9      cin >> end;
10     for(int i=start;i<=end;i++){
11       cout << (char)i << endl;
12     }
13   }
```

解說

- 第 5 行：宣告 start 與 end 為整數變數。
- 第 6 行：於螢幕輸出「請輸入 ASCII 的啟始值？」。
- 第 7 行：由鍵盤輸入 ASCII 的啟始值儲存入變數 start。
- 第 8 行：於螢幕輸出「請輸入 ASCII 的終止值？」。
- 第 9 行：由鍵盤輸入 ASCII 的終止值儲存入變數 end。
- 第 10 到 12 行：使用 for 迴圈，其中 i 值變化由使用者輸入的 ASCII 起始值(start)到 ASCII 終止值(end)，每次遞增 1，利用 char 強制型別轉換，將 ASCII 值轉成所對應的字元，並顯示於螢幕，endl 為換行字元，表示換行。

(c) 預覽結果

按下「執行 → 編譯並執行」，於 ASCII 起始值輸入「65」，ASCII 終止值輸入「70」，本程式就會顯示 ASCII 介於 65 到 70 的字元。

5-1-2 加總(ch5\加總.cpp)

寫一個程式允許使用者輸入加總的開始值、結束值與遞增值，計算數值加總的結果，例如要計算 3+6+9+12 的結果，就輸入 3 為開始值，12 為結束值，3 為遞增值。

(a) 解題想法

可以使用迴圈結構撰寫程式，迴圈變數起始值為輸入的加總起始值，迴圈變數終止值為輸入的加總終止值，迴圈每執行一次迴圈變數就會依照輸入的遞增(減)值遞增(減)，迴圈內使用「sum=sum+迴圈變數」進行數值的加總，顯示加總的過程。

流程圖表示如下。

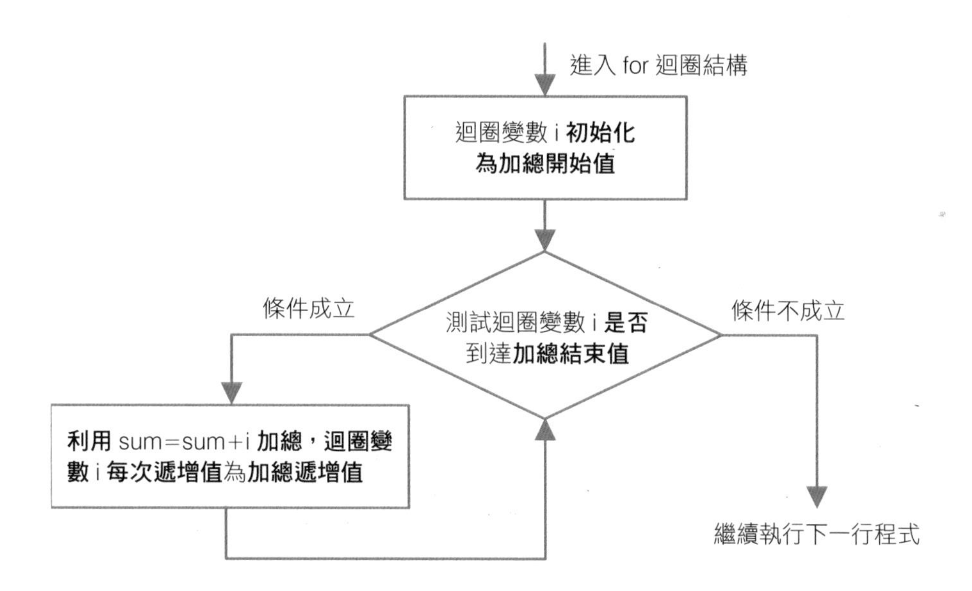

(b) 程式碼與解說

行數	程式碼
1	`#include <iostream>`
2	`using namespace std;`
3	`int main(){`
4	`  int start,end,inc;`
5	`  int sum=0;`
6	`  cout << "請輸入加總開始值？";`
7	`  cin >> start;`
8	`  cout << "請輸入加總終止值？";`
9	`  cin >> end;`
10	`  cout << "請輸入遞增減值？";`

```
11      cin >> inc;
12      for(int i=start;i<=end;i=i+inc){
13        sum = sum + i;
14        cout << "i=" << i << ",sum=" << sum << endl;
15      }
16    }
```

解說

- 第 4 行：宣告 start、end 與 inc 為整數變數。
- 第 5 行：宣告 sum 為整數變數，且初始化為 0。
- 第 6 行：於螢幕輸出「請輸入加總開始值？」。
- 第 7 行：由鍵盤輸入加總開始值儲存入變數 start。
- 第 8 行：於螢幕輸出「請輸入加總終止值？」。
- 第 9 行：由鍵盤輸入加總終止值儲存入變數 end。
- 第 10 行：於螢幕輸出「請輸入遞增減值？」。
- 第 11 行：由鍵盤輸入遞增減值儲存入變數 inc。
- 第 12 到 15 行：使用 for 迴圈，其中 i 值變化由使用者輸入的加總開始值(start)到加總終止值(end)，每次依所輸入的遞增減值(inc)進行遞增減，利用「sum=sum+i」計算加總（第 13 行），將 i 值與 sum 值顯示於螢幕（第 14 行），endl 為換行字元，表示換行。

(c) 預覽結果

按下「執行 → 編譯並執行」，於加總開始值輸入「3」，加總結束值輸入「12」，加總遞增值輸入「3」，結果如下圖。

```
K:\C++程式設計入門\ch5\加總.exe
請輸入加總開始值？3
請輸入加總終止值？12
請輸入遞增減值？3
i=3,sum=3
i=6,sum=9
i=9,sum=18
i=12,sum=30

--------------------------------
Process exited after 14.18 seconds with return value 0
請按任意鍵繼續 . . .
```

舉例說明加總使用 sum=sum+i 原理，如下表，在 C 語言中等號右邊(sum+i)的算式會先計算，結果回存到等號左邊(sum)。

```
int  sum =0
for(int i=3;i<12;i=i+3){
     sum = sum + i;
}
```

i 值	sum 加總過程	sum 加總後
i=3	sum=0 + 3	sum=3
i=6	sum=3 + 6	sum=9
i=9	sum=9 + 9	sum=18
i=12	sum=18+12	sum=30

5-1-3 折舊計算(ch5\折舊計算.cpp)

寫一個程式允許使用者輸入初始價值，幾年後的折舊價值，請輸出每一年的折舊價值。

(a) 解題想法

可以使用迴圈結構撰寫程式，迴圈變數起始值為 1，迴圈變數中止值為年限值，迴圈每執行一次迴圈變數就會遞增 1，迴圈內使用「第 i 年折舊價值為初始價值-(初始價值-折舊價值)*(i/n)」進行計算，顯示每一年的折舊後價值。

流程圖表示如下。

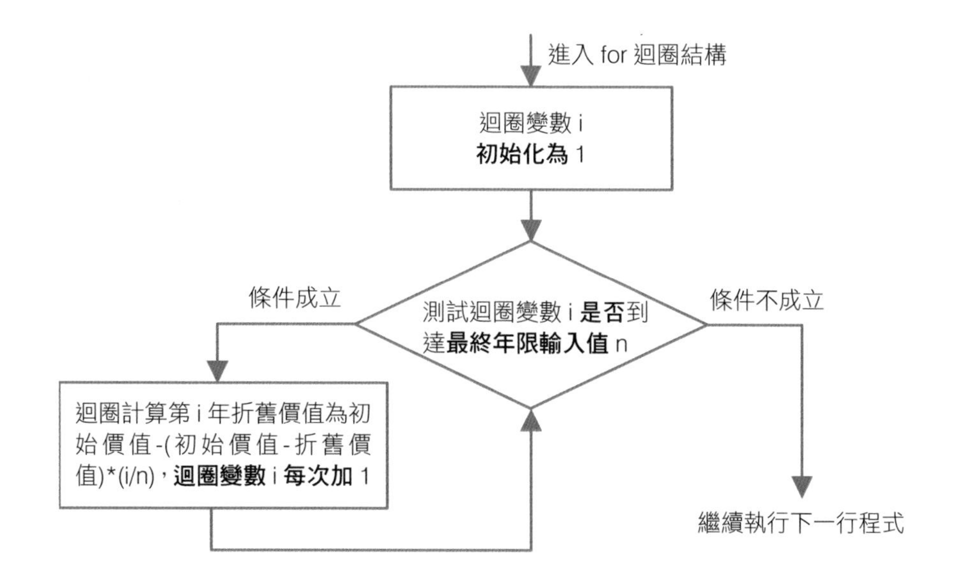

(b) 程式碼與解說

行數	程式碼
1	`#include <iostream>`
2	`using namespace std;`
3	`int main(){`
4	`  int start,end,n;`
5	`  float value;`
6	`  cout << "請輸入初始價值？";`
7	`  cin >> start;`
8	`  cout << "請輸入折舊價值？";`
9	`  cin >> end;`
10	`  cout << "請輸入n？";`
11	`  cin >> n;`
12	`  for(int i=1;i<=n;i++){`
13	`    value = start -(start - end)*i/n;`
14	`    cout << "第" << i << "年價值為" << value << endl;`
15	`  }`
16	`}`

解說

- 第 4 行：宣告 start、end 與 n 為整數變數。
- 第 5 行：宣告 value 為浮點數。
- 第 6 行：於螢幕輸出「請輸入初始價值？」。
- 第 7 行：由鍵盤輸入初始價值儲存入變數 start。
- 第 8 行：於螢幕輸出「請輸入折舊價值？」。
- 第 9 行：由鍵盤輸入折舊價值儲存入變數 end。
- 第 10 行：於螢幕輸出「請輸入 n？」。
- 第 11 行：由鍵盤輸入 n 值儲存入變數 n。
- 第 12 到 15 行：使用 for 迴圈，其中 i 值變化由 1 到 n，每次遞增 1，利用「value = start -(start - end)*i/n」計算每年折舊價值（第 13 行），將 i 值與 value 值顯示於螢幕（第 14 行），endl 為換行字元，表示換行。

(c) 預覽結果

按下「執行 → 編譯並執行」，於初始價值輸入「2000」，折舊價值輸入「1000」，n 輸入「5」，結果如下圖。

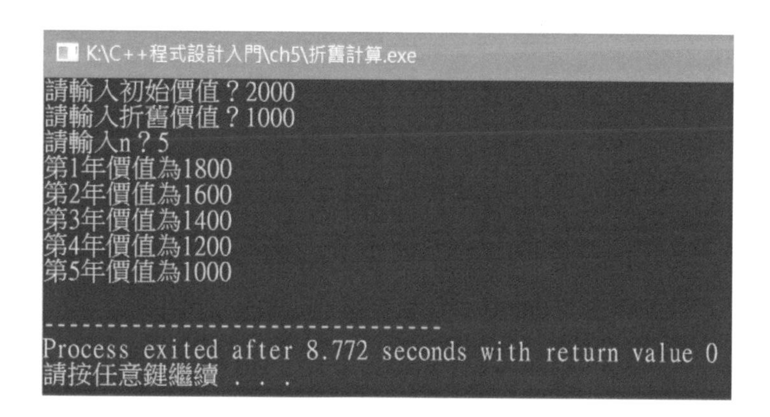

5-1-4 求出所有因數(ch5\求出所有因數.cpp)

寫一個程式允許使用者輸入數值，求出該數的所有因數。

(a) 解題想法

可以使用迴圈結構撰寫程式，迴圈變數起始值為 1，迴圈變數終止值為輸入值，迴圈每執行一次迴圈變數就會遞增 1，迴圈內使用「迴圈變數是否能整除輸入值，若可以整除，迴圈變數為輸入值的因數」進行計算，若找到輸入值的因數就顯示在螢幕上。流程圖表示如下。

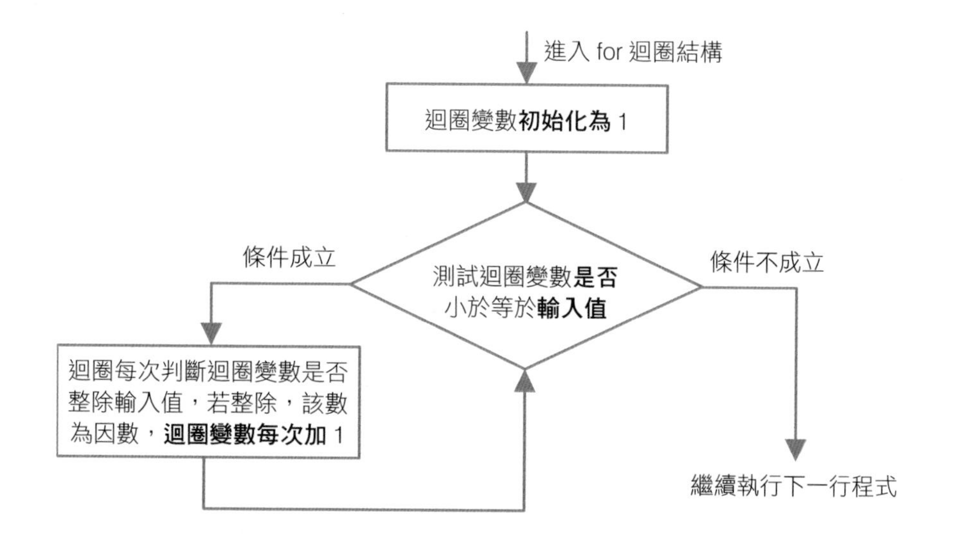

(b) 程式碼與解說

行數	程式碼
1	`#include <iostream>`
2	`using namespace std;`
3	`int main(){`
4	`  int n;`
5	`  cout << "請輸入n?";`
6	`  cin >> n;`
7	`  for(int i=1;i<=n;i++){`
8	`    if ((n%i) == 0){`
9	`      cout << i << "為" << n << "的因數" << endl;`
10	`    }`
11	`  }`
12	`}`

解說

- 第 4 行：宣告 n 為整數變數。
- 第 5 行：於螢幕輸出「請輸入 n？」。
- 第 6 行：由鍵盤輸入 n 值儲存入變數 n。
- 第 7 到 11 行：使用 for 迴圈，其中 i 值變化由 1 到 n，每次遞增 1，利用判斷「n 除以 i 的餘數是否為 0」（第 8 行），若是顯示 i 值與 n 值於螢幕，endl 為換行字元，表示換行（第 9 行）。

(c) 預覽結果

按下「執行 → 編譯並執行」，於輸入值輸入「100」，結果如下圖。

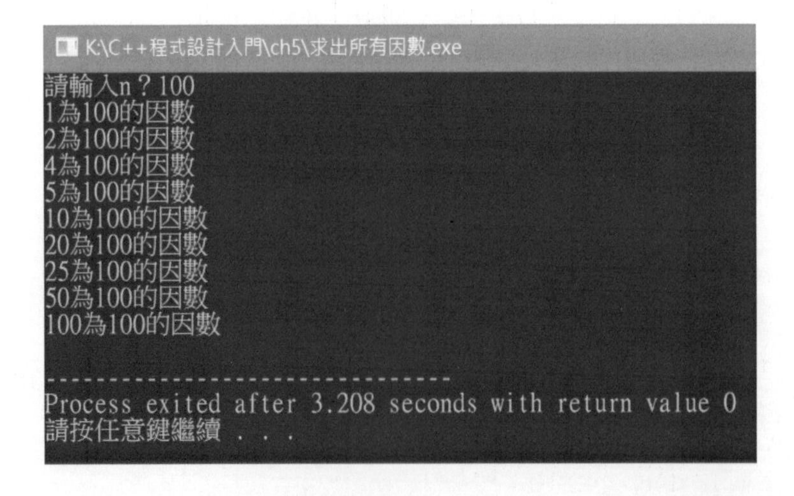

5-2 迴圈結構—使用 while

一、while 迴圈結構與 for 迴圈結構

while 迴圈結構與 for 迴圈結構十分類似，while 迴圈結構常用於不固定次數的迴圈，由迴圈中測試條件決定是否跳出迴圈，測試條件為真時繼續迴圈，當測試條件為假時結束迴圈。如猜數字遊戲，兩人（A 與 B）玩猜數字遊戲，一人(A)心中想一個數，另一人(B)去猜，A 就 B 所猜數字回答「猜大一點」或「猜小一點」，直到 B 猜到 A 所想數字，這樣的猜測就屬於不固定次數的迴圈，適合使用 while 而不適合使用 for。

while 迴圈與 for 迴圈轉換語法如下，while 指令後面所接條件測試，若為真時會不斷做迴圈內動作，直到測試為假時跳出 while 迴圈。

while 迴圈語法	程式範例

迴圈變數=初始值
while (迴圈變數 <= 終止值){
    重覆的程式
    迴圈變數=迴圈變數+遞增(減)值
}
	int j = 0;
	While (j <= 10){
	    sum = sum + j;
	    j = j + 1;
	}

說明	
while 迴圈內迴圈變數由**起始值**變化到**終止值**，每重複執行一次迴圈變數就會**遞增(減)**值，重複執行迴圈內程式，直到超過終止值後停止執行。	

可以將 for 迴圈結構轉換成 while 迴圈結構，舉例如下表。

for 迴圈	將左側 for 迴圈轉成 while 迴圈

int sum = 0;
for(i=1;i<=10;i++){
    sum = sum + i;
}
	int sum = 0;
	int i = 1;
	while (i <= 10){
	    sum = sum + i;
	    i++;
	}

二、前測式迴圈與後測式迴圈結構

while 迴圈結構有兩種分成前測式迴圈與後測式迴圈，前測式迴圈是指先測試迴圈變數是否符合迴圈終止條件，後測式迴圈是指先執行迴圈一次再測試迴圈變數是否符合迴圈終止條件，兩者的差異在於**後測式迴圈至少執行一次**。要使用哪一種結構是看程式功能需求，如帳號密碼登入功能至少要讓使用者輸入一次帳號密碼，再確認帳號密碼是否正確，就可以使用後測式迴圈結構。前測式與後測式迴圈結構比較如下。

前測式 while 迴圈	後測式 while 迴圈

int sum = 0;
int i = 1;
while (i <= 10){
   sum = sum + i;
   i = i + 1;
}
	int sum = 0;
	int i = 1;
	do {
	   sum = sum + i;
	   i = i + 1;
	} while (i <= 10);

先測試 i 是否小於等於 10，再執行迴圈中動作。	先執行迴圈中動作，再測試 i 是否小於等於 10。

5-2-1 階乘計算(ch5\階乘計算.cpp)

請計算 N 為多少時，其階乘值大於等於 M。N 階乘表示為 N!，其值為「1*2*3*...*(n-1)*n」，使用 while 迴圈計算，N!超過 M 的最小 N 值為何？

(a) 解題想法

可以使用迴圈結構撰寫程式，迴圈變數 i 起始值為 1，進入迴圈之前，測試迴圈變數 i 的階乘值是否小於 M，迴圈每執行一次迴圈變數 i 就會遞增 1，迴圈內「計算迴圈變數 i 的階乘值」，最後顯示「多少階乘會大於等於 M」。

流程圖表示如下。

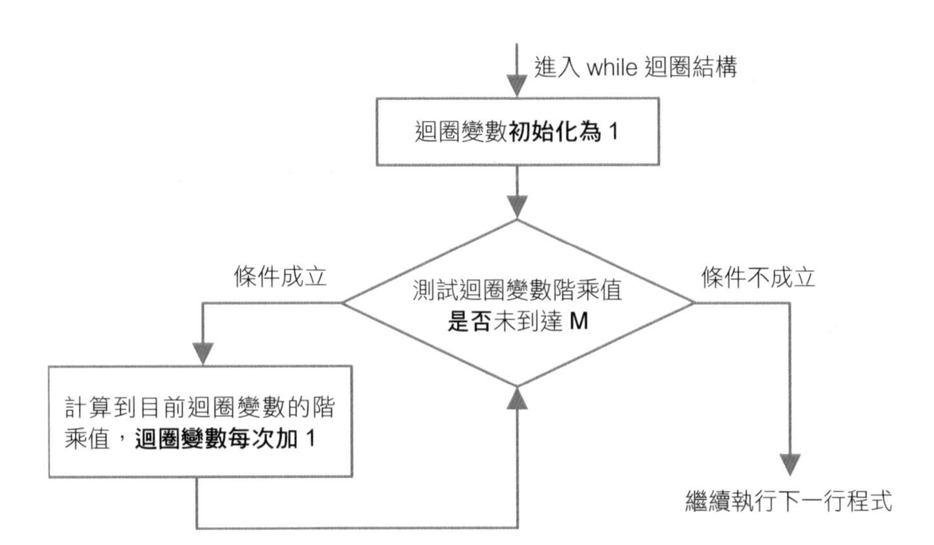

(b) 程式碼與解說

行數	程式碼
1	`#include <iostream>`
2	`using namespace std;`
3	`int main(){`
4	`  int i,M,fac=1;`
5	`  cout << "請輸入 M？";`
6	`  cin >> M;`
7	`  i = 1;`
8	`  while (fac < M){`
9	`    i=i+1;`
10	`    fac=fac*i;`
11	`  }`
12	`  cout << i << "階乘大於等於" << M << endl;`
13	`}`

解說

- 第 4 行：宣告 i、M 與 fac 為整數變數，並初始化 fac 等於 1。
- 第 5 行：於螢幕輸出「請輸入 M？」。
- 第 6 行：由鍵盤輸入 M 值儲存入變數 M。
- 第 7 行：並初始化 i 等於 1。

- 第 8 到 11 行：使用 while 迴圈，測試 fac 是否小於 M，i 值每次遞增 1，利用「fac=fac*i」求 fac，fac 為 i 的階乘（第 10 行）。
- 第 12 行：顯示階乘超過 M 的 i 值，endl 為換行字元，表示換行。

(c) 預覽結果

按下「執行 → 編譯並執行」，輸入 M 值為「1000」，結果如下圖。

舉例說明加總使用 fac = fac * i 原理，如下表，在 C++語言中等號右邊(fac * i)的算式會先計算，結果回存到等號左邊(fac)。

```
int  i = 1;
int fac = 1;
int M = 1000000;
while (fac < M){
  i=i+1;
  fac=fac*i;
}
```

i 值	fac=fac*i 相乘過程	fac 相乘後
i=2	fac=1*2	fac=2
i=3	fac=2*3	fac=6
i=4	fac=6*4	fac=24
i=5	fac=24*5	fac=120
i=6	fac=120*6	fac=720
i=7	fac=720*7	fac=5040
…	…	…

5-2-2 複利計算(ch5\複利計算.cpp)

請寫一個程式存一筆錢(N)在銀行，以複利計算，年利率為(X)，計算最少需要幾年才能達到目標金額(M)。

(a) 解題想法

可以使用迴圈結構撰寫程式，迴圈變數 i 起始值為 1，進入迴圈之前，測試存款是否未到達目標金額 M，迴圈每執行一次迴圈變數 i 就會遞增 1，迴圈內「存款以複利進行計算」，迴圈內每次顯示存款金額的變化。

流程圖表示如下。

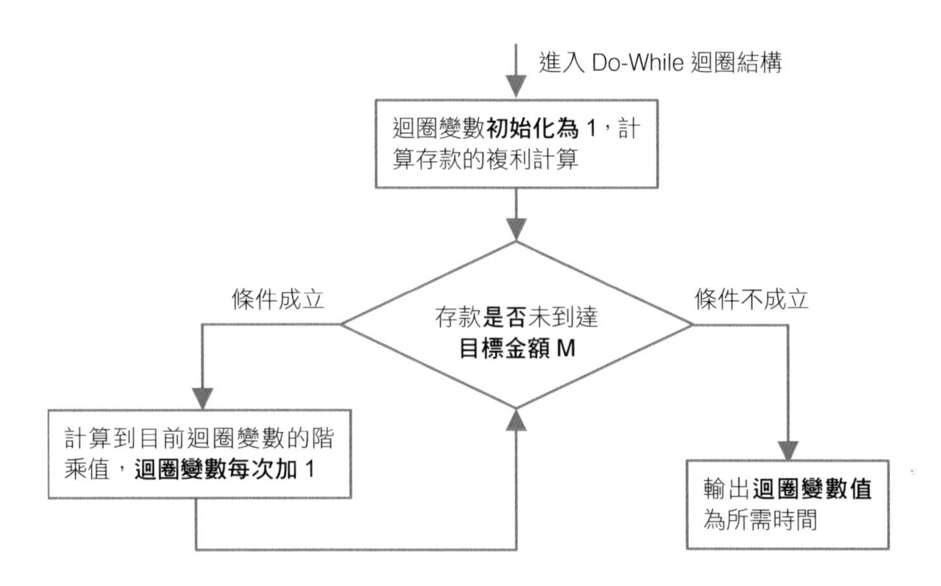

(b) 程式碼與解說

行數	程式碼
1	`#include <iostream>`
2	`using namespace std;`
3	`int main(){`
4	`  int start,end,n,i=0;`
5	`  cout << "請輸入存入金額？";`
6	`  cin >> start;`
7	`  cout << "請輸入目標金額？";`
8	`  cin >> end;`
9	`  cout << "請輸入存款年利率？";`
10	`  cin >> n;`
11	`  do {`
12	`     i=i+1;`
13	`     start=start*(1+(double)n/100);`
14	`     cout << "第" << i << "年後，存款金額為" << start << endl;`
15	`  }while(start < end);`
16	`}`

解說

- 第 4 行：宣告 start、end、n 與 i 為整數變數，並初始化 i 為 0。
- 第 5 行：於螢幕輸出「請輸入存入金額？」。
- 第 6 行：由鍵盤輸入存入金額儲存入變數 start。
- 第 7 行：於螢幕輸出「請輸入目標金額？」。
- 第 8 行：由鍵盤輸入目標金額儲存入變數 end。
- 第 9 行：於螢幕輸出「請輸入存款年利率？」。
- 第 10 行：由鍵盤輸入存款年利率儲存入變數 n。
- 第 11 到 15 行：使用 while 迴圈，i 值每次遞增 1（第 12 行），利用「start=start*(1+(double)n/100)」求本利和，start 為第 i 年後的本利和，顯示第 i 年後的本利和，endl 為換行字元（第 14 行），測試 start 是否小於 end（第 15 行）。

(c) 預覽結果

按下「執行 → 編譯並執行」，於存入金額輸入「1000」，目標金額輸入「2000」，存款年利率輸入「10」，結果如下圖。

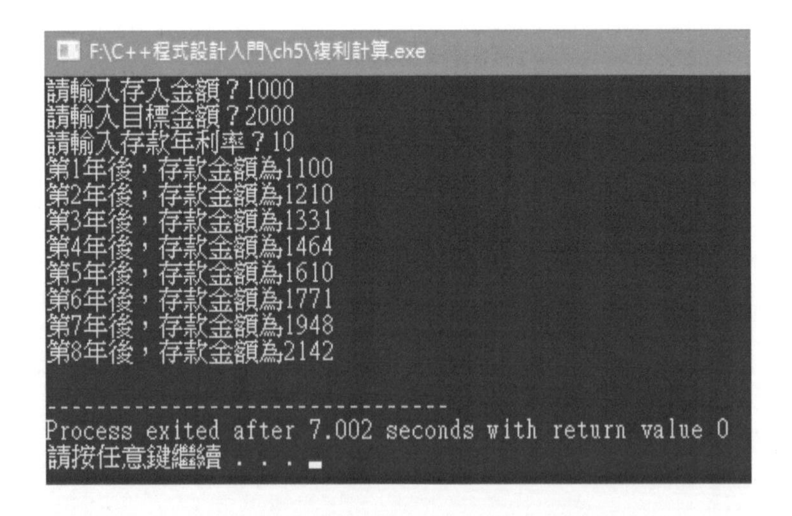

舉例說明加總使用 start=start*(1+(double)n/100)原理，如下表，在 C++語言中等號右邊(start*(1+(double)n/100))的算式會先計算，結果回存到等號左邊(start)。

```
1  int start = 1000;
2  int n = 10;
3  int end  = 2000;
4  int i   = 0
5  do {
6      i=i+1;
7      start=start*(1+(double)
       n/100);
8      cout << "第" << i <<
   "年後，存款金額為" << start
   << endl;
9  }while(start < end);
```

i 值	start*(1+(double)n/100)相乘過程	start=start*(1+(double)n/100)相乘後
i=1	start=1000*(1+10/100)	start=1100
i=2	start=1100*(1+10/100)	start=1210
i=3	start=1210*(1+10/100)	start=1331
i=4	start=1331*(1+10/100)	start=1464
i=5	start=1464*(1+10/100)	start=1610
i=6	start=1610*(1+10/100)	start=1771
i=7	start=1771*(1+10/100)	start=1948
I=8	start=1948*(1+10/100)	start=2142

5-2-3 求最大公因數(ch5\求最大公因數.cpp)

兩數的最大公因數定義為能夠整除這兩數的最大數，假設兩數為 a 與 b，求最大公因數可以使用 a 與 b 的最大公因數等於 b 與「a 除以 b 餘數」的最大公因數。

(a) 解題想法

可以使用迴圈結構撰寫程式，迴圈變數 R 為 A 除以 B 的餘數，B 儲存入 A，R 儲存入 B，進入迴圈之前，測試 R 是否未到達 0，迴圈內迴圈變數 R 為 A 除以 B 的餘數，B 儲存入 A，R 儲存入 B，迴圈內每次顯示 A 與 B 的變化，若 R 等於 0，變數 A 為最大公因數。流程圖表示如下。

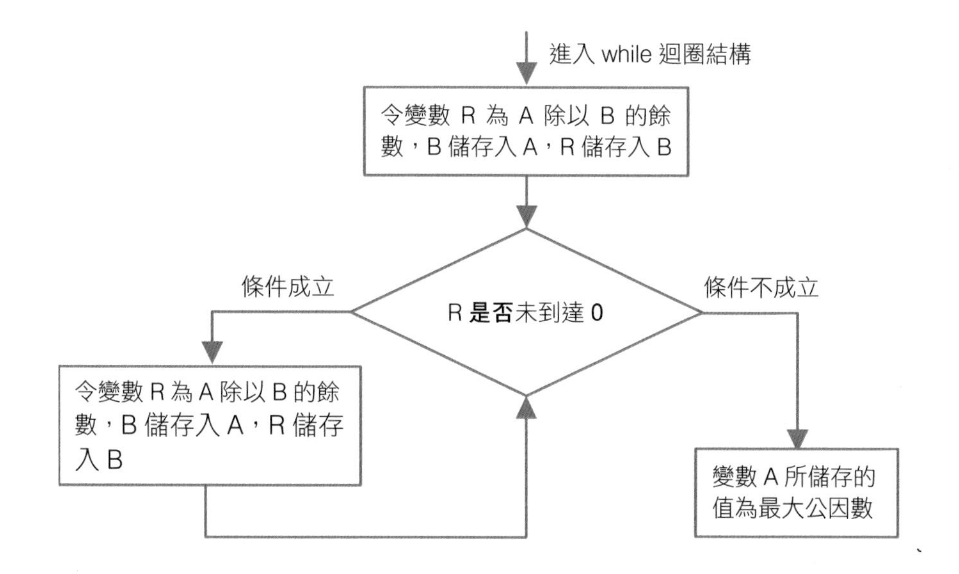

(b) 程式碼與解說

行數	程式碼
1	`#include <iostream>`
2	`using namespace std;`
3	`int main(){`
4	`  int A,B,R;`
5	`  cout << "請輸入第一數A?";`
6	`  cin >> A;`
7	`  cout << "請輸入第二數B?";`
8	`  cin >> B;`
9	`  do{`
10	`     cout << A << "與" << B << "的最大公因數相當於求";`
11	`     R=A%B;`
12	`     A=B;`
13	`     B=R;`
14	`     cout << A << "與" << B << "的最大公因數"  << endl;`
15	`  }while(R != 0);`
16	`  cout << A << "為最大公因數" << endl;`
17	`}`

解說

- 第 4 行：宣告 A、B、R 為整數變數。
- 第 5 行：於螢幕輸出「請輸入第一數 A？」。
- 第 6 行：由鍵盤輸入一數字儲存入變數 A。
- 第 7 行：於螢幕輸出「請輸入第二數 B？」。
- 第 8 行：由鍵盤輸入一數字儲存入變數 B。
- 第 9 到 15 行：使用 do-while 迴圈，先輸出 A 與 B 兩數（第 10 行），利用「R=A%B」求 A 除以 B 的餘數儲存入 R（第 11 行），B 儲存入 A（第 12 行），R 儲存入 B（第 13 行），顯示處理後的 A 與 B 兩數，endl 為換行字元（第 14 行）最後測試 R 是否不為 0（第 15 行），若 R 等於 0 跳出迴圈。
- 第 16 行：顯示最大公因數的結果。

(c) 預覽結果

按下「執行 → 編譯並執行」，於第一數(A)輸入「12」與第二數(B)輸入「17」，結果如下圖。

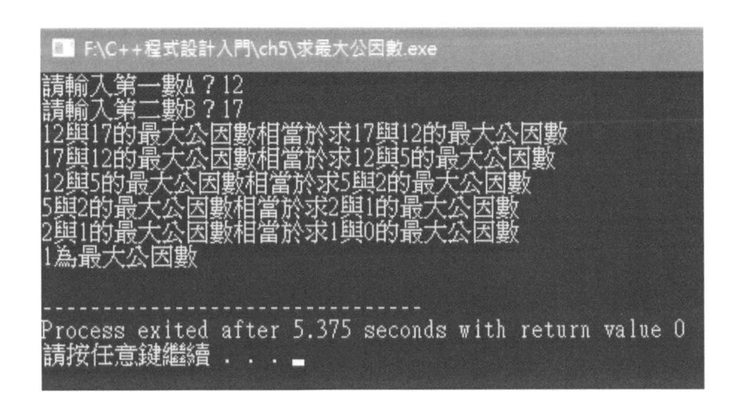

舉例說明求最大公因數，如下表。

```
1   int  A =12;
2   int  B =17;
3   do{
4       cout << A << "與" << B << "的最大
        公因數相當於求";
5       R=A%B;
6       A=B;
7       B=R;
8       cout << A << "與" << B << "的最大
        公因數"  << endl;
9   } while(R != 0);
```

	R	A	B
初始化		12	17
迴圈跑一次	12	17	12
迴圈跑二次	5	12	5
迴圈跑三次	2	5	2
迴圈跑四次	1	2	1
迴圈跑五次	0=>結束	1=>最大公因數	0

5-2-4 猜數字(ch5\猜數字.cpp)

大家是否玩過一個遊戲，兩人(A 與 B)一起玩，A 心中想一數字，B 猜 A 心中所想的數字，B 每猜一次 A 就回答「猜大一點」、「猜小一點」與「猜中了」，當 B 猜到 A 所想的數字遊戲就結束，我們可以將此遊戲寫成程式，所猜數字介於 1 到 100。

(a) 解題想法

利用 C 語言函式庫中隨機函式〈等一下介紹〉產生介於 1 到 100 的目標值，使用迴圈結構不斷允許使用者輸入數字進行猜測，測試猜測值與目標值是否相等，若相等則終止迴圈，否則根據猜測值與目標值的大小關係，顯示「猜大一點」、「猜小一點」與「猜中了」等提示。

流程圖表示如下。

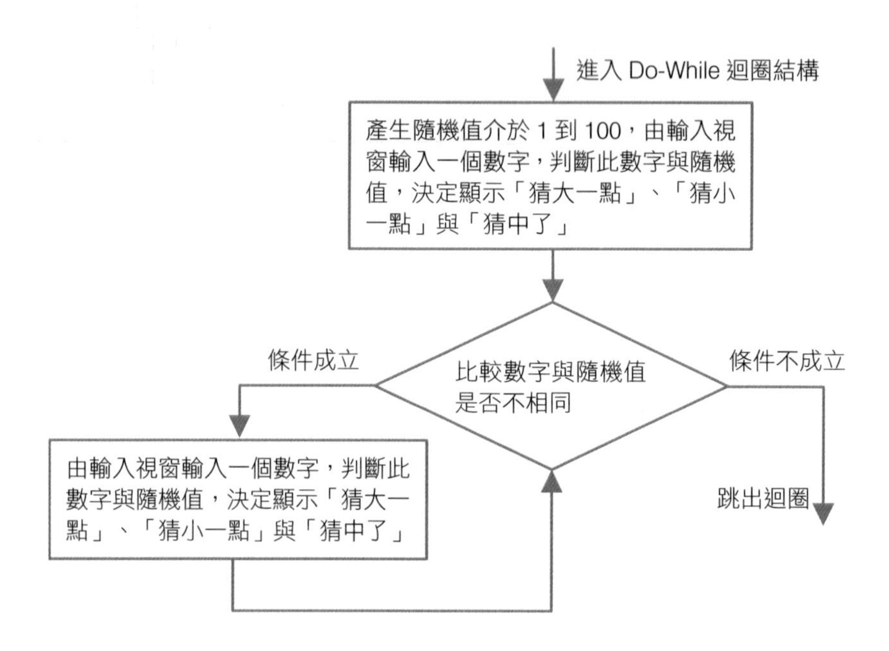

(b) 程式碼與解說

行數	程式碼
1	`#include <iostream>`
2	`#include <ctime>`
3	`using namespace std;`
4	`int main(){`
5	`  int guess,target;`
6	`  srand(time(NULL));`
7	`  target=rand()%100+1;`
8	`  do{`
9	`     cout << "請猜一數字？";`
10	`     cin >> guess;`
11	`     if (guess > target){`
12	`       cout << "猜小一點" << endl;`
13	`     } else if (guess < target){`
14	`       cout << "猜大一點" << endl;`
15	`     } else {`
16	`       cout << "猜中了" << endl;`
17	`     }`
18	`  }while(guess != target);`
19	`}`

解說

- 第 5 行：宣告 guess、target 為整數變數。
- 第 6 行：使用 srand 函式初始化隨機函式，以 time 系統函式產生數值為參數。
- 第 7 行：使用 rand 函式產生隨機數值，利用「%100」求 0 到 99 的數值，加 1 後，數值介於 1 到 100，儲存到 target。
- 第 8 到 18 行：為 do-while 迴圈，至少執行一次，當 guess 與 target 不同時繼續做。
- 第 9 行：於螢幕輸出「請猜一數字？」。
- 第 10 行：由鍵盤輸入一數字儲存入變數 guess。
- 第 11 到 17 行：若 guess 大於 target，會輸出「猜小一點」，endl 為換行字元（第 11 到 12 行），否則若 guess 小於 target，會輸出「猜大一點」，endl 為換行字元（第 13 到 14 行），否則輸出「猜中了」（第 15 到 16 行）。

(c) 預覽結果

按下「執行 → 編譯並執行」，猜一數字，結果如下圖。

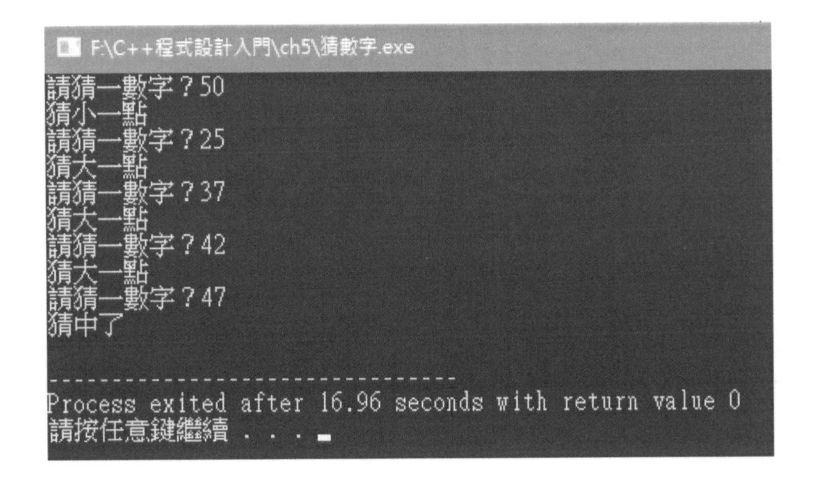

充電時間 隨機函式

C 語言中的亂數函式包含 srand 函式與 rand 函式，先執行 srand 函式進行亂數產生器初始化，srand 定義在 cstdlib 中，srand 需輸入一個數值為函式的輸入值，不同的輸入值會產生不同的亂數序列，通常以時間產生該數值，我們會呼叫系統函式 time 產生該數值，該函式定義在 ctime 函式庫中，需事先包含 ctime 函式庫才能使用。隨後執行 rand 函式產生介於 0 到 RAND_MAX 的數字，RAND_MAX 定義在 cstdlib 中。

將 rand 函式的產生值轉成上限值到下限值區間的整數，使用以下公式「rand()%(**上限值 – 下限值+1)+下限值**」，% 表示求餘數，該餘數介於 0 到(**上限值 – 下限值**)範圍。

亂數產生介於 1 到 100 的數值，公式如下。

```
#include <ctime>
int main(){
  int random;
  srand(time(NULL));
  random=rand()%100+1;
}
```

5-2-5 質數判斷(ch5\質數判斷.cpp)

某數的因數只有 1 與自己，沒有其他因數，稱為質數。程式中要判斷一個數字是否是質數，就要判斷他的因數是否只有 1 與自己。

(a) 解題想法

舉例說明：

(1) 判斷 2 是否整除 n，若是則輸出「n 不是質數」程式結束。

(2) 判斷 3 是否整除 n，若是則輸出「n 不是質數」程式結束。

(3) 判斷 4 是否整除 n，若是則輸出「n 不是質數」程式結束。

(4) 依此方式，直到判斷 n-1 是否整除 n，若是則輸出「n 不是質數」程式結束。

(5) 到此，若 2、3、4、...、n-1 皆無法整除 n，則輸出「n 是質數」程式結束。

利用一個旗標變數(請參閱本節後半部)先設定為 1，表示先認定該數為質數，使用迴圈依序找出從 2 到 n-1 的每個數，都去判斷 2 到 n-1 的每個數是否整除 n，若可以整除，則旗標變數設定為 0，跳出迴圈，最後根據旗標變數決定 n 是否為質數，流程圖表示如下。

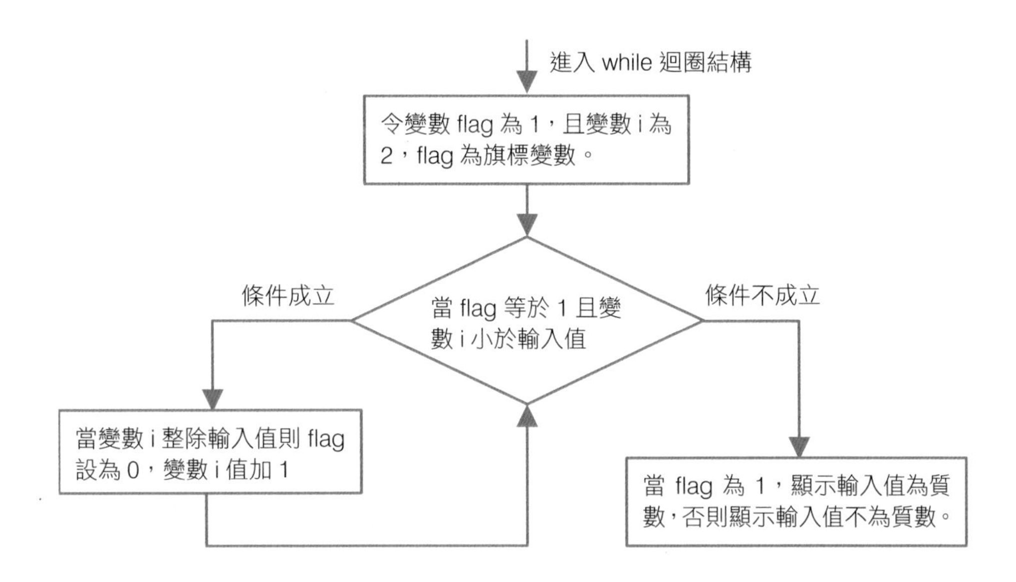

(b) 程式碼與解說

行數	程式碼
1	`#include <iostream>`
2	`using namespace std;`
3	`int main(){`
4	`  int n,i=2,flag=1;`
5	`  cout << "請輸入一數字？";`
6	`  cin >> n;`
7	`  while ((flag ==1)&&(i<n)){`
8	`    if ((n%i) == 0){`
9	`      flag=0;`
10	`    }`
11	`    i=i+1;`
12	`  }`
13	`  if (flag == 1){`
14	`    cout << n << "為質數" << endl;`
15	`  }else {`
16	`    cout << n << "不為質數" << endl;`
17	`  }`
18	`}`

解說

- 第 4 行：宣告 n、i 與 flag 為整數變數，並初始化 i 為 2 與 flag 為 1。
- 第 5 行：於螢幕輸出「請輸入一數字？」。
- 第 6 行：由鍵盤輸入一數字儲存入變數 n。
- 第 7 到 12 行：為 while 迴圈，當 flag 等於 1 與 i 小於 n 時，繼續做。
- 第 8 到 10 行：當 i 整除 n，flag 設定為 0。
- 第 11 行：i 遞增 1。
- 第 13 到 17 行：若 flag 等於 1，會輸出該數且顯示「為質數」，endl 為換行字元（第 13 到 14 行），否則輸出該數且顯示「不為質數」，endl 為換行字元（第 15 到 17 行）。

(c) 預覽結果

按下「執行 → 編譯並執行」，輸入「13」，結果如下圖。

充電時間 旗標變數

在程式中可以自訂變數，並賦予變數意義，這個變數代表程式的執行狀態，如本範例求質數所使用的 flag 變數，預設為 1，表示該數為質數，所有數都預設是質數，若發現因數，就將 flag 變數改成 0 則表示該數為非質數，程式最後測試 flag 變數，若為 1 表示該數為質數，若為 0 表示該數為非質數。經由 flag 旗標變數儲存是否為質數的狀態，程式最後判斷此旗標變數決定是否為質數，就如同紅綠燈已經定義好了「紅燈停」與「綠燈行」的規則，所以走路就要遵守已經定義好的燈號規則，旗標變數就是程式的燈號，我們定義好了旗標變數的狀態規則，程式需遵守此規則，這就是旗標變數的功能，旗標變數在程式解題過程中是個不錯的解題技巧，可以好好利用。

解析 APCS 程式設計觀念題

（D）1. 右側程式片段無法正確列印20次的"Hi!"，請問下列哪一個修正方式仍無法正確列印 20 次的"Hi!"？ (106 年 3 月 APCS 第 13 題)

```
for(int i=0; i<=100; i=i+5){
  printf("%s\n", "Hi!");
}
```

(A) 需要將 i<=100 和 i=i+5 分別修正為 i<20 和 i=i+1

(B) 需要將 i=0 修正為 i=5

(C) 需要將 i<=100 修正為 i<100;

(D) 需要將 i=0 和 i<=100 分別修正為 i=5 和 i<100

解析　選項(D)迴圈變數 i 初始化為 5，需小於 100，每次遞增 5，只會印出 19 個"Hi!"。

（C）2. 給定右側函式 F()，執行 F()時哪一行程式碼可能永遠不會被執行到？ (106 年 3 月 APCS 第 15 題)

```
void F(int a) {
  while(a < 10)
    a = a + 5;
  if(a < 12)
    a = a + 2;
  if(a <=11)
    a = 5;
}
```

(A) a = a + 5;

(B) a = a + 2;

(C) a = 5;

(D) 每一行都執行得到

解析　當 a 小於 10 時，會執行「a = a + 5;」。當 a 等於 5 時，執行 while 迴圈一次後，設定變數 a 為 10，跳出 while 迴圈，變數 a 小於 12，會執行「a = a + 2;」，變數 a 遞增為 12，變數 a 不會小於等於 11，所以「a = 5」不會執行；當 a 等於 6 時，執行 while 迴圈一次後，設定變數 a 為 11，跳出 while 迴圈，變數 a 小於 12，會執行「a = a + 2;」，變數 a 遞增為 13，變數 a 不會小於等於 11，所以「a = 5」不會執行，由此可知「a = 5」不會執行。

（B）3. 右側程式片段執行過程中的輸出為何？ (105 年 10 月 APCS 第 12 題)

```
int a =5;
for (int i=0; i<20; i=i+1){
    i = i +a;
    printf ("%d ", i);
}
```

(A) 5 10 15 20

(B) 5 11 17 23

(C) 6 12 18 24

(D) 6 11 17 22

解析 內層迴圈有兩個地方會修改到迴圈變數 i，「i=i+1」與「i = i +a;」，迴圈剛開始迴圈變數 i 設定為 0，條件成立進入迴圈，執行「i = i +a;」，迴圈變數 i 更改為 5，輸出 **5** 到螢幕上；迴圈執行完成，執行「i=i+1」，迴圈變數 i 遞增 1，迴圈變數 i 更改為 6，條件成立進入迴圈，執行「i = i +a;」，迴圈變數 i 更改為 11，輸出 **11** 到螢幕上；迴圈執行完成，執行「i=i+1」，迴圈變數 i 遞增 1，迴圈變數 i 更改為 12，條件成立進入迴圈，執行「i = i +a;」，迴圈變數 i 更改為 17，輸出 **17** 到螢幕上；迴圈執行完成，執行「i=i+1」，迴圈變數 i 遞增 1，迴圈變數 i 更改為 18，條件成立進入迴圈，執行「i = i +a;」，迴圈變數 i 更改為 23，輸出 **23** 到螢幕上；迴圈執行完成，執行「i=i+1」，迴圈變數 i 遞增 1，迴圈變數 i 更改為 24，條件不成立離開迴圈，選項(B)為正解。

（D）4. 請問右側程式，執行完後輸出為何？ (105 年 10 月 APCS 第 23 題)

```
int i=2, x=3;
int N=65536;
while (i <= N) {
  i = i * i * i;
  x = x + 1;
}
printf ("%d %d \n", i, x);
```

(A) 2417851639229258349412352 7

(B) 68921 43

(C) 65537 65539

(D) 134217728 6

解析 使用表格說明執行的過程。

while 迴圈	i 值	x 值
尚未進入迴圈	2	3
迴圈執行第一次	8	4
迴圈執行第二次	512	5
迴圈執行第三次	134217728，大於 65536，跳出迴圈	6

最後輸出「134217728 6」，選項(D)為正解。

（A）5. 右側程式碼，執行時的輸出為何？

(105 年 3 月 APCS 第 21 題)

```
void main() {
 for (int i=0; i<=10; i=i+1) {
   printf ("%d ", i);
   i = i + 1;
 }
 printf ("\n");
}
```

(A) 0 2 4 6 8 10

(B) 0 1 2 3 4 5 6 7 8 9 10

(C) 0 1 3 5 7 9

(D) 0 1 3 5 7 9 11

解析　剛開始迴圈內 printf 印出迴圈變數 i 的數值為 0，迴圈變數 i 遞增 1，迴圈結束後，迴圈變數 i 也遞增 1，印出迴圈變數 i 的數值為 2，依此類推接著印出「4 6 8 10」，選項(A)為正解。

習題

選擇題

（ ）1. 下列何者是重覆結構？

(A) if　(B) for　(C) break　(D) switch-case

（ ）2. 有關後測式迴圈與前測式迴圈下列何者正確？

(A) 後測式迴圈與前測式迴圈都至少執行一次

(B) 前測式迴圈至少執行一次

(C) 後測式迴圈至少執行一次

(D) 後測式迴圈至少執行兩次

（ ）3. 求以下程式印出幾個「*」

```
for(int i=0;i<5;i=i+2){
   cout << "*";
}
```

(A) 2　(B) 3　(C) 4　(D) 5

（ ）4. 求以下程式 sum 值的結果

```
int  sum  = 0;
int  x  = 10;
while (x > 0){
    sum = sum + x;
    x = x - 2;
}
```

(A) 55　(B) 45　(C) 35　(D) 30

程式實作

1. 階乘計算(ch5\ex 階乘計算.cpp)

   使用者輸入正整數，求該正整數的階乘，N 階乘等於 1*2*3...*(N-1)*N，執行結果，如右圖。

```
F:\C++程式設計入門\ch5\ex階乘計算.exe
請輸入一數字？5
5階乘等於120

--------------------------------
Process exited after 3.709 seconds with return value 0
請按任意鍵繼續 . . .
```

2. 求平方和(ch5\ex 求平方和.cpp)

   使用者輸入正整數 n，求該正整數的平方和，求 1^2+2^2+3^2+...+n^2，執行結果，如右圖。

```
F:\C++程式設計入門\ch5\ex平方和.exe
請輸入n值？5
1*1+2*2+...+n*n等於55

--------------------------------
Process exited after 2.203 seconds with return value 0
請按任意鍵繼續 . . .
```

3. 列出 1 到 1000 不被 3 整除的數字(ch5\ex 列出 1 到 1000 不被 3 整除的數字.cpp)

   列出所有 1 到 1000 不被 3 整除的所有數字，執行結果，如下圖。

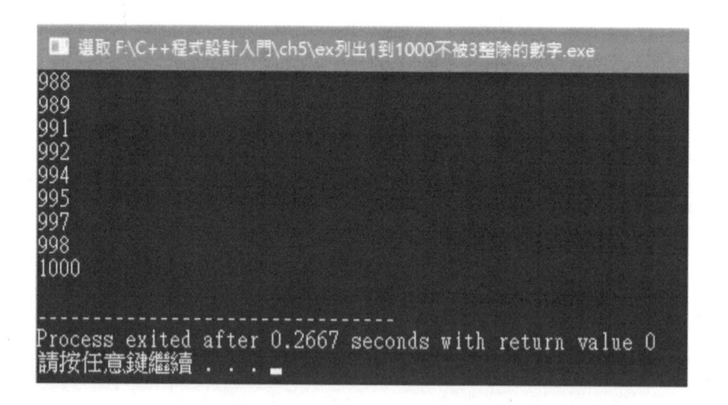

4. 求大於 1000 最小平方和(ch5\ex 求大於 1000 最小平方和.cpp)

   求最小 n，滿足「1^2+2^2+3^2+...+n^2 > 1000」，執行結果，如下圖。

```
F:\C++程式設計入門\ch5\ex求大於1000最小平方和.exe
n=14，1*1+2*2+...+n*n=1015大於1000

--------------------------------
Process exited after 0.02468 seconds with return value 0
請按任意鍵繼續 . . .
```

進階迴圈概念

本章要介紹迴圈的進階觀念，迴圈內包含迴圈就會形成巢狀迴圈。當要跳出迴圈時可以使用 break 跳出迴圈；當要跳過迴圈內之後的程式碼，繼續迴圈的執行，使用 continue，本章就會介紹這些觀念。

6-1 ›› 巢狀迴圈

巢狀迴圈巢狀迴圈並不是新的程式結構，只是迴圈範圍又有迴圈，巢狀迴圈可以有好幾層，巢狀迴圈與單層迴圈運作原理相同，從外層迴圈來看，內層迴圈只是外層迴圈內的動作，因此外層迴圈作用一次，內層迴圈運作到執行完畢。以列印九九乘法表為例，當外層迴圈作用一次，內層迴圈要執行九次，當外層迴圈作用九次，內層迴圈總共執行八十一次。

6-1-1 九九乘法表(ch6\九九乘法表.cpp)

寫一個程式印出九九乘法表。

(a) 解題想法

使用巢狀迴圈外層迴圈使用迴圈變數 i，內層迴圈使用迴圈變數 j，外層迴圈 i 等於 1，內層迴圈 j 由 1 變化到 9，印出「1*1=1，1*2=2，1*3=3，…，1*9=9」，i 遞增 1，外層迴圈 i 等於 2，內層迴圈 j 由 1 變化到 9，印出「2*1=2，2*2=4，2*3=6，…，2*9=18」，…，外層迴圈 i 等於 9，內層迴圈 j 由 1 變化到 9，印出「9*1=9，9*2=18，9*3=27，…，9*9=81」，流程圖表示如下。

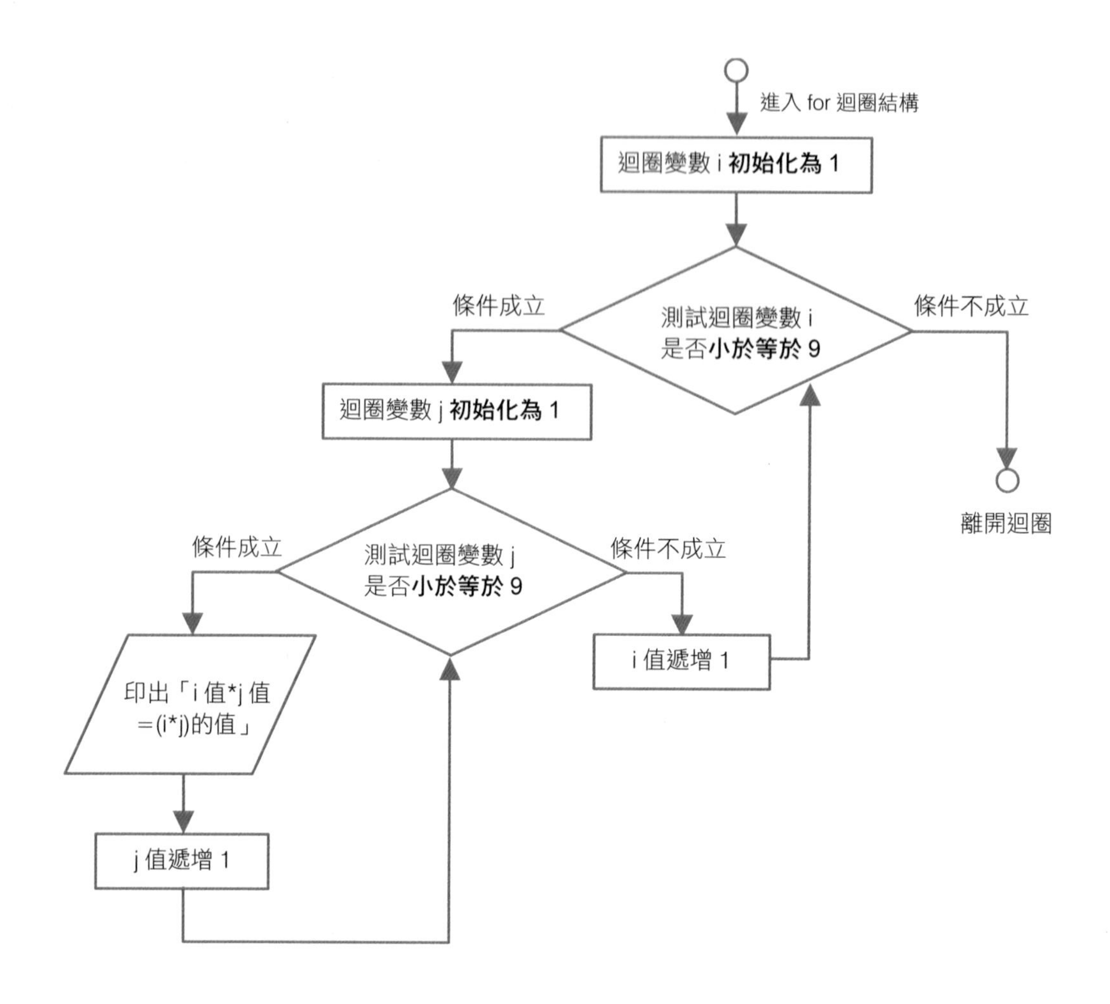

(b) 程式碼與解說

行數	程式碼
1	`#include <iostream>`
2	`using namespace std;`
3	`int main(){`
4	`  for(int i=1;i<=9;i=i+1){`
5	`    for(int j=1;j<=9;j=j+1){`
6	`      cout << i << "*" << j << "=" << i*j << " ";`
7	`    }`
8	`    cout << endl;`
9	`  }`
10	`}`

解說

- 第 4 到 9 行：變數 i 為外層迴圈，其變化值由 1 到 9，其範圍包含內層迴圈。

- 第 5 到 7 行：變數 j 為內層迴圈，其變化值由 1 到 9，當外層迴圈執行一次，內層迴圈執行九次，依序將「變數 i*變數 j=變數 i 與 j 相乘結果」顯示在螢幕（第 6 行），i 與 j 值變化如下表。
- 第 8 行：endl 為換行字元，表示換行。

(c) 預覽結果

按下「執行 → 編譯並執行」，結果如下圖。

```
F:\C++程式設計入門\ch6\九九乘法表.exe
1*1=1 1*2=2 1*3=3 1*4=4 1*5=5 1*6=6 1*7=7 1*8=8 1*9=9
2*1=2 2*2=4 2*3=6 2*4=8 2*5=10 2*6=12 2*7=14 2*8=16 2*9=18
3*1=3 3*2=6 3*3=9 3*4=12 3*5=15 3*6=18 3*7=21 3*8=24 3*9=27
4*1=4 4*2=8 4*3=12 4*4=16 4*5=20 4*6=24 4*7=28 4*8=32 4*9=36
5*1=5 5*2=10 5*3=15 5*4=20 5*5=25 5*6=30 5*7=35 5*8=40 5*9=45
6*1=6 6*2=12 6*3=18 6*4=24 6*5=30 6*6=36 6*7=42 6*8=48 6*9=54
7*1=7 7*2=14 7*3=21 7*4=28 7*5=35 7*6=42 7*7=49 7*8=56 7*9=63
8*1=8 8*2=16 8*3=24 8*4=32 8*5=40 8*6=48 8*7=56 8*8=64 8*9=72
9*1=9 9*2=18 9*3=27 9*4=36 9*5=45 9*6=54 9*7=63 9*8=72 9*9=81

--------------------------------
Process exited after 0.05013 seconds with return value 0
請按任意鍵繼續 . . .
```

巢狀迴圈印出九九乘法表原理，如下表，在 C++語言中外層迴圈包含內層迴圈，外層迴圈執行一次，內層迴圈要執行完畢，九九乘法表外層迴圈執行九次，內層迴圈執行八十一次。

程式碼	i 值	j 值	輸出結果

1 for(int i=1;i<=9;i=i+1){
2   for(int j=1;j<=9;j=j+1){
3   cout << i << "*" << j
      << "=" << i*j << " ";
4   }
5   cout << endl;
6 }
	i=1	j=1,2,3,4,
		5,6,7,8,9
			1*1=1 1*2=2 1*3=3 1*4=4 1*5=5
			1*6=6 1*7=7 1*8=8 1*9=9

	i=2	j=1,2,3,4, 5,6,7,8,9	2*1=2 2*2=4 2*3=6 2*4=8 2*5=10 2*6=12 2*7=14 2*8=16 2*9=18
	i=3	j=1,2,3,4, 5,6,7,8,9	3*1=3 3*2=6 3*3=9 3*4=12 3*5=15 3*6=18 3*7=21 3*8=24 3*9=27
	…	…	…
	i=9	j=1,2,3,4, 5,6,7,8,9	9*1=9 9*2=18 9*3=27 9*4=36 9*5=45 9*6=54 9*7=63 9*8=72 9*9=81

6-1-2 印星號(ch6\印星號.cpp)

請使用巢狀迴圈印出以下星號，第一行一個星號，第二行兩個星號，…，第五行五個星號，全部靠左排列。

```
*
**
***
****
*****
```

(a) 解題想法

使用巢狀迴圈外層迴圈使用迴圈變數 i，內層迴圈使用迴圈變數 j，外層迴圈 i 等於 1，內層迴圈 j 由 1 變化到外層迴圈變數 i，因為 i 值等於 1，所以印出一個星號「*」，接著印出換行，i 遞增 1，外層迴圈 i 等於 2，內層迴圈 j 由 1 變化到外層迴圈變數 i，因為 i 值等於 2，印出兩個星號「**」，接著印出換行，…，外層迴圈 i 等於 5，內層迴圈 j 由 1 變化到外層迴圈變數 i，因為 i 值等於 5，印出五個星號「*****」，接著印出換行，流程圖表示如下。

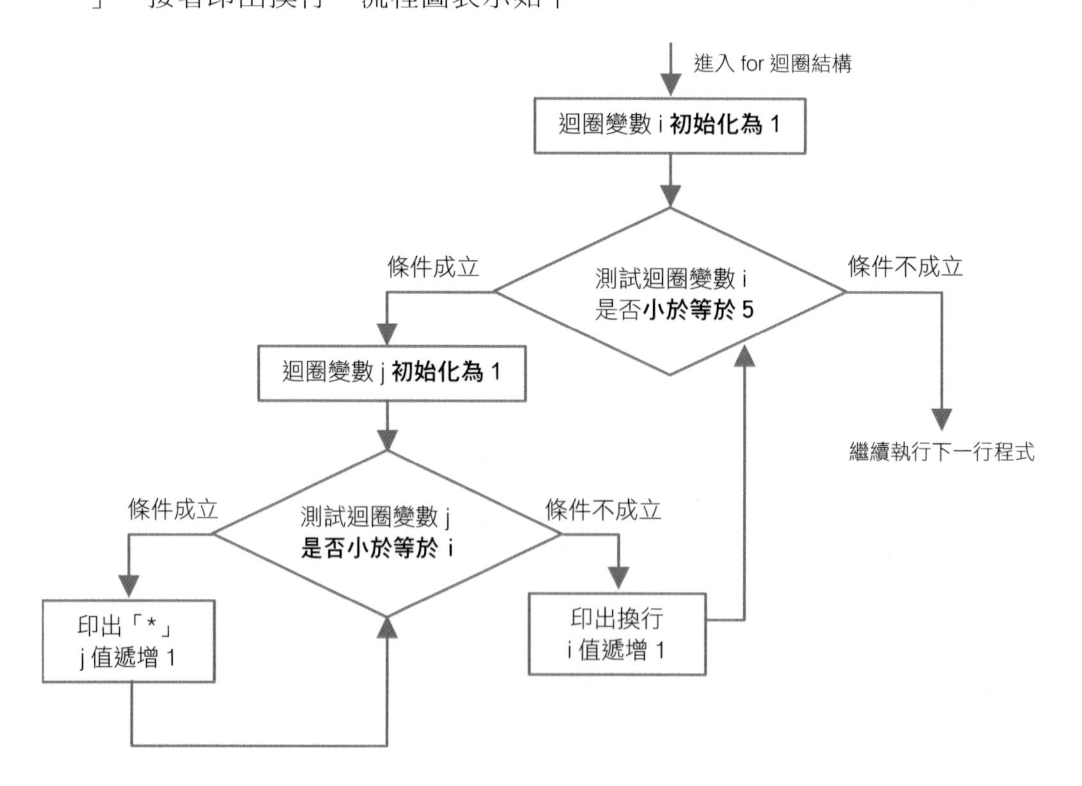

(b) 程式碼與解說

行數	程式碼

```
1   #include <iostream>
2   using namespace std;
3   int main(){
4     for(int i=1;i<=5;i=i+1){
5       for(int j=1;j<=i;j=j+1){
6         cout << "*";
7       }
8       cout << endl;
9     }
10  }
```

解說

- 第 4 到 9 行：變數 i 為外層迴圈，其變化值由 1 到 5，其範圍包含內層迴圈。
- 第 5 到 7 行：變數 j 為內層迴圈，其變化值由 1 到 i，當外層迴圈執行一次，內層迴圈執行 i 次，內層迴圈就只做印出星號的動作（第 6 行）。
- 第 8 行：endl 為換行字元，表示換行。

(c) 預覽結果

按下「執行 → 編譯並執行」，結果如下圖。

```
F:\C++程式設計入門\ch6\印星號.exe
*
**
***
****
*****

--------------------------------
Process exited after 0.01971 seconds with return value 0
請按任意鍵繼續 . . .
```

巢狀迴圈印出星號原理，如下表，外層迴圈執行一次，內層迴圈要執行完畢，本範例內層迴圈執行次數受外層迴圈限制，i 等於 1，j 由 1 依序變化到 1，i 等於 2，j 由 1 依序變化到 2，i 等於 3，j 由 1 依序變化到 3，i 等於 4，j 由 1 依序變化到 4，i 等於 5，j 由 1 依序變化到 5。

<table>
<tr><th>程式碼</th><th>i 值</th><th>j 值</th><th>輸出結果</th></tr>
<tr><td rowspan="5"><pre>for(int i=1;i<=5;i=i+1){
  for(int j=1;j<=i;j=j+1){
    cout << "*";
  }
  cout << endl;
}</pre></td><td>i=1</td><td>j=1</td><td>*</td></tr>
<tr><td>i=2</td><td>j=1,2</td><td>**</td></tr>
<tr><td>i=3</td><td>j=1,2,3</td><td>***</td></tr>
<tr><td>i=4</td><td>j=1,2,3,4</td><td>****</td></tr>
<tr><td>i=5</td><td>j=1,2,3,4,5</td><td>*****</td></tr>
</table>

6-1-3 計算 1+(1+2)+(1+2+3)+⋯+(1+2+3+⋯+n) (ch6\計算 1+(1+2)+(1+2+3)+⋯+(1+2+3+⋯+n).cpp)

允許使用者輸入一數值 n，程式計算出 1+(1+2)+(1+2+3)+⋯+(1+2+3+⋯+n)的結果。

(a) 解題想法

使用巢狀迴圈外層迴圈使用迴圈變數 i，內層迴圈使用迴圈變數 j，外層迴圈 i 等於 1，內層迴圈 j 由 1 變化到外層迴圈變數 i，因為 i 值等於 1，所以計算結果為「sum=1」，i 遞增 1，外層迴圈 i 等於 2，內層迴圈 j 由 1 變化到外層迴圈變數 i，因為 i 值等於 2，所以計算結果為「sum=1+(1+2)」，外層迴圈 i 等於 3，內層迴圈 j 由 1 變化到外層迴圈變數 i，因為 i 值等於 3，所以計算結果為「sum=1+(1+2)+(1+2+3)」，⋯，外層迴圈 i 等於 n，內層迴圈 j 由 1 變化到外層迴圈變數 i，因為 i 值等於 n，所以計算結果為「sum=1+(1+2)+(1+2+3)+⋯+(1+2+3+⋯+n)」，流程圖表示如下。

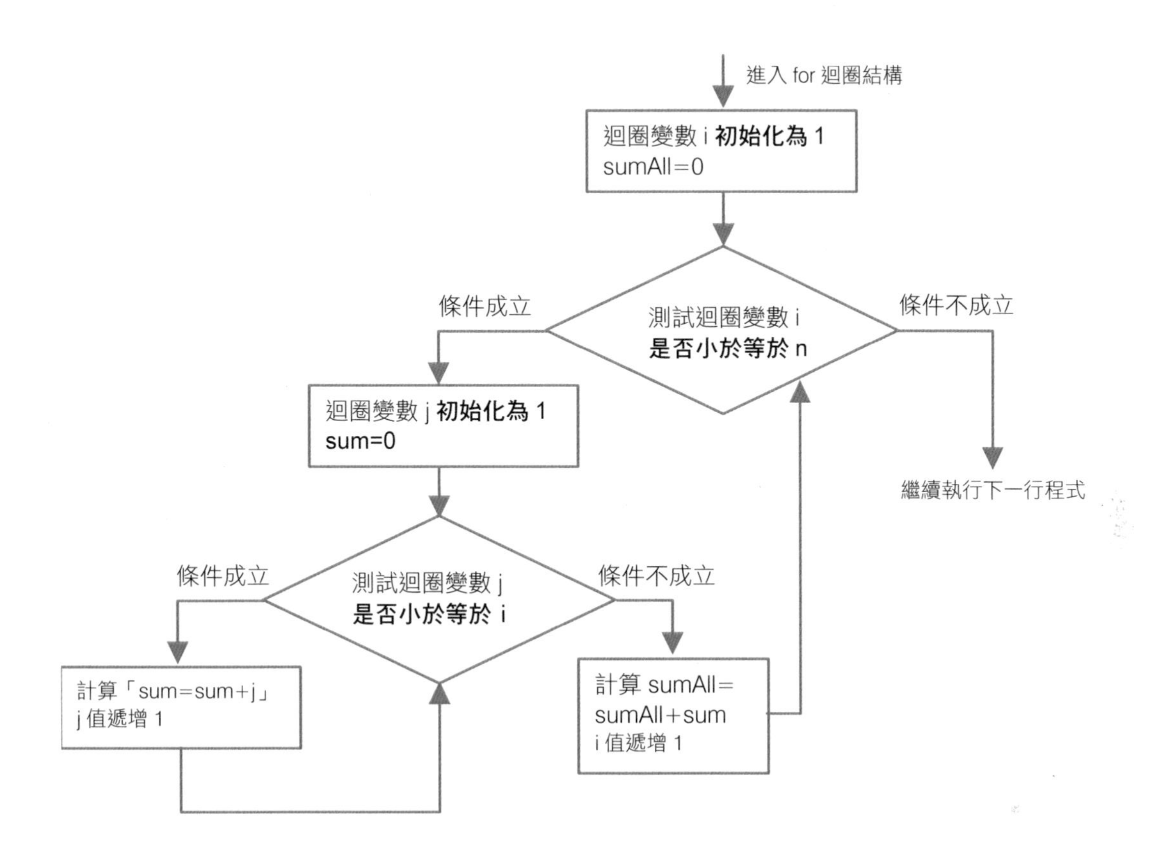

(b) 程式碼與解說

行數	程式碼
1	`#include <iostream>`
2	`using namespace std;`
3	`int main(){`
4	`  int n,sum,sumAll=0;`
5	`  cout << "請輸入n值?";`
6	`  cin >> n;`
7	`  for(int i=1;i<=n;i=i+1){`
8	`    sum=0;`
9	`    for(int j=1;j<=i;j=j+1){`
10	`      sum=sum+j;`
11	`    }`
12	`    cout << "i=" << i << ",sum=" << sum << endl;`
13	`    sumAll=sumAll+sum;`
14	`  }`
15	`  cout << "1+(1+2)+(1+2+3)+...+(1+2+3+...+n)=" << sumAll <<endl;`
16	`}`

解說

- 第 4 行：宣告 n、sum 與 sumAll 為整數變數，並將 sumAll 初始化為 0。
- 第 5 行：於螢幕輸出「請輸入 n 值？」。
- 第 6 行：由鍵盤輸入 n 值儲存入變數 n。
- 第 7 到 14 行：變數 i 為外層迴圈，其變化值由 1 到 n，其範圍包含內層迴圈。
- 第 8 行：每次重新設定 sum 等於 0。
- 第 9 到 11 行：變數 j 為內層迴圈，其變化值由 1 到 i，當外層迴圈執行一次，內層迴圈執行 i 次，利用 sum=sum+j 暫存加總結果(1+2+3+…+j)(第 10 行）。
- 第 12 行：顯示每個「i 值」與每個 i 值的加總結果「sum 值」，endl 為換行字元，表示換行。
- 第 13 行：利用 sumAll=sumAll+sum 暫存加總 1+(1+2)+(1+2+3)+…+(1+2+3+…+i)的結果。
- 第 14 行：顯示字串「1+(1+2)+(1+2+3)+...+(1+2+3+...+n)=」，之後再顯示 sumAll 值的結果。

(c) 預覽結果

按下「執行 → 編譯並執行」，輸入 n 值，例如「5」，結果如下圖。

```
F:\C++程式設計入門\ch6\計算1+(1+2)+(1+2+3)+...+(1+2+3+...+n).exe
請輸入n值？5
i=1,sum=1
i=2,sum=3
i=3,sum=6
i=4,sum=10
i=5,sum=15
1+(1+2)+(1+2+3)+...+(1+2+3+...+n)=35

--------------------------------
Process exited after 10.81 seconds with return value 0
請按任意鍵繼續 . . .
```

此範例同印星號原理，如下表，在 C++語言中外層迴圈包含內層迴圈，外層迴圈執行一次，內層迴圈要執行完畢，本範例內層迴圈執行次數受外層迴圈限制，i 等於 1，j 由 1 依序變化到 1，i 等於 2，j 由 1 依序變化到 2，i 等於 3，j 由 1 依序變化到 3，i 等於 4，j 由 1 依序變化到 4，i 等於 5，j 由 1 依序變化到 5。

程式碼	i 值	j 值	sum	sumAll
`for(int i=1;i<=n;i=i+1){`	i=1	j=1	1	1
`sum=0;`	i=2	j=1,2	3	4
`for(int j=1;j<=i;j=j+1){` `sum=sum+j;`	i=3	j=1,2,3	6	10
`}`	i=4	j=1,2,3,4	10	20
`cout << "i=" << i << ",sum=" << sum << endl;` `sumAll=sumAll+sum;`	i=5	j=1,2,3,4,5	15	35
`}`				

```
for(int i=1;i<=n;i=i+1){
  sum=0;
  for(int j=1;j<=i;j=j+1){
    sum=sum+j;
  }
  cout << "i=" << i << ",sum=" << sum << endl;
  sumAll=sumAll+sum;
}
```

6-1-4　列出 2-10000 所有質數(ch6\列出 2-10000 所有質數.cpp)

某數的因數只有 1 與自己，沒有其他因數，稱為質數。程式中要判斷一個數是否是質數，就要判斷他的因數是否只有 1 與自己，要列出 2-10000 所有質數，除了需要質數判斷程式外，外層需要一個迴圈從 2 變化到 10000，對每一個數進行質數判斷，若是質數就顯示出來。

(a) 解題想法

使用巢狀迴圈，外層迴圈變數 i 的值為從 2 到 10000，每次遞增 1，內層迴圈內先設定旗標變數為 1，內層迴圈變數 j 依序找出從 2 到(i-1)的每個數，判斷由 2 到(i-1)的每個數是否整除 n，若可以整除，則旗標變數設定為 0，跳出迴圈，最後根據旗標變數決定 i 是否為質數，流程圖表示如下。

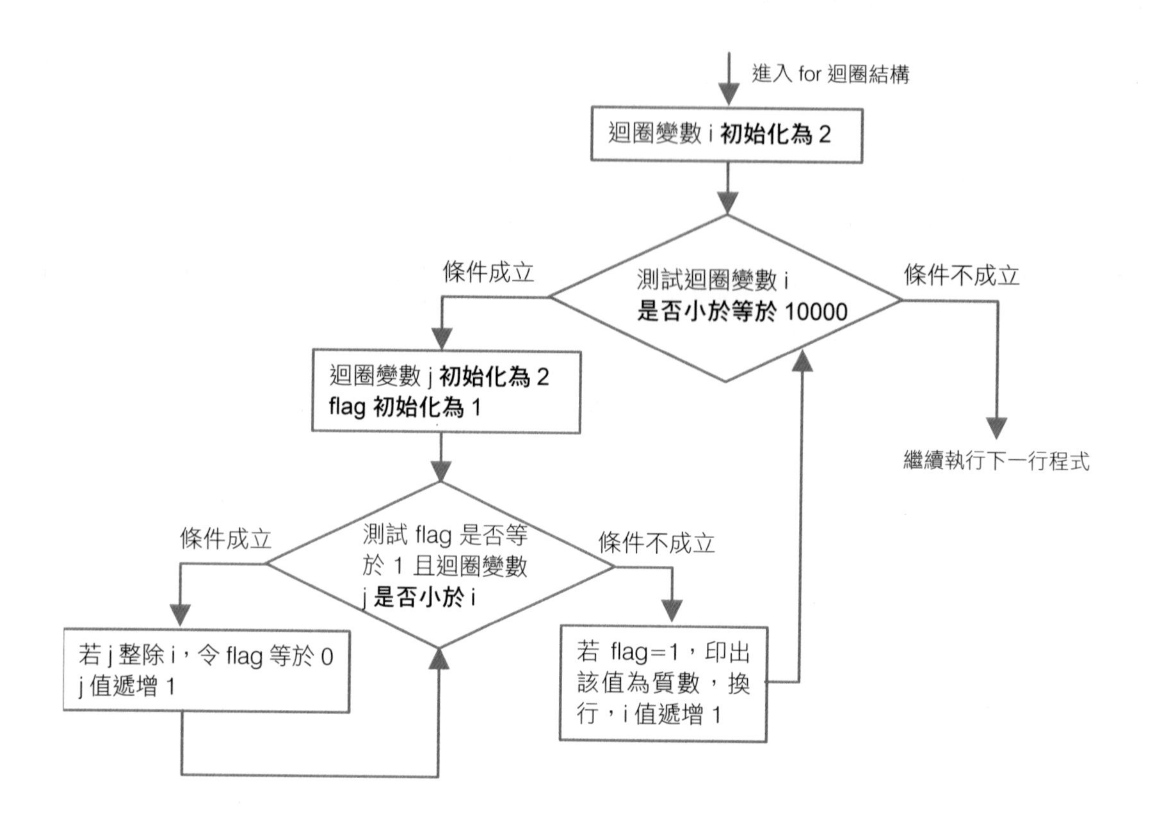

(b) 程式碼與解說

行數	程式碼
1	`#include <iostream>`
2	`using namespace std;`
3	`int main(){`
4	`  int i,j,flag;`
5	`  for(i=2;i<=10000;i=i+1){`
6	`    j=2,flag=1;`
7	`    while ((flag ==1)&&(j<i)){`
8	`      if ((i%j) == 0){`
9	`        flag=0;`
10	`      }`
11	`      j=j+1;`
12	`    }`
13	`    if (flag == 1){`
14	`      cout << i << "為質數" << endl;`
15	`    }`
16	`  }`
17	`}`

解說

- 第 4 行：宣告 i、j 與 flag 為整數變數。
- 第 5 行：for 迴圈中 i 為迴圈變數，其變化由 2 依序遞增到 10000，對每個 i 進行質數測試。
- 第 6 行：對每一個 i 值，flag 預設為 1，表示為質數。j 為迴圈變數，用於 while 迴圈，迴圈變數 j 依序指向所有小於 i 的數，初始值為 2。
- 第 7 到 13 行：當 flag 為 1 且變數 j 小於 i（第 7 行），繼續測試變數 j 是否可以整除 i(第 8 行)，若是，則變數為輸入值的因數，設定 flag 為 0，i 為非質數（第 9 行）。變數 j 值加 1（第 11 行），重複 while 迴圈回到第 7 行（第 12 行）。
- 第 13 到 15 行：若 flag 為 1，顯示「i 為質數」。

(c) 預覽結果

按下「執行 → 編譯並執行」，結果如下圖。

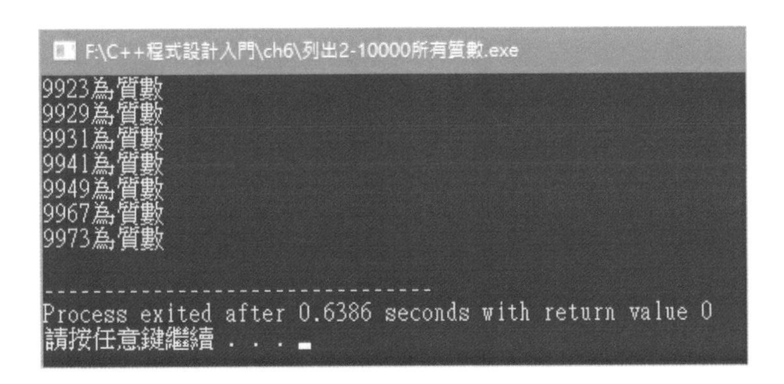

6-2 迴圈結構特殊指令的使用—break 與 continue

在特殊需求下，迴圈可以使用 break 與 continue 指令，當要跳出迴圈時可以使用 break 跳出迴圈；當要跳過迴圈內之後的程式碼，迴圈變數值直接遞增(減)，繼續迴圈的執行，使用 continue，也就是跳過後繼續執行迴圈程式。

針對不同的迴圈結構進行 break，如下表。

結構	範例	程式執行結果	說明

for	`for(int i=1;i<=5;i=i+1){`
	`  cout << i << endl;`
	`  if (i == 3) {`
	`    break;`
	`  }`
	`}`
		1
		2
		3
			當 i 等於 3 時中斷 for 迴圈執行，所以只印出「1、2、3」。

while	`int i=1;`
	`while (i<=5){`
	`  cout << i << endl;`
	`  if (i == 3) {`
	`    break;`
	`  }`
	`  i=i+1;`
	`}`
		1
		2
		3
			當 i 等於 3 時中斷 while 迴圈執行，所以只印出「1、2、3」。

針對不同的結構 continue 後面接不同的敘述，如下表。

結構	範例	程式執行結果	說明

for	`for(int i=1;i<=5;i=i+1){`
	`  if (i == 3) {`
	`    continue;`
	`  }`
	`  cout << i << endl;`
	`}`
		1
		2
		4
		5
			當 i 等於 3 時，跳到 for 迴圈的開始繼續執行，且 i 值加 1，所以印出「1、2、4、5」。

while	`int i=0;`
	`while (i<5){`
	`  i=i+1;`
	`  if (i == 3) {`
	`    continue;`
	`  }`
	`  cout << i << endl;`
	`}`
		1
		2
		4
		5
			當 i 等於 3 時，跳到 while 迴圈的開始繼續執行，且 i 值加 1，所以印出「1、2、4、5」。

將 break 與 continue 可以使用在迴圈中，產生想要的結果，如質數判斷，當確定有一個因數就不是質數，就可以跳出迴圈(break)。

使用 break 進行質數判斷(ch6\質數判斷 break.cpp)

行數	程式碼
1	`#include <iostream>`
2	`using namespace std;`
3	`int main(){`
4	`  int n,i=2,flag=1;`
5	`  cout << "請輸入一數字？";`
6	`  cin >> n;`
7	`  while ((flag ==1)&&(i<n)){`
8	`    if ((n%i) == 0){`
9	`      flag=0;`
10	**`      break;`**
11	`    }`
12	`    i=i+1;`
13	`  }`
14	`  if (flag == 1){`
15	`    cout << n << "為質數" << endl;`
16	`  }else {`
17	`    cout << n << "不為質數" << endl;`
18	`  }`
19	`}`

解說

- 第 4 行：宣告 n、i 與 flag 為整數變數，並初始化 i 為 2 與 flag 為 1。
- 第 5 行：於螢幕輸出「請輸入一數字？」。
- 第 6 行：由鍵盤輸入一數字儲存入變數 n。
- 第 7 到 13 行：為 while 迴圈，當 flag 等於 1 與 i 小於 n 時，繼續做。
- 第 8 到 11 行：當 i 整除 n，flag 設定為 0，**使用 break 跳出 while 迴圈(第 10 行）**。
- 第 12 行：i 遞增 1。
- 第 14 到 18 行：若 flag 等於 1，會輸出該數且顯示「為質數」，endl 為換行字元（第 14 到 15 行），否則輸出該數且顯示「不為質數」，endl 為換行字元（第 16 到 18 行）。

6-2-1 登入系統(ch6\登入系統.cpp)

請寫一個程式模擬帳號與密碼登入，使用者輸入帳號與密碼，若帳號密碼一致，則輸出「帳號與密碼正確」，否則輸出「登入失敗」。

(a) 解題想法

使用 do-while 迴圈，do-while 迴圈至少執行一次，迴圈內允許使用者輸入帳號與密碼，若帳號與密碼正確，則顯示「帳號與密碼正確」，接著使用 break 中斷 do-while 迴圈，否則顯示「登入失敗」。使用 while(1)無窮迴圈結構，因為小括號內的測試條件為 1，表示永遠測試條件都成立，允許使用者不斷輸入帳號與密碼直到 break 才中斷 while(1)無窮迴圈。流程圖表示如下。

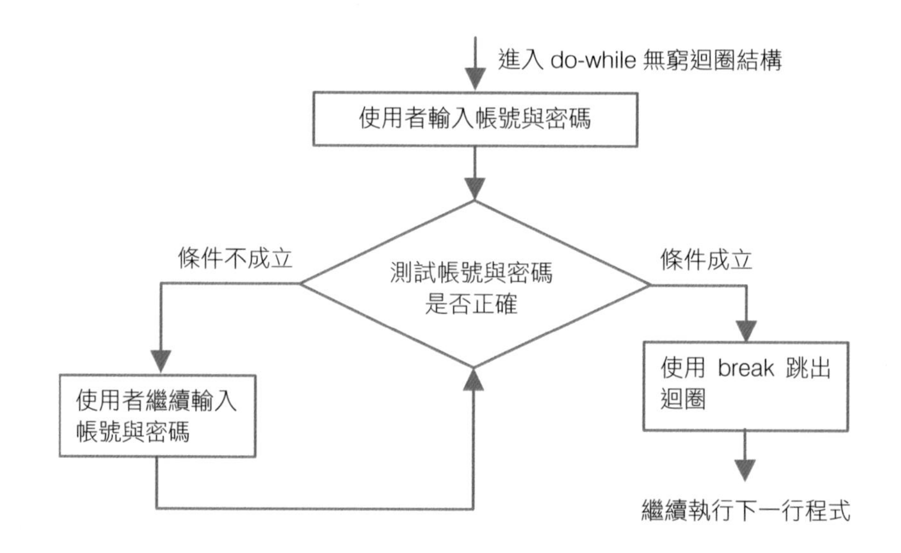

(b) 程式碼與解說

行數	程式碼
1	`#include <iostream>`
2	`using namespace std;`
3	`int main(){`
4	`  int acc=123,pass=0000,a,p;`
5	`  do {`
6	`    cout << "請輸入帳號？";`
7	`    cin >> a;`
8	`    cout << "請輸入密碼？";`
9	`    cin >> p;`
10	`    if ((a == acc) && (p == pass)){`
11	`      cout << "帳號與密碼正確" << endl;`
12	`      break;`

```
13        } else {
14          cout << "登入失敗" << endl;
15        }
16      }while (1);
17    }
```

解說

- 第 4 行：宣告 acc、pass、a 與 p 為整數變數，並初始化 acc 為 123，pass 為 0000。
- 第 5 行到第 16 行：while 迴圈中測試條件為 1，表示測試永遠為真，表示無窮迴圈(第 16 行)，登入成功後使用 break 跳出迴圈，中斷無窮迴圈執行(第 12 行)。
- 第 6 行：於螢幕輸出「請輸入帳號？」。
- 第 7 行：由鍵盤輸入帳號儲存入變數 a。
- 第 8 行：於螢幕輸出「請輸入密碼？」。
- 第 9 行：由鍵盤輸入密碼儲存入變數 p。
- 第 10 行到第 15 行：判斷帳號是否等於預設帳號「123」，密碼是否等於預設密碼「0000」(第 10 行)，若是顯示「帳號與密碼正確」訊息(第 11 行)，使用 break 跳出迴圈(第 12 行)，否則顯示「登入失敗」訊息(第 14 行)。

(c) 預覽結果

按下「執行→編譯並執行」，預設登入帳號為「123」，密碼為「0000」，帳號輸入「123」與密碼輸入「111」，顯示「登入失敗」，帳號輸入「123」與密碼輸入「0000」，顯示「帳號與密碼正確」。

解析 APCS 程式設計觀念題

（C）1. 給定右側函式 F()，F()執行完所回傳的 x 值為何？

(106 年 3 月 APCS 第 17 題)

```
int F (n) {
  int x = 0;
  for(int i=1; i<=n; i=i+1)
    for(int j=i; j<=n; j=j+1)
      for (int k=1;k<=n; k=k*2)
        x = x + 1;
  return x;
}
```

(A) $n(n+1)\sqrt{\lfloor \log_2 n \rfloor}$

(B) $n^2(n+1)/2$

(C) $n(n+1)\lfloor \log_2 n+1 \rfloor/2$

(D) $n(n+1)/2$

解析 內層迴圈 k，因為「k=k*2」表示 k 會呈現 2 的指數次方成長，所以內層迴圈 k 約執行 $\log_2 n$ 次，外層迴圈 i 與迴圈 j 執行次數為「n+(n-1)+(n-2)+…+2+1」，合計執行 $\frac{n(n+1)}{2}$ 次，因此 x 值大概為 $\frac{n(n+1)}{2}*\log_2 n$，選項(C)最接近為正解。

（D）2. 右側程式執行完畢後所輸出值為何？ (106 年 3 月 APCS 第 18 題)

```
int main() {
  int x = 0, n = 5;
  for (int i=1; i<=n; i=i+1)
    for (int j=1; j<=n; j=j+1) {
      if((i+j)==2)
        x = x + 2;
      if((i+j)==3)
        x = x + 3;
      if((i+j)==4)
        x = x + 4;
    }
  printf ("%d\n", x);
  return 0;
}
```

(A) 12

(B) 24

(C) 16

(D) 20

解析 外層迴圈變數 i 等於 1 時，內層迴圈變數 j 由 1 到 5，每次遞增 1，內層迴圈變數 j 等於 1 時，變數 x 遞增 2；內層迴圈變數 j 等於 2 時，變數 x 遞增 3；內層迴圈變數 j 等於 3 時，變數 x 遞增 4，其餘條件不成立。內層迴圈結束後，外層迴圈變數 i 遞增 1，設定外層迴圈變數 i 為 2，內層迴圈變數 j 由 1 到 5，每次遞增 1，內層迴圈變數 j 等於 1 時，變數 x 遞增 3；內層迴圈變數 j 等於 2 時，變數 x 遞增 4，其餘條件不成立。內層迴圈結束後，外層迴圈變數 i 遞增 1，設定外層迴圈變數 i 為 3，內層迴圈變數 j 由 1 到 5，每次遞增 1，內層迴圈變數 j 等於 1 時，變數 x 遞增 4，其餘條件不成立。外層迴圈變數 i 等於 4 與 5 時，條件皆不成立，最後變數 x 等於 20，選項(D)為正解。

（C）3. 右側程式片段中執行後若要印出下列圖案，(a) 的條件判斷式該如何設定？(105 年 10 月 APCS 第 17 題)

```
******
 ****
  **
```

```
for (int i=0; i<=3; i=i+1) {
  for (int j=0; j<i; j=j+1)
    printf(" ");
 for (int k=6-2*i;  (a) ; k=k-1)
    printf("*");
  printf("\n");
}
```

(A) k ＞ 2

(B) k ＞ 1

(C) k ＞ 0

(D) k ＞ －1

解析 迴圈變數 k 用於印出星號，由圖案可知，第一次印出 6 個星號，第二次印出 4 個星號，第三次印出兩個星號。迴圈變數 k 初始值第一次為 6，第二次為 4，第三次為 2，且迴圈每次遞減 1，所以條件判斷為 k>0，選項(C)為正解。

習題

選擇題

( ) 1. 求以下程式執行後印出幾個星號？

```
for(int i=1;i<=5;i=i+2){
    for(int j=1;j<=5;j=j+1){
      cout << "*";
    }
    cout << endl;
  }
```

(A) 10 (B) 15 (C) 20 (D) 25

( ) 2. 求以下程式執行後 sum 等於多少？

```
sum = 0
for(int i=1;i<=6;i=i+1){
  for(int j=1;j<=5;j=j+1){
    sum=sum+j;
  }
}
```

(A) 60 (B) 75 (C) 90 (D) 105

( ) 3. 求以下程式執行後 sum 等於多少？

```
sum = 0
for(x=1;x<=10;x=x+3){
   if  (x == 7) {
     continue;
   } else {
     sum = sum + x
   }
}
```

(A) 10 (B) 12 (C) 15 (D) 22

( ) 4. 若在迴圈中要跳過目前正在執行的迴圈內程式，迴圈變數遞增(減)後，測試是否到達迴圈終止值，若還未達終止值，迴圈從頭繼續執行，則需使用下列哪一個指令

(A) continue (B) stop (C) break (D) go

(　) 5.　求以下程式執行後 sum 等於多少？

```
sum = 0
for(x=1;x<=10;x=x+3){
  if  (x == 7) {
    break;
  } else {
    sum = sum + x
  }
}
```

(A) 1　(B) 5　(C) 12　(D) 22

程式實作

1. 十九乘十九乘法表(ch6\ex 十九乘十九乘法表.cpp)

   利用程式製作十九乘十九的乘法表，執行結果，如下圖。

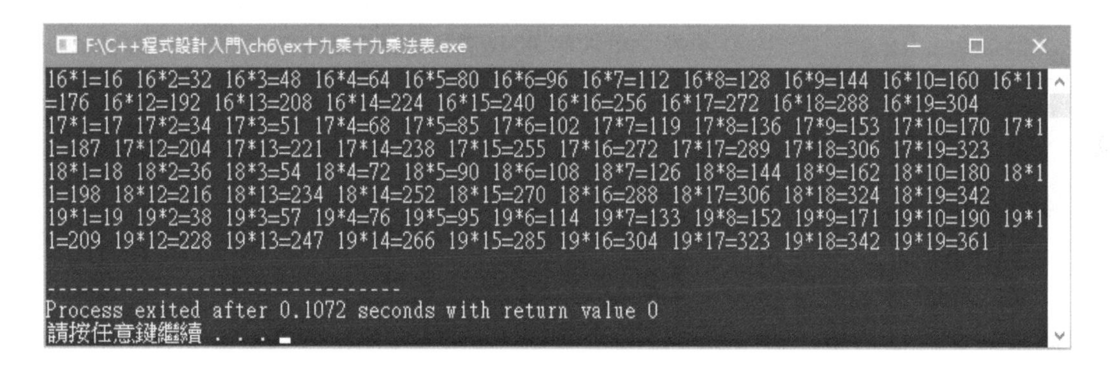

2. 印星號(ch6\ex 印星號.cpp)

   請寫一程式印出以下星號排列，第一行印出四個空白與一個星號，第二行印出三個空白與兩個星號，第三行印出兩個空白與三個星號，第四行印出一個空白與四個星號，第五行印出五個星號。

```
    *
   **
  ***
 ****
*****
```

執行結果，如右圖。

```
F:\C++程式設計入門\ch6\ex印星號.exe
    *
   **
  ***
 ****
*****

--------------------------------
Process exited after 0.01764 seconds with return value 0
請按任意鍵繼續 . . .
```

3. 單位矩陣(ch6\ex 單位矩陣.cpp)

請寫一程式印出單位矩陣，單位矩陣為方陣，左上到右下對角線都為 1 其他都為 0，請利用程式控制印出 4x4 的單位矩陣，如下圖。

1000

0100

0010

0001

執行結果，如下圖。

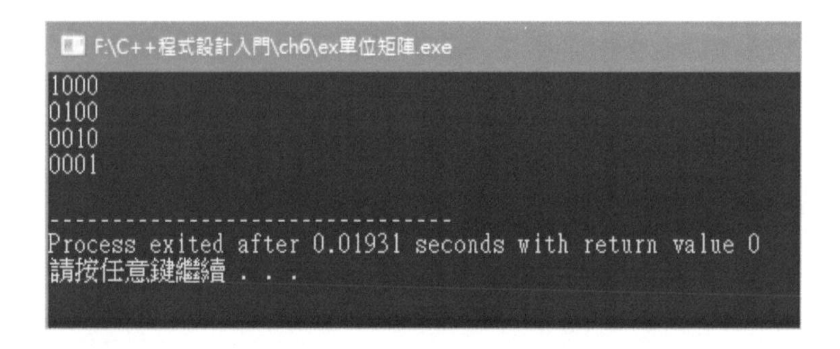

4. 擲骰子(ch6\ex 擲骰子.cpp)

擲一個骰子當點數為 6 時，程式停止否則繼續。執行結果，如下圖。

陣列 7

陣列是將相同資料型別的多個變數結合在一起，每個陣列元素皆可視為變數使用，陣列佔有連續的記憶體空間，陣列提供索引值(index)存取陣列中個別元素，C語言規定陣列的第一個元素其索引值為 0，第二個元素其索引值為 1，依此類推，一個陣列擁有 n 個元素，若要存取陣列最後一個元素，需設定索引值為 n-1，由此可知，每個索引值對應唯一一個陣列元素，因此我們只要指定陣列與索引值就可存取陣列中指定的元素。

不使用陣列與使用陣列的差異，若程式中要計算全班 30 位同學的國文科成績的總分，不使用陣列則需宣告 30 個變數（例如：score1、score2、...、score30）去儲存 30 個國文科成績，再去加總「sum=score1+score2+...+score30」獲得國文科全班總分；若使用陣列則可以利用陣列索引值概念與迴圈結構，使用迴圈控制陣列索引值存取與累加每一個元素，達成加總的功能，在成績計算總分、不及格人數、分數人數分佈等統計使用陣列較容易撰寫，尤其在樣本空間放大時更明顯，如要計算全年級國文科總分，全年級有 500 為同學，使用宣告 500 個變數（例如：score1、score2、...、score500）的方式，就加總而言需寫成「sum=score1+score2+...+score500」，這樣的程式非常不易閱讀與撰寫，所以才有陣列概念的形成，善用陣列概念可以簡化程式碼，陣列與迴圈的結合於之後章節詳細說明，以下為相加 500 個成績使用變數與陣列在撰寫程式上的差異，可以看出使用陣列簡潔許多。

<table>
<tr><th>使用變數累加 500 個成績計算總分</th><th>使用陣列累加 500 個成績計算總分</th></tr>
<tr><td><pre>int score1,score2,score3,score4,…,score500;
sum=score1+score2+score3+score4+…+score500;</pre>註：程式中不能寫...，實際上要完成宣告 500 個變數與 500 個變數相加的公式。</td><td><pre>int score[500];
for(int i=0;i<500;i++){
  sum=sum+score[i];
}</pre></td></tr>
</table>

7-1 一維陣列

最常見的陣列就是一維陣列，一維陣列表示只要使用一個索引值就可以存取陣列的元素，一維陣列佔有連續的記憶體空間，一維陣列相當於同一條路上的房子，只要指定這條路的門牌號碼，就可以將信寄到這條路上的收件者，一維陣列也一樣，只要指定陣列名稱相當於地址的路名，而陣列索引值相當於地址的門牌號碼，指定陣列名稱與索引值就可以存取到一維陣列中的元素。

7-1-1 一維陣列的宣告與初始化

程式中使用陣列需事先宣告，宣告為指定陣列名稱與陣列的元素個數，初始化為指定陣列每個元素的值，未經初始化的陣列，其陣列元素的值是亂數。指定陣列元素的值可以在程式內進行，或者宣告時同時初始化，以下就介紹宣告與初始化的語法。

陣列宣告語法（一）個別設定	程式範例
資料型別 陣列名稱[陣列元素個數]; 陣列名稱[0]=陣列第一個元素的值 陣列名稱[1]=陣列第二個元素的值 陣列名稱[2]=陣列第三個元素的值 … 陣列名稱[陣列元素個數-1]=陣列第「陣列元素個數」元素的值	int A[5]; A[0] = 1; A[1] = 2; A[2] = 3; A[3] = 4; A[4] = 5; 以上程式碼宣告了陣列 A，有五個元素，並初始化第一個元素為 1，第二個元素為 2，第三個元素為 3，第四個元素為 4，第五個元素為 5。

我們來看看上述程式範例陣列 A 的記憶體狀態，如下圖。

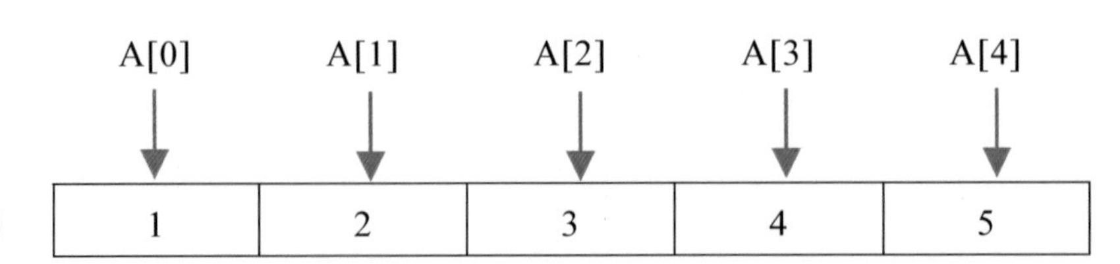

陣列宣告語法（二）使用大括號	程式範例
資料型別 陣列名稱[陣列元素個數]={陣列第一個元素的值 , 陣列第二個元素的值 , 陣列第三個元素的值 , ... , 陣列第[陣列元素個數]個元素的值}	`int B[5]={1,2,3,4,5}` 以上程式碼宣告了陣列 B，有五個元素，並初始化第一個元素為 1，第二個元素為 2，第三個元素為 3，第四個元素為 4，第五個元素為 5。

<table>
<tr><th>初始化方式三：使用迴圈</th><th>說明</th></tr>
<tr><td>

行數	程式碼
1	`int C[5];`
2	`for(int i=0;i<5;i++){`
3	`  C[i] = 90;`
4	`}`

註：以此方式陣列中所有元素數值皆相同，但迴圈若配合隨機函式，就可以隨機產生不同的數值，此方法適合用於隨機產生陣列元素時使用。
</td><td>
第 1 行：宣告陣列名稱為 C 有 5 個元素。
第 2 到 4 行：使用迴圈，迴圈變數 i 控制陣列索引值。
當 i=0，C[i]指向陣列 C 的第 1 個元素 C[0]，並將 90 儲存入 C[0]。
當 i=1，C[i]指向陣列 C 的第 2 個元素 C[1]，並將 90 儲存入 C[1]。
當 i=2，C[i]指向陣列 C 的第 3 個元素 C[2]，並將 90 儲存入 C[2]。
當 i=3，C[i]指向陣列 C 的第 4 個元素 C[3]，並將 90 儲存入 C[3]。
當 i=4，C[i]指向陣列 C 的第 5 個元素 C[4]，並將 90 儲存入 C[4]。
</td></tr>
</table>

陣列元素 C[i]的 i 值就是陣列索引值，當 i 等於 0，就指向陣列 A 的第一個元素，當 i 等於 1，就指向陣列 A 的第二個元素，依此類推。

7-1-2 一維陣列與迴圈

利用迴圈變數與陣列索引值結合，經由控制陣列索引值可以存取陣列中所有元素，以下為迴圈變數與陣列索引值結合範例。

<table>
<tr><th>程式範例</th><th>程式執行結果</th><th colspan="2">說明</th></tr>
<tr><td rowspan="5"><pre>int A[5]={1,2,3,4,5}
for(int i=0;i<5;i++){
   cout <<A[i] << endl;
}</pre></td><td rowspan="5">1
2
3
4
5</td><td>i=0</td><td>A[i]此時值為 1</td></tr>
<tr><td>i=1</td><td>A[i]此時值為 2</td></tr>
<tr><td>i=2</td><td>A[i]此時值為 3</td></tr>
<tr><td>i=3</td><td>A[i]此時值為 4</td></tr>
<tr><td>i=4</td><td>A[i]此時值為 5</td></tr>
</table>

使用 A[i]存取陣列中元素，使用迴圈控制 i 的變化，當 i 等於 0，A[i]就會存取陣列 A 的第一個元素；當 i 等於 1，A[i]就會存取陣列 A 的第二個元素；當 i 等於 2，A[i]就會存取陣列 A 的第三個元素，依此類推，就可以存取到陣列所有元素，這就是陣列與迴圈結合可以存取到陣列中所有元素的概念。

常見錯誤

若存取陣列的元素超出陣列宣告的範圍，例如以下程式碼，會發生怎樣的問題？

程式碼片段	為何錯誤
`int  A[100];` `cout << A[100];`	陣列 A 宣告為 100 個元素，其索引值介於 0 到 99，若執行 A[100]，會超出陣列的範圍，嚴重時會造成程式中斷執行，輕則存取到錯誤資料，像這樣的情形需要特別注意，編譯時不會錯誤提示，執行時才發生錯誤，撰寫程式時不容易察覺，要特別小心這種超出邊界的程式錯誤。

7-2 一維陣列範例練習

7-2-1 計算總分(ch7\計算總分.cpp)

給一個成績陣列，請寫一個程式計算成績陣列的總分。

解說：將成績資料置於陣列中，再利用迴圈存取陣列中每一個元素進行加總，當每個元素都存取到時就可以得到成績的加總。

(a) 解題想法

可以使用迴圈結構與陣列索引值的概念撰寫存取陣列 score 中每個元素的程式，迴圈變數 i 起始值為 0，迴圈變數 i 中止值為成績陣列的個數，迴圈每執行一次迴圈變數 i 就會遞增 1，迴圈內使用「sum=sum+score[i]」進行計算，成績陣列的累加結果到變數 sum。

流程圖表示如下。

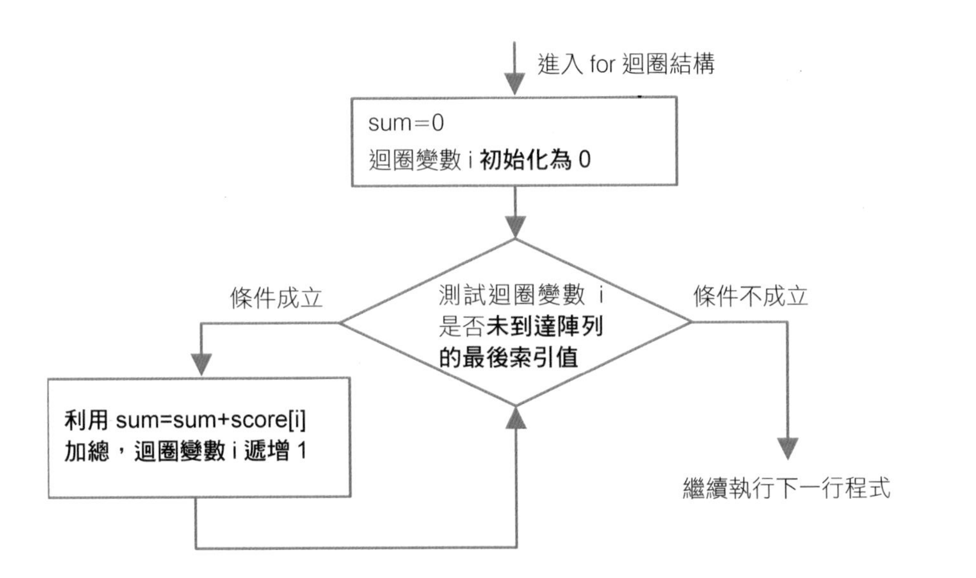

(b) 程式碼與解說

行數	程式碼
1	`#include <iostream>`
2	`using namespace std;`
3	`int main(){`
4	`  int score[6]={56,68,89,78,44,99};`
5	`  int sum=0;`
6	`  for(int i=0;i<6;i++){`
7	`    sum =  sum + score[i];`
8	`    cout << "第" << i+1 << "位同學成績為" << score[i] << endl;`
9	`  }`
10	`  cout << "總分為" << sum << endl;`
11	`}`

解說

- 第 4 行：宣告 score 為整數陣列，且初始化 score 陣列的第 1 個元素為 56、第 2 個元素為 68、第 3 個元素為 89、第 4 個元素為 78、第 5 個元素為 44、第 6 個元素為 99。
- 第 5 行：宣告 sum 為整數變數，並初始化為 0。
- 第 6 到 9 行：使用 for 迴圈計算成績陣列 score 加總值，計算過程中使用變數 sum 暫存加總結果(第 7 行)，印出陣列 score 的每個值到螢幕(第 8 行)。
- 第 10 行：在螢幕上印出總分。

(c) 預覽結果

按下「執行 → 編譯並執行」，結果顯示在螢幕。

```
F:\C++程式設計入門\ch7\計算總分.exe
第1位同學成績為56
第2位同學成績為68
第3位同學成績為89
第4位同學成績為78
第5位同學成績為44
第6位同學成績為99
總分為434

--------------------------------
Process exited after 0.02089 seconds with return value 0
請按任意鍵繼續 . . .
```

迴圈中 i 值變化與 total 值的對應，如下表。

i 值	total 值
i=0	total=total+score[0]=0+56=56，total=score[0]
i=1	total=total+score[1]=56+68=124，total=score[0]+score[1]
i=2	total=total+score[2]=124+89=213，total=score[0]+score[1]+score[2]
i=3	total=total+score[3]=213+78=291，total=score[0]+score[1]+score[2]+score[3]
i=4	total=total+score[4]=291+44=335，total=score[0]+score[1]+score[2]+score[3] +score[4]
i=5	total=total+score[5]=335+99=434，total=score[0]+score[1]+score[2]+score[3] +score[4] +score[5]

7-2-2 費氏數列(ch7\費氏數列.cpp)

費氏數列是將第 1 項與第 2 項相加等於第 3 項，第 2 項與第 3 項相加等於第 4 項，依此類推，陣列可以儲存資料與索引值存取的特性，非常適合計算費氏數列，初始化費氏數列的第 1 項為 1 且第 2 項為 1。

(a) 解題想法

使用陣列 F 計算費氏數列，且初始化 F[0]=1，F[1]=1，當 n 大於等於 2 時，使用以下公式 F[n]=F[n-1]+F[n-2]，也就是將陣列 F 的第 n-1 項加陣列 F 的第 n-2 項存入陣列 F 的第 n 項，流程圖表示如下。

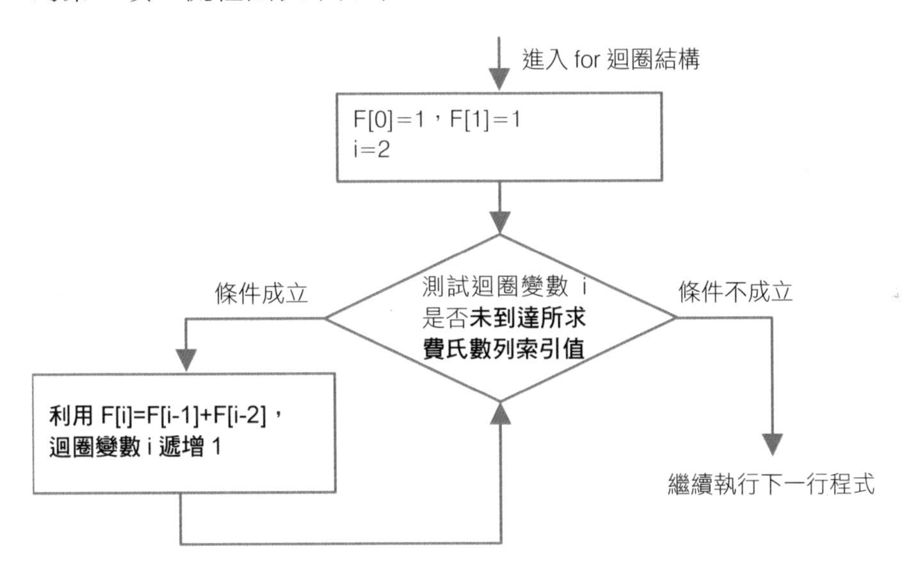

(b) 程式碼與解說

行數	程式碼
1	`#include <iostream>`
2	`using namespace std;`
3	`int main(){`
4	`  int F[16];`
5	`  F[0]=1;`
6	`  F[1]=1;`
7	`  for(int i=2;i<16;i++){`
8	`    F[i]=F[i-1]+F[i-2];`
9	`  }`
10	`  for(int i=0;i<16;i++){`
11	`    cout << "第" << i+1 << "個費氏數列數值為" << F[i] << endl;`
12	`  }`
13	`}`

解說

- 第 4 行：宣告陣列 F 有 16 個整數元素，陣列索引值可以由 0 變化到 15。
- 第 5 到 6 行：設定陣列 F 第一個元素與陣列 F 第二個元素為 1。
- 第 7 到 9 行：變數 i 為迴圈變數變化由 2 到 15，每個元素由前兩個元素相加獲得，例如 F[2]=F[1]+F[0]。
- 第 10 到 12 行：變數 i 為迴圈變數變化由 0 到 15，印出陣列 F 中每個元素值到螢幕。

(c) 預覽結果

按下「執行 → 編譯並執行」，結果顯示在螢幕。

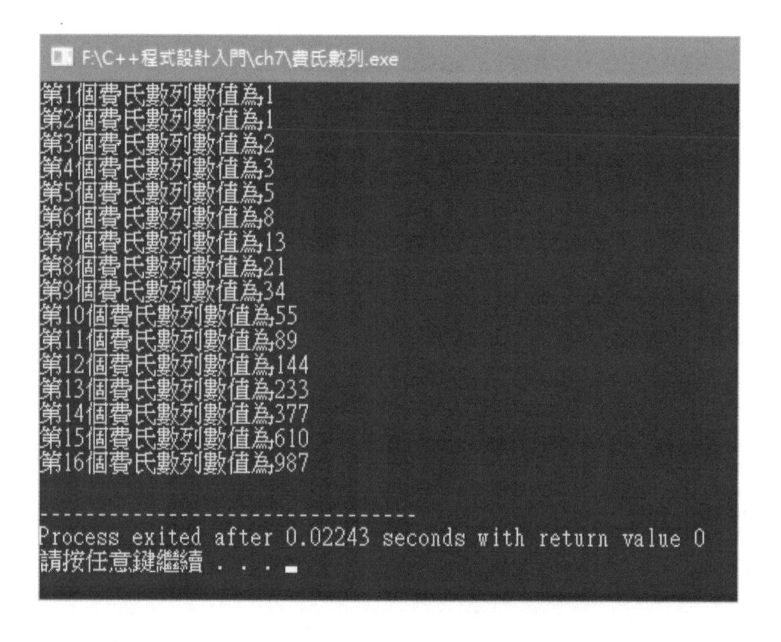

迴圈中 i 值變化與 F[i]值的對應，如下表。

i 值	F[i]值
i=2	F[2]=F[1]+F[0]=1+1=2
i=3	F[3]=F[2]+F[1]=2+1=3
i=4	F[4]=F[3]+F[2]=3+2=5
i=5	F[5]=F[4]+F[3]=5+3=8
i=6	F[6]=F[5]+F[4]=8+5=13

i值	F[i]值
i=7	F[7]=F[6]+F[5]=13+8=21
…	…

7-2-3 全校成績分數統計(ch7\全校成績分數統計.cpp)

要計算全校資訊科期末考試各級距人數統計，全校成績由程式隨機產生 0~100 分數，產生 1000 個成績，級距如右表，請計算各級距的人數。

分數
0~9
10~19
20~29
30~39
40~49
50~59
60~69
70~79
80~89
90~99
100

(a) 解題想法

隨機產生 1000 個成績儲存在陣列 score，利用迴圈檢查每個成績，根據成績將對應的陣列 num 加 1，直到檢查所有元素後，陣列 num 即為級距人數統計結果，流程圖表示如下。

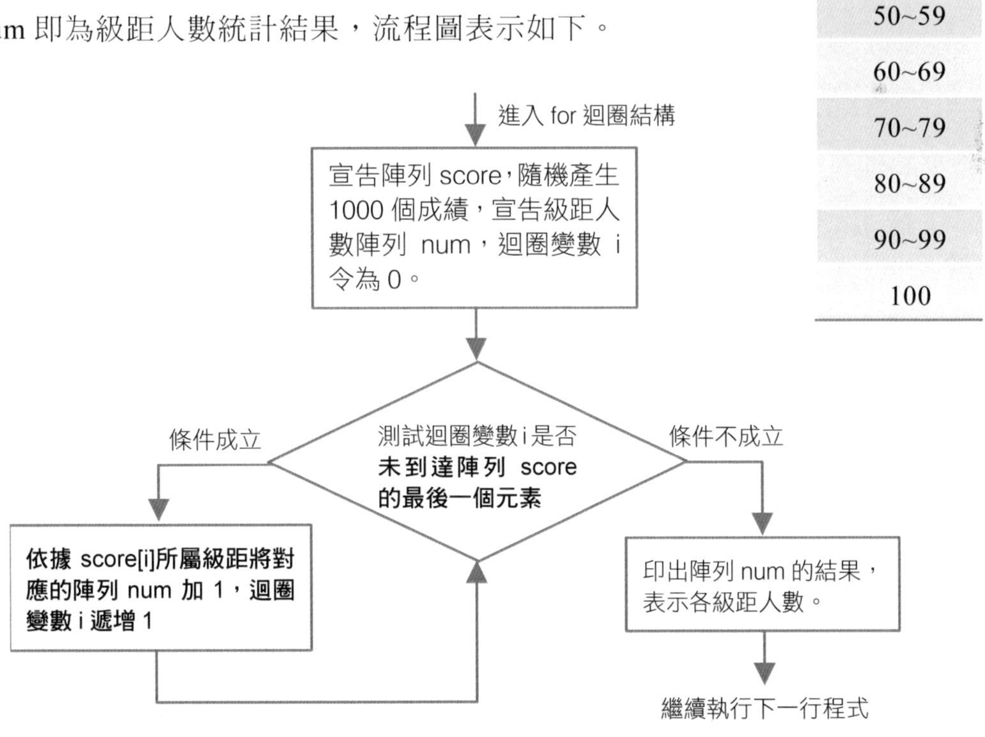

(b) 程式碼與解說

行數	程式碼

```
1   #include <iostream>
2   #include <ctime>
3   #include <cstdlib>
4   using namespace std;
5   int main(){
6     int score[1000];
7     int num[11];
8     int j;
9     srand(time(NULL));
10    for(int i=0;i<11;i++){
11      num[i]=0;
12    }
13    for(int i=0;i<1000;i++){
14      score[i]=rand()%101;
15      j=score[i]/10;
16      num[j]=num[j]+1;
17    }
18    for(int i=0;i<11;i++){
19      cout << "num[" << i << "]=" << num[i] << endl;
20    }
21  }
```

解說

- 第 6 行：宣告陣列 score 有 1000 個整數元素，用於儲存全校成績。
- 第 7 行：宣告陣列 num 有 11 個整數元素，用於儲存各級距人數。
- 第 8 行：宣告變數 j，用於級距的分組。
- 第 9 行：初始化隨機函式。
- 第 10 到 12 行：初始化 num 陣列 11 個元素皆為 0。
- 第 13 到 17 行：變數 i 為迴圈變數變化由 0 到 999，新增隨機產生的分數介於 0 到 100 儲存入陣列 score 中索引值為 i 的元素（第 14 行），產生成績的同時將分組級距統計計算出，計算所屬級距 j，j 為 score[i]除以 10，因為 score[i]與 10 皆為整數，相除後會自動捨去小數，所以 j 值表示所屬級距，依據 j 值將對應的陣列 num[j]加 1（第 15 到 16 行）。
- 第 18 到 20 行：變數 i 為迴圈變數變化由 0 到 10，印出陣列 num 中每個元素值到螢幕。

(c) 預覽結果

按下「執行 → 編譯並執行」，結果顯示在螢幕。

```
F:\C++程式設計入門\ch7\全校成績分數統計.exe
num[0]=110
num[1]=103
num[2]=92
num[3]=88
num[4]=103
num[5]=96
num[6]=115
num[7]=89
num[8]=95
num[9]=101
num[10]=8

--------------------------------
Process exited after 0.02062 seconds with return value 0
請按任意鍵繼續 . . .
```

7-2-4 樂透開獎(ch7\樂透開獎.cpp)

請製作一個樂透開獎程式，請隨機產生六個介於 1 到 48 之間的號碼，且號碼不能重複；號碼不能重複則表示若有重複，則再產生一個號碼，直到不重複為止。

(a) 解題想法

宣告整數變數 count 為目前已經開獎的號碼數，宣告整數變數 pz 為新產生的得獎號碼，宣告陣列 prize[6]儲存目前開獎的號碼，宣告旗標陣列 repeat[48]儲存該數字是否已經開過獎，當 repeat[i]等於 0 表示號碼 i 未開獎，當 repeat[i]等於 1 表示號碼 i 已開獎，當 count 小於等於 6 時，繼續隨機產生開獎號碼儲存到 pz，檢查 repeat[pz]是否有開獎過，若為 0 表示號碼 pz 未開獎，repeat[pz]改為 1 表示號碼 pz 已開出，並將號碼 pz 儲存入陣列 prize[count]中，變數 count 遞增 1；若 repeat[pz]為 1 則表示號碼 pz 已開過獎，需重新產生隨機獎號。

流程圖表示如下。

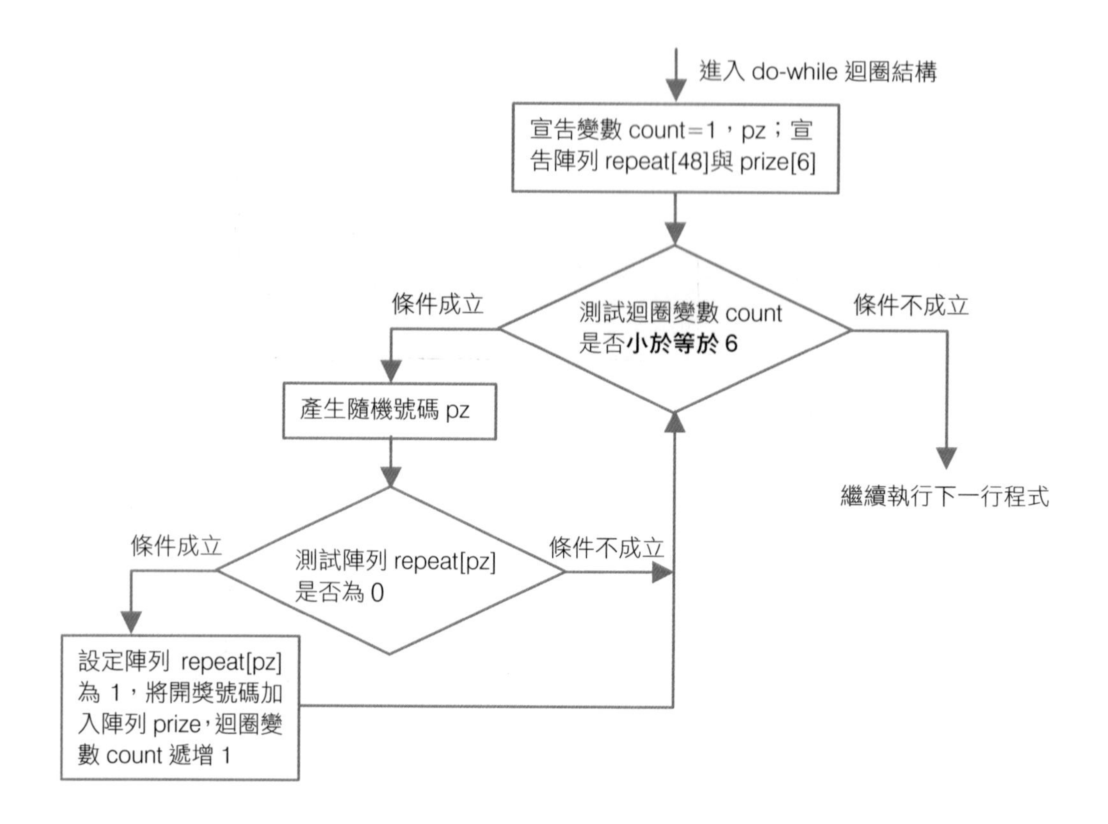

(b) 程式碼與解說

行數	程式碼
1	`#include <iostream>`
2	`#include <ctime>`
3	`#include <cstdlib>`
4	`using namespace std;`
5	`int main(){`
6	`  int prize[6];`
7	`  int repeat[48];`
8	`  int pz,count=1;`
9	`  srand(time(NULL));`
10	`  for(int i=0;i<48;i++){`
11	`    repeat[i]=0;`
12	`  }`
13	`  do {`
14	`    pz=rand()%48+1;`
15	`    if (repeat[pz] == 0){`
16	`      repeat[pz]=1;`
17	`      prize[count-1]=pz;`
18	`      count++;`
19	`    }else {`
20	`      continue;`

```
21            }
22        } while (count <= 6);
23        for(int i=0;i<6;i++){
24          cout << "第" << i+1<< "個得獎號碼是" << prize[i] << endl;
25        }
26    }
```

解說

- 第 6 行：宣告陣列 prize。
- 第 7 行：宣告陣列 repeat。
- 第 8 行：宣告變數 pz 與 count，並初始化 count 為 1。
- 第 9 行：初始化隨機變數。
- 第 10 到 12 行：初始化陣列 repeat 的所有元素為 0。
- 第 13 到 22 行：do-while 迴圈結構，變數 count 為迴圈變數，數值範圍由 1 到 6，變數 count 到達 6 表示已經產生 6 個不重複的隨機變數。
- 第 14 行：隨機產生號碼。
- 第 15 到 21 行：由陣列 repeat[pz]判斷是否有重複號碼，若未重複(第 15 行)，則陣列 repeat[pz]設為已經開獎過(第 16 行)，將開獎號碼放入陣列 prize(第 17 行)，變數 count 加 1(第 18 行)，否則號碼有重複，使用 continue 回到第 14 行繼續產生隨機號碼(第 20 行)。
- 第 23 到 25 行：印出得獎號碼於螢幕。

(c) 預覽結果

按下「執行 → 編譯並執行」，結果顯示在螢幕。

```
F:\C++程式設計入門\ch7\樂透開獎.exe
第1個得獎號碼是16
第2個得獎號碼是15
第3個得獎號碼是29
第4個得獎號碼是33
第5個得獎號碼是19
第6個得獎號碼是2

--------------------------------
Process exited after 0.02156 seconds with return value 0
請按任意鍵繼續 . . .
```

解析 APCS 程式設計觀念題

（D）1. 右側 F()函式執行時，若輸入依序為整數 0, 1, 2, 3, 4, 5, 6, 7, 8, 9，請問 X[] 陣列的元素值依順序為何？ (106 年 3 月 APCS 第 9 題)

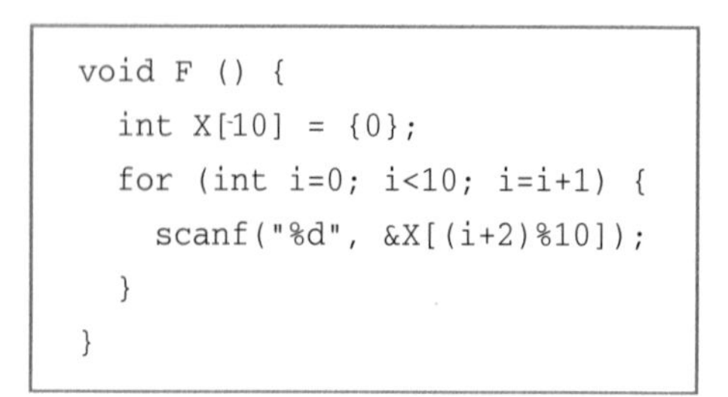

```
void F () {
  int X[10] = {0};
  for (int i=0; i<10; i=i+1) {
    scanf("%d", &X[(i+2)%10]);
  }
}
```

(A) 0, 1, 2, 3, 4, 5, 6, 7, 8, 9

(B) 2, 0, 2, 0, 2, 0, 2, 0, 2, 0

(C) 9, 0, 1, 2, 3, 4, 5, 6, 7, 8

(D) 8, 9, 0, 1, 2, 3, 4, 5, 6, 7

解析　scanf 為 C 語言的輸入，「%d」表示輸入整數，需要使用位址為輸入參數，「&」為取址符號可以獲得陣列元素的位址。

若 i 等於 0，則「&X[(i+2)%10]」等於「&X[2]」，所以第一個輸入數字 0 會放置於陣列 X 的第 3 個元素；若 i 等於 1，則「&X[(i+2)%10]」等於「&X[3]」，所以第二個輸入數字 1 會放置於陣列 X 的第 4 個元素；依次類推，若 i 等於 7，則「&X[(i+2)%10]」等於「&X[9]」，所以第八個數字 7 會放置於陣列 X 的第 10 個元素；若 i 等於 8，則「&X[(i+2)%10]」等於「&X[0]」，所以第九個數字 8 會放置於陣列 X 的第 1 個元素；若 i 等於 9，則「&X[(i+2)%10]」等於「&X[1]」，所以第十個數字 9 會放置於陣列 X 的第 2 個元素，結果如下圖，所以選項(D)為正解。

陣列 X

8	9	0	1	2	3	4	5	6	7

（B）2. 右側程式擬找出陣列 A[]中的最大值和最小值。不過，這段程式碼有誤，請問 A[]初始值如何設定就可以測出程式有誤？ (106 年 3 月 APCS 第 19 題)

```
int main () { {
  int M = -1, N = 101, s = 3;
  int A[] = ______?_______;
  for (int i=0; i<s; i= i+1) {
    if (A[i]>M) {
      M = A[i];
    }
    else if (A[i]<N) {
      N = A[i];
    }
  }
  printf("M = %d, N = %d\n", M, N);
  return 0;
}
```

(A) {90, 80, 100}

(B) {80, 90, 100}

(C) {100, 90, 80}

(D) {90, 100, 80}

解析　陣列 A 設定為選項(B)，則程式「N = A[i]」永遠不會執行，最後 N 等於 101，程式執行結果不正確。

（B）3.　下列程式片段執行過程的輸出為何？　(105 年 10 月 APCS 第 15 題)

```
int i, sum, arr[10];
for (int i=0; i<10; i=i+1)
  arr[i] = i;
sum = 0;
for (int i=1; i<9; i=i+1)
  sum = sum - arr[i-1] + arr[i] + arr[i+1];
printf ("%d", sum);
```

(A) 44

(B) 52

(C) 54

(D) 63

解析　陣列 arr 初始化為以下狀態。

陣列 arr

0	1	2	3	4	5	6	7	8	9

使用表格顯示變數 sum 的計算過程，獲得最後 sum 等於 52，選項(B)為正解。

i 值	sum 值(sum = sum - arr[i-1] + arr[i] + arr[i+1])
1	sum = 0 – 0 + 1 + 2 = 3
2	sum = 3 – 1 + 2 + 3 = 7
3	sum = 7 – 2 + 3 + 4 = 12
4	sum = 12 – 3 + 4 + 5 = 18
5	sum = 18 – 4 + 5 + 6 = 25
6	sum = 25 – 5 + 6 + 7 = 33
7	sum = 33 – 6 + 7 + 8 = 42
8	sum = 42 – 7 + 8 + 9 = 52

(C) 4. 給定一陣列 a[10]={ 1, 3, 9, 2, 5,8, 4, 9, 6, 7 }，i.e., a[0]=1,a[1]=3, …,a[8]=6, a[9]=7，以 f(a, 10) 呼叫執行右側函式後，回傳值為何？ (105 年 3 月 APCS 第 2 題)

```
int f (int a[], int n) {
  int index = 0;
  for (int i=1; i<=n-1; i=i+1) {
    if (a[i] >= a[index]) {
      index = i;
    }
  }
  return index;
}
```

(A) 1

(B) 2

(C) 7

(D) 9

解析　若 a[i]大於等於 a[index]，則 index 設定為 i，所以 index 會指向陣列中最大的數字，本題中有兩個最大的數字 9，因為 a[i]大於等於 a[index]，所以 index 會指向最後一個最大數字 9，最後變數 index 等於 7，選項(C)為正解。

(D) 5. 經過運算後，右側程式的輸出為何？ (105 年 3 月 APCS 第 4 題)

```
for (i=1; i<=100; i=i+1) {
  b[i] = i;
}
a[0] = 0;
for (i=1; i<=100; i=i+1) {
  a[i] = b[i] + a[i-1];
}
printf ("%d\n", a[50]-a[30]);
```

(A) 1275

(B) 20

(C) 1000

(D) 810

解析　陣列 b 狀態如下。

	1	2	3	4	5	6	7	8	9	10	…	98	99	100

陣列 a 經由計算「a[i] = b[i] + a[i-1]」獲得。

陣列 a 狀態如下。

0	1	3	6	10	15	21	28	36	45	55	…	4851	4950	5050

計算過程中發現陣列 a 第 n 個元素為 1+2+3+…+(n-1)+n，所以 a[50]等於(1+50)*50/2=1275，a[30]等於(1+30)*30/2=465，a[50]-a[30]=1275-465=810，選項(D)為正解。

選擇題

( ) 1. 程式碼「int myArray[7]」，所宣告 myArray 陣列有幾個元素。

(A) 6 (B) 7 (C) 8 (D) 9

( ) 2. 求 fib[5]其值為？

```
int fib[10];
fib[0] = 1;
fib[1] = 2;
for(i=2;i<10;i++){
   fib[i] = fib[i-1] + fib[i-2];
}
```

(A) 5 (B) 8 (C) 13 (D) 21

( ) 3. 程式碼如下，請問 myArray[8]表示是陣列 myArray 的第幾個元素？

```
int myArray[10];
myArray[8] = 1;
```

(A) 7 (B) 8 (C) 9 (D) 10

( ) 4. 以下程式 B 等於？

```
int A[6];
for(i=0;i<6;i++){
   A[i] = 3 * i +2;
}
B = A[3]+A[4];
```

(A) 16 (B) 19 (C) 22 (D) 25

程式實作

1. 找出最大值(ch7\ex 找出最大值.cpp)

   找出隨機產生的 10 個成績儲存入陣列，並找出最高分成績，執行結果，如右圖。

```
F:\C++程式設計入門\ch7\ex找出最大值.exe
第1位同學的成績為13
第2位同學的成績為92
第3位同學的成績為29
第4位同學的成績為34
第5位同學的成績為44
第6位同學的成績為39
第7位同學的成績為66
第8位同學的成績為40
第9位同學的成績為3
第10位同學的成績為17
最高分為92

--------------------------------
Process exited after 0.0216 seconds with return value 0
請按任意鍵繼續 . . .
```

2. 平面切割空間數(ch7\ex 平面切割空間數.cpp)

空間中的 n 個平面最多可以切割成幾個空間，已知平面切割成幾個空間的關係如下，

$$c(n)=\begin{cases}2, if\ n=1\\ c(n-1)+\dfrac{(n^2-n+2)}{2}, if\ n>1\end{cases}$$

c(n)表示 n 個平面最多可以切割的空間數，請使用陣列計算輸入平面個數求出最多可切割的空間數，假設輸入的 n 值小於等於 100，執行結果，如下圖。

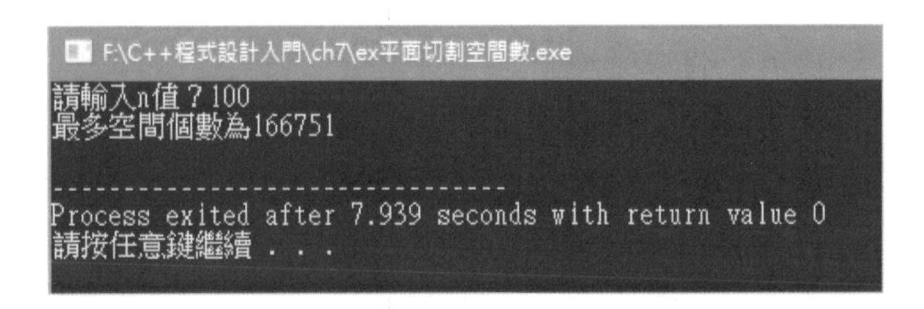

3. 計算平均與高於平均的個數(ch5\ex 計算平均與高於平均的個數.cpp)

隨機產生 40 個介於 0 與 100 的數字儲存於陣列中，請計算出這 40 個數字的平均值與高於平均的數字個數，執行結果，如下圖。

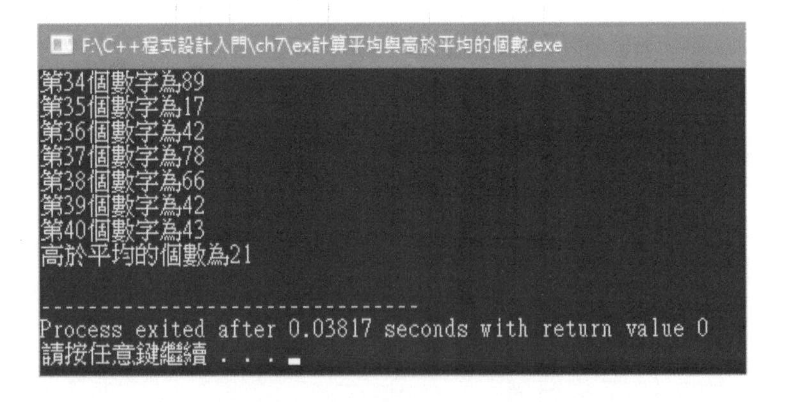

二維陣列 8

8-1 二維陣列的概念

使用一維陣列儲存全班第一次期中考國文科成績，再利用迴圈與陣列索引概念可以存取陣列中所有元素。有時一維陣列不夠用，例如計算全班國文、英文、數學、社會與自然等五科成績的總分與平均，可以將國文、英文、數學、社會與自然五科各使用一個一維陣列儲存，也可以使用二維陣列儲存，第一列儲存國文成績、第二列儲存英文成績、第三列儲存數學成績、...等，每位同學以行表示。將上述概念轉成二維陣列圖示如下圖，座號 3 號學生的英文成績為 73 分，儲存在第 2 列第 3 行。使用五個一維陣列需宣告五個不同陣列名稱，每個分開計算加總而獲得總分；使用二維陣列可以使用五列，每一列可以儲存全校所有同學的一科成績，利用巢狀迴圈存取二維陣列各列的每個元素，計算出每一科的總分，使用二維陣列儲存各科成績所撰寫程式碼較簡潔，且新增科目時只需要增加陣列列數與修改迴圈變數範圍。若計算 3 個年級五科成績需要 15 個科目時使用二維陣列的好處就更為明顯，不需要宣告 15 個一維陣列，只要宣告一個具有 15 列的二維陣列即可。

	第 1 行 ↓ 座號 1 號學生	第 2 行 ↓ 座號 2 號學生	第 3 行 ↓ 座號 3 號學生	......	第 38 行 ↓ 座號 38 號學生	第 39 行 ↓ 座號 39 號學生	第 40 行 ↓ 座號 40 號學生
第 1 列 → 國文	89	78	99	......	45	44	98
第 2 列 → 英文	88	95	73	......	44	77	67
第 3 列 → 數學	67	37	77	......	67	88	82
第 4 列 → 社會	77	67	66	......	99	99	92
第 5 列 → 自然	98	73	82	......	33	76	62

8-1-1 二維陣列的宣告與初始化

所謂二維陣列的宣告是用於定義**二維陣列的名稱**與**陣列中元素的個數**，而初始化是指定**陣列中元素的值**。例如：int score[5][40]，就是宣告一個整數的二維陣列，名稱為 score，其列索引值由 0 到 4，共 5 列，其行索引值 0 到 39，共 40 行，將其圖示化表示如下圖，程式中使用 score[1][2]可以存取陣列 score 的第 2 列第 3 行元素。

	第 1 行	第 2 行	第 3 行	……	第 38 行	第 39 行	第 40 行
第 1 列→	score[0][0]	score[0][1]	score[0][2]	……	score[0][37]	score[0][38]	score[0][39]
第 2 列→	score[1][0]	score[1][1]	score[1][2]	……	score[1][37]	score[1][38]	score[1][39]
第 3 列→	score[2][0]	score[2][1]	score[2][2]	……	score[2][37]	score[2][38]	score[2][39]
第 4 列→	score[3][0]	score[3][1]	score[3][2]	……	score[3][37]	score[3][38]	score[3][39]
第 5 列→	score[4][0]	score[4][1]	score[4][2]	……	score[4][37]	score[4][38]	score[4][39]

陣列初始化方式一：個別設定

行數	程式碼
1	`int score[5][40];`
2	`score[0][0] = 90;`
3	`score[0][1] = 56;`
4	`score[0][2] = 98;`
…	…
…	`score[4][37] = 93;`
…	`score[4][38] = 47;`
…	`score[4][39] = 88;`

解說

- 第 1 行：宣告二維陣列名稱為 score 有 5 列 40 行。
- 第 2 行：初始化陣列 score 第 1 列第 1 行值為 90。
- 第 3 行：初始化陣列 score 第 1 列第 2 行值為 56。
- 第 4 行：初始化陣列 score 第 1 列第 3 行值為 98。
- …

- 初始化陣列 score 第 5 列第 38 行值為 93。
- 初始化陣列 score 第 5 列第 39 行值為 47。
- 初始化陣列 score 第 5 列第 40 行值為 88。

陣列初始化方式二：使用大括號

行數	程式碼
1	`int  A[2][3]={{1,2,3},{4,5,6}};`

解說

- 第 1 行：宣告二維陣列名稱為 A，初始化陣列 A 第 1 列第 1 行值為 1，初始化陣列 A 第 1 列第 2 行值為 2，初始化陣列 score 第 1 列第 3 行值為 3，初始化陣列 A 第 2 列第 1 行值為 4，初始化陣列 A 第 2 列第 2 行值為 5，初始化陣列 A 第 2 列第 3 行值為 6。

陣列初始化方式三：使用迴圈

行數 程式碼

```
1  int score[5][40];
2  for(int i=0;i<5;i++){
3    for(int j=0;j<40;j++){
4      score[i][j]=90;
5    }
6  }
```

註：以此方式陣列中所有元素數值皆相同，但迴圈若配合隨機函式，就可以隨機產生不同的數值，此方法適合用於隨機產生陣列元素時使用。

解說

- 第 1 行：宣告二維陣列名稱為 score 有 5 列 40 行。
- 第 2 到 6 行：使用巢狀迴圈，迴圈變數 i 控制列，變數 j 控制行。
- 當 i=0,j=0，score[i][j]指向二維陣列 score 的第 1 列第 1 行並將 90 儲存入 score[0][0]。
- 當 i=0,j=1，score[i][j]指向二維陣列 score 的第 1 列第 2 行並將 90 儲存入 score[0][1]。

- 當 i=0,j=2，score[i][j]指向二維陣列 score 的第 1 列第 3 行並將 90 儲存入 score[0][2]。
- 依此方式，依序將 90 填入陣列中第一列每一元素，再將 90 填入第二列每一元素，依此類推直到填滿五列。

8-1-2 二維陣列的使用

程式中使用陣列的優點為可以使用陣列索引存取陣列元素，例如：score[1][2]，括弧內 1 與 2 分別表示為列索引值為 1，行索引值為 2，表示為陣列 score 的第 2 列第 3 行元素。也可以將索引值改成以變數 i 或變數 j 取代，如：score[i][j]，當 i 等於 1 且 j 等於 2，則 score[i][j]相當於 score[1][2]，也就是表示陣列 score 的第 2 列第 3 行元素，此時可以使用巢狀迴圈控制變數 i 與變數 j，當變數 i 與變數 j 變化時，對應的 score[i][j]所對應的元素也會跟著改變。

當 i 等於 1，j 等於 2，則 score[i][j]相當於 score[1][2]，可以利用迴圈控制變數 i 值與 j 值，利用陣列以索引存取的概念可以存取陣列中所有元素。

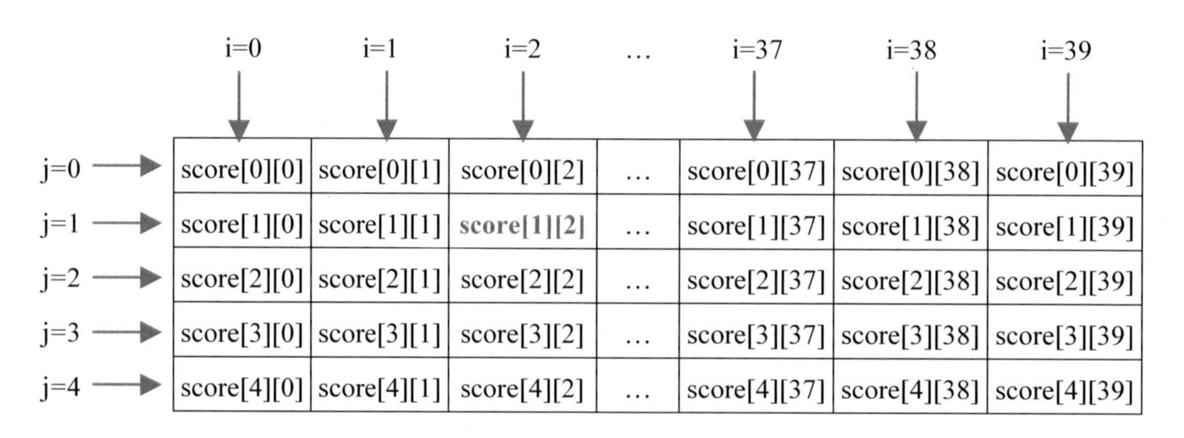

以下為迴圈與陣列索引存取陣列中元素範例。

陣列的使用範例

行數	程式碼
1	`int score[5][40];`
2	`srand(time(NULL));`
3	`for(int i=0;i<5;i++){`
4	`  for(int j=0;j<40;j++){`
5	`    score[i][j]=rand()%101;`
6	`  }`
7	`}`

解說

- 第 1 行：宣告二維陣列名稱為 score 有 5 列 40 行。
- 第 2 行：初始化隨機變數。
- 第 3 到 7 行：使用巢狀迴圈，迴圈變數 i 控制列，變數 j 控制行。程式「rand()%101」隨機產生介於 0 到 100 的數值。當 i=0,j=0，score[i][j] 指向二維陣列 score 的第 1 列第 1 行並將隨機產生的數值儲存入 score[0][0]。
- 當 i=0,j=1，score[i][j]指向二維陣列 score 的第 1 列第 2 行並將隨機產生的數值儲存入 score[0][1]。
- 當 i=0,j=2，score[i][j]指向二維陣列 score 的第 1 列第 3 行並將隨機產生的數值儲存入 score[0][2]。
- 依此方式，依序產生 40 個隨機值，填入陣列中第一列，再產生 40 個隨機值填入第二列，直到填滿五列。

8-2 二維陣列範例練習

8-2-1 計算各科總分(ch8\計算各科總分.cpp)

隨機產生二維(5x40)成績陣列(score)的每一個元素成績，假設每一列表示一科成績，則此二維成績陣列可以儲存 5 科成績，使用程式計算出各科的總分。

(a) 解題想法

使用巢狀迴圈存取二維陣列的每一個元素，外層迴圈控制列，假設外層迴圈變數為 i，內層迴圈控制行，假設內層迴圈變數為 j，利用變數 total 設為 0，暫存每一個陣列元素的累計值，當 i 值等於 0，j 值變化由 0 到 39，可以存取第一列每一個元素利用「total = total + score[i][j]」，最後變數 total 即為該科總分，外層迴圈變數 i 加 1，則 i 值等於 1，變數 total 設為 0，j 值變化一樣由 0 到 39，可以存取第二列每一個元素利用「total = total + score[i][j]」，最後變數 total 即為另一科總分，如此即可獲得各科總分，流程圖表示如下。

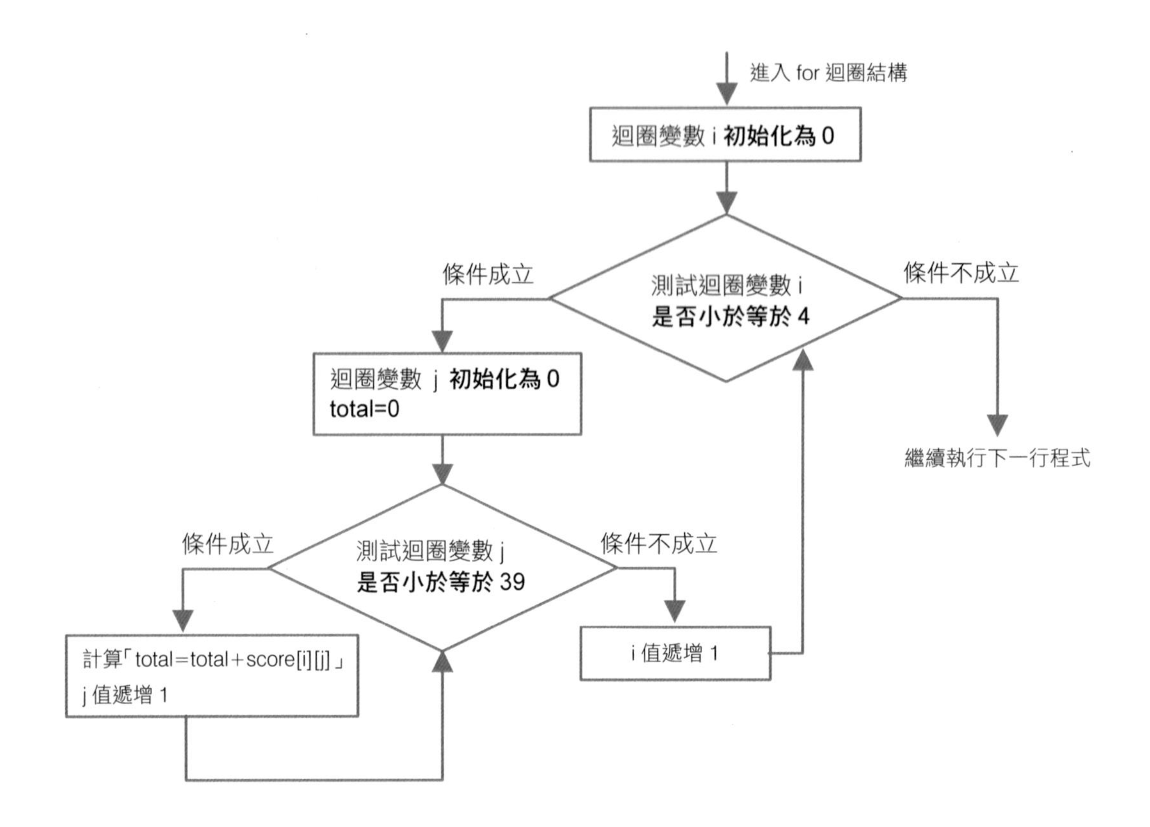

(b) 程式碼與解說

行數	程式碼
1	`#include <iostream>`
2	`#include <ctime>`
3	`#include <cstdlib>`
4	`using namespace std;`
5	`int main(){`
6	`  int score[5][40];`
7	`  int total;`
8	`  srand(time(NULL));`
9	`  for(int i=0;i<5;i++){`
10	`    for(int j=0;j<40;j++){`
11	`      score[i][j]=rand()%101;`
12	`    }`
13	`  }`
14	`  for(int i=0;i<5;i++){`
15	`    total=0;`
16	`    for(int j=0;j<40;j++){`
17	`      total = total + score[i][j];`
18	`      cout << "第" << i+1 << "科第" << j+1 << "位同學成績為" << score[i][j] << endl;`
19	`    }`
20	`    cout << "第" << i+1 << "科總分為" << total << endl;`

```
21        }
22    }
```

解說

- 第 6 行：宣告二維陣列名稱為 score 有 5 列 40 行。
- 第 7 行：宣告整數變數 total 用於累計分數。
- 第 8 行：初始化隨機環境。
- 第 9 到 13 行：使用巢狀迴圈，迴圈變數 i 控制列，變數 j 控制行，程式「rand()%101」隨機產生介於 0 到 100 的數值，儲存入二維陣列 score[i][j]。
- 第 14 到 21 行：使用巢狀迴圈計算各科總分。
- 第 15 行：設定累計總分變數 total 為 0。
- 第 16 到 19 行：內層變數 j 變化由 0 到 39，存取同一列所有元素值，並使用變數 total 累計總分(第 17 行)，顯示每個隨機分數於螢幕(第 18 行)。
- 第 20 行：顯示各科總分並換行。

(c) 預覽結果

按下「執行 → 編譯並執行」，結果顯示在螢幕。

```
選取 K:\C++程式設計入門\ch8\計算各科總分.exe
第5科第28位同學成績為22
第5科第29位同學成績為47
第5科第30位同學成績為62
第5科第31位同學成績為64
第5科第32位同學成績為75
第5科第33位同學成績為0
第5科第34位同學成績為63
第5科第35位同學成績為71
第5科第36位同學成績為11
第5科第37位同學成績為46
第5科第38位同學成績為74
第5科第39位同學成績為6
第5科第40位同學成績為73
第5科總分為2138

--------------------------------
Process exited after 0.343 seconds with return value 0
請按任意鍵繼續 . . .
```

程式中迴圈執行過程

程式碼	i 值	j 值	第 4 行 total 值的變化

1 for(int i=0;i<5;i++){
2 total=0;
3 for(int j=0;j<40;j++){
4 total = total + score[i][j];
5 }
6 }
	i=0	j=0	total=score[0][0]

	i=0	j=1	total=score[0][0]+score[0][1]
	i=0	j=2	total= score[0][0]+score[0][1]+score[0][2]
	…	…	…
	i=0	j=38	total= score[0][0]+ score[0][1]+score[0][2]+ …+score[0][38]
	i=0	j=39	total= score[0][0]+ score[0][1]+score[0][2]+ …+score[0][38]+score[0][39]
	i=1	j=0	total=score[1][0]
	i=1	j=1	total=score[1][0]+score[1][1]
	i=1	j=2	total= score[1][0]+ score[1][1]+score[1][2]
	…	…	…
	i=1	j=38	total= score[1][0]+ score[1][1]+score[1][2]+ …+score[1][38]
	i=1	j=39	total= score[1][0]+ score[1][1]+score[1][2]+ …+score[1][38]+score[1][39]
	i=2	j=0	total=score[2][0]
	…	…	…
	i=2	j=39	total= score[2][0]+ score[2][1]+score[2][2]+ …+score[2][38]+score[2][39]
	i=3	j=0	total=score[3][0]
	…	…	…
	i=3	j=39	total= score[3][0]+ score[3][1]+score[3][2]+ …+score[3][38]+score[3][39]
	i=4	j=0	total=score[4][0]
	…	…	…
	i=4	j=39	total= score[4][0]+ score[4][1]+score[4][2]+ …+score[4][38]+score[4][39]

8-2-2 矩陣相加(ch8\矩陣相加.cpp)

設計一個程式計算矩陣相加的結果。複習矩陣相加概念舉例如下，假設有兩個2x3矩陣A與B相加得另一個2x3矩陣C，矩陣C的第1列第1行元素等於矩陣A第1列第1行元素的值加上矩陣B第1列第1行元素的值，矩陣C的第1列第2行元素等於矩陣A第1列第2行元素的值加上矩陣B第1列第2行元素的值，其餘依此類推。

$$A=\begin{bmatrix}1 & 2 & 3\\ 2 & 2 & 2\end{bmatrix}$$

$$B=\begin{bmatrix}1 & 2 & 3\\ 3 & 3 & 3\end{bmatrix}$$

$$C=A+B=\begin{bmatrix}1 & 2 & 3\\ 2 & 2 & 2\end{bmatrix}+\begin{bmatrix}1 & 2 & 3\\ 3 & 3 & 3\end{bmatrix}=\begin{bmatrix}2 & 4 & 6\\ 5 & 5 & 5\end{bmatrix}$$

(a) 解題想法

使用巢狀迴圈存取兩個二維(2x3)陣列A與陣列B的每一個元素，外層迴圈控制列，假設外層迴圈變數為i，內層迴圈控制行，假設內層迴圈變數為j，當i值等於0，j值變化由0到2，可以存取陣列A與陣列B第一列每一個元素，利用「C[i][j]=A[i][j]+B[i][j]」將矩陣A第一列每一個元素與矩陣B第一列每一個元素相加獲得矩陣C第一列每一個元素，外層迴圈變數i加1，則i值等於1，j值變化一樣由0到2，可以存取第二列每一個元素利用「C[i][j]=A[i][j]+B[i][j]」將矩陣A第二列每一個元素與矩陣B第二列每一個元素相加獲得矩陣C第二列每一個元素，最後陣列C即為陣列A與陣列B矩陣相加的結果。

流程圖表示如下。

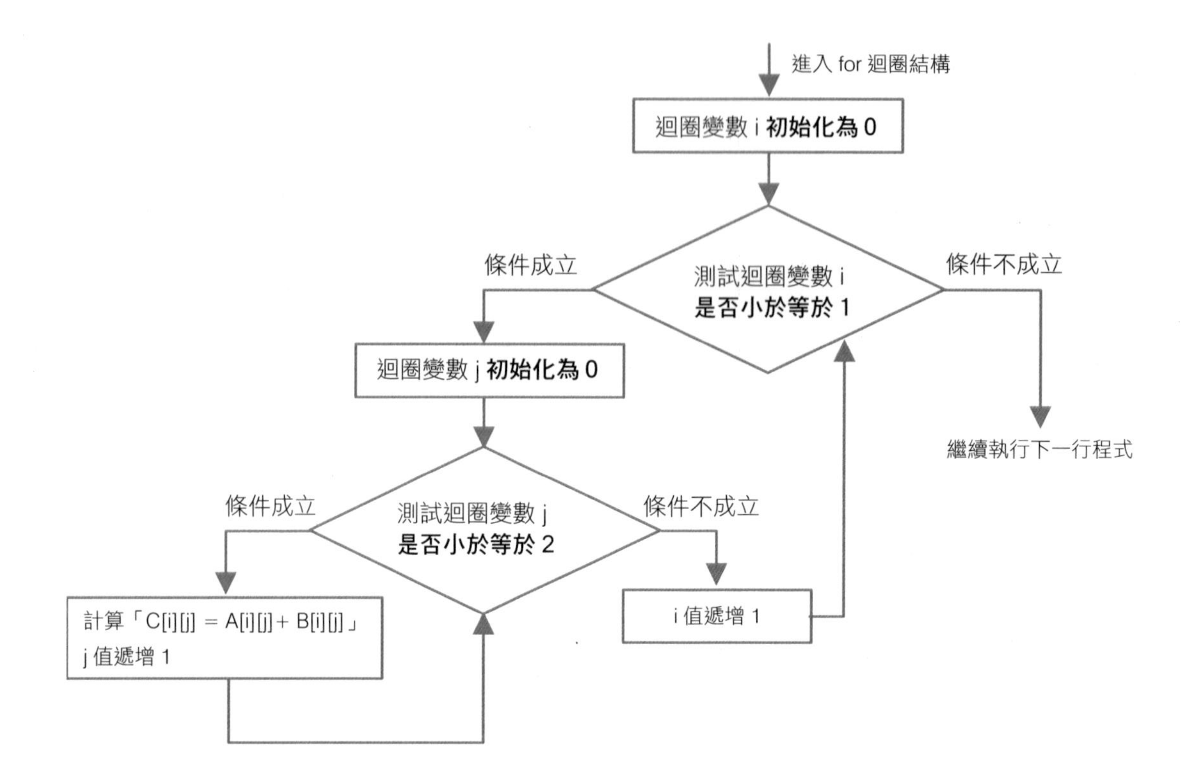

(b) 程式碼與解說

行數	程式碼
1	`#include <iostream>`
2	`using namespace std;`
3	`int main(){`
4	`  int A[2][3]={{1,2,3},{2,2,2}};`
5	`  int B[2][3]={{1,2,3},{3,3,3}};`
6	`  int C[2][3];`
7	`  for(int i=0;i<2;i++){`
8	`    for(int j=0;j<3;j++){`
9	`      C[i][j]=A[i][j]+B[i][j];`
10	`      cout << C[i][j] << ",";`
11	`    }`
12	`    cout << endl;`
13	`  }`
14	`}`

解說

- 第 4 到 6 行：宣告二維陣列 A、陣列 B 與陣列 C 為 2 列 3 行，其中陣列 A 與陣列 B 分別初始化。

- 第 7 到 13 行：使用巢狀迴圈計算矩陣相加。
- 第 9 行：矩陣 C 為矩陣 A 與矩陣 B 相加。
- 第 10 行：在螢幕顯示矩陣 C 每個元素值。
- 第 12 行：矩陣 C 每一列印完後換行。

(c) 預覽結果

按下「執行 → 編譯並執行」，結果顯示在螢幕。

程式中迴圈執行過程：

程式碼	i 值	j 值	第 4 行 total 值的變化

for(int i=0;i<2;i++){
  for(int j=0;j<3;j++){
    C[i][j]=A[i][j]+B[i][j];
  }
}
	i=0	j=0	C[i][j]=C[0][0]=A[0][0]+B[0][0]=2

	i=0	j=1	C[i][j]=C[0][1]=A[0][1]+B[0][1]=4
	i=0	j=2	C[i][j]=C[0][2]=A[0][2]+B[0][2]=6
	i=1	j=0	C[i][j]=C[1][0]=A[1][0]+B[1][0]=5
	i=1	j=1	C[i][j]=C[1][1]=A[1][1]+B[1][1]=5
	i=1	j=2	C[i][j]=C[1][2]=A[1][2]+B[1][2]=5

8-2-3 矩陣相乘(ch8\矩陣相乘.cpp)

設計一個程式計算矩陣相乘的結果。複習矩陣相乘概念舉例如下，假設有 2x3 的矩陣 A 與 3x2 的矩陣 B 相乘得另一個 2x2 矩陣 C，矩陣 C 的第 1 列第 1 行元素等於累加矩陣 A 第 1 列所有元素依序乘以矩陣 B 第 1 行所有元素，矩陣 C 的第 1 列第 2 行元素等於累加矩陣 A 第 1 列所有元素依序乘以矩陣 B 第 2 行所有元素，矩陣 C 的第 2 列第 1 行元素等於累加矩陣 A 第 2 列所有元素依序乘以矩陣 B 第 1 行所有元素，矩陣 C 的第 2 列第 2 行元素等於累加矩陣 A 第 2 列所有元素依序乘以矩陣 B 第 2 行所有元素。

$$A=\begin{bmatrix}1 & 2 & 3\\ 2 & 2 & 2\end{bmatrix}$$

$$B=\begin{bmatrix}1 & 2\\ 2 & 2\\ 3 & 2\end{bmatrix}$$

$$C=AxB=\begin{bmatrix}1 & 2 & 3\\ 2 & 2 & 2\end{bmatrix}x\begin{bmatrix}1 & 2\\ 2 & 2\\ 3 & 2\end{bmatrix}=\begin{bmatrix}1x1+2x2+3x3 & 1x2+2x2+3x2\\ 2x1+2x2+2x3 & 2x2+2x2+2x2\end{bmatrix}=\begin{bmatrix}14 & 12\\ 12 & 12\end{bmatrix}$$

(a) 解題想法

使用三層巢狀迴圈進行矩陣乘法，最外兩層迴圈分別使用迴圈變數 i 與 j 用於指定矩陣 A 第 i 列與矩陣 B 第 j 行，最內層迴圈使用迴圈變數 k 用於產生陣列 C 的第 i 列第 j 行的元素值,執行累加矩陣 A 第 i 列與矩陣 B 第 j 行每一元素相乘的結果。當 i 值等於 0，j 值等於 0，k 值由 0 到 2，可以存取陣列 A 第 1 列與陣列 B 第 1 行每一元素，利用程式「C[i][j] =C[i][j]+C[i][k]*C[k][j]」相乘累加，可以獲得 C(0,0)的值；第二層迴圈變數 j 加 1，則 j 值等於 1，k 值變化一樣由 0 到 2，可以存取陣列 A 第 1 列與陣列 B 第 2 行每一元素，利用程式「C[i][j] =C[i][j]+C[i][k]*C[k][j]」相乘累加，可以獲得 C[0][1]的值；依此類推，三層迴圈執行結束後，陣列 C 即為陣列 A 與陣列 B 矩陣相乘的結果。

流程圖表示如下。

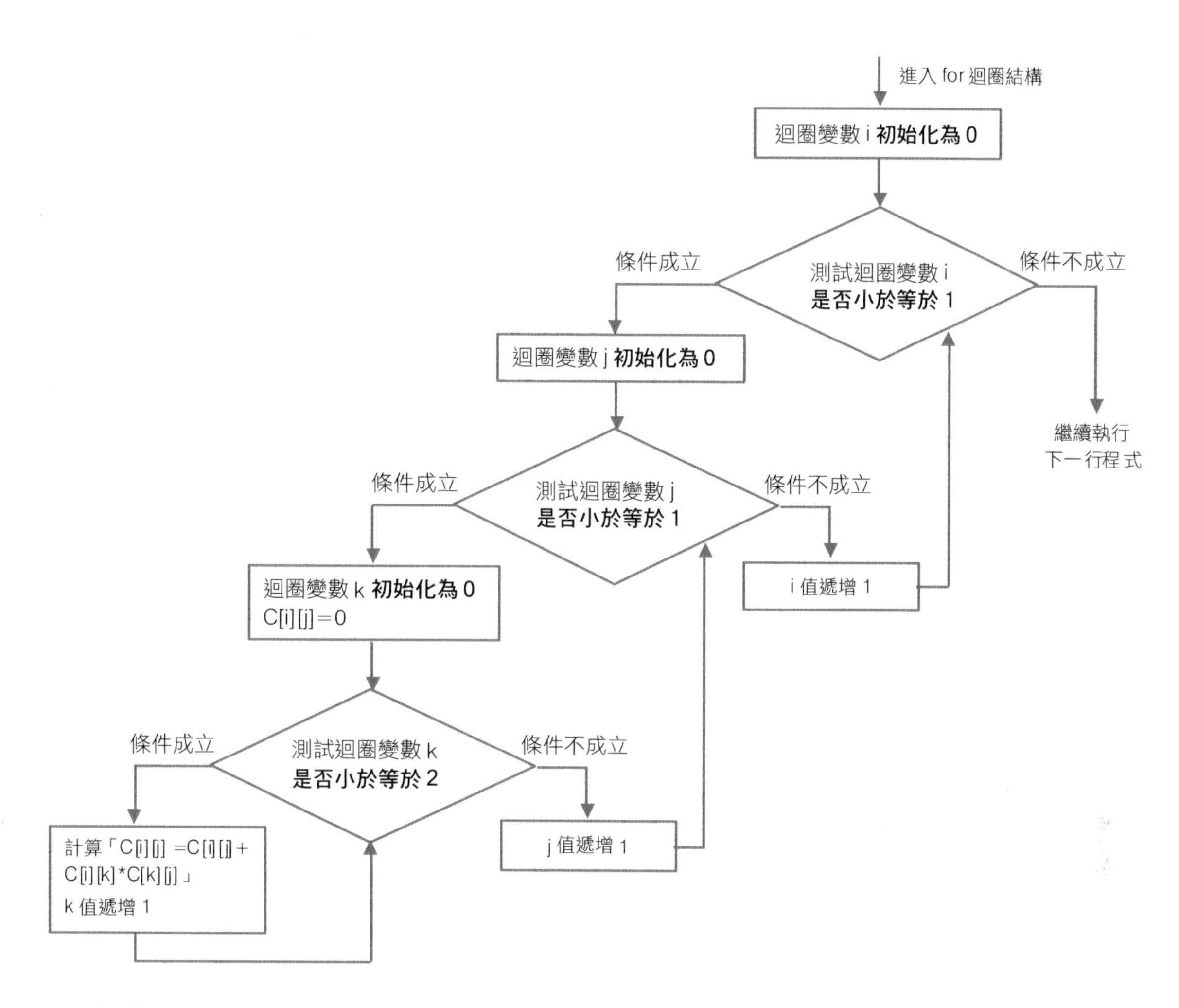

(b) 程式碼與解說

行數	程式碼
1	`#include <iostream>`
2	`using namespace std;`
3	`int main(){`
4	`  int A[2][3]={{1,2,3},{2,2,2}};`
5	`  int B[3][2]={{1,2},{2,2},{3,2}};`
6	`  int C[2][2]={{0,0},{0,0}};`
7	`  for(int i=0;i<2;i++){`
8	`    for(int j=0;j<2;j++){`
9	`      for(int k=0;k<3;k++){`
10	`        C[i][j]=C[i][j]+A[i][k]*B[k][j];`
11	`      }`
12	`      cout << C[i][j] << ",";`
13	`    }`
14	`    cout << endl;`
15	`  }`
16	`}`

解說

- 第 4 到 6 行：宣告陣列 A 為 2x3 的二維陣列、陣列 B 為 3x2 的二維陣列與陣列 C 為 2x2 的二維陣列，其中陣列 A、陣列 B 與陣列 C 分別初始化。
- 第 7 到 15 行：使用三層巢狀迴圈，最外層迴圈變數 i 控制陣列 A 的第 i 列(第 7 行)，第二層迴圈變數 j 控制陣列 B 的第 j 行(第 8 行)，最內層迴圈變數為 k(第 9 行)，控制將陣列 A 第 i 列與陣列 B 第 j 行每一元素相乘累加結果產生陣列 C 的第 i 列第 j 行(第 10 行)。
- 第 12 行：顯示矩陣 C 每個元素值於螢幕。
- 第 14 行：顯示換行。

(c) 預覽結果

按下「執行 → 編譯並執行」，結果顯示在螢幕。

```
K:\C++程式設計入門\ch8\矩陣相乘.exe
14,12,
12,12,

--------------------------------
Process exited after 0.03786 seconds with return value 0
請按任意鍵繼續 . . .
```

程式中迴圈執行過程

```
1    for(int i=0;i<2;i++){
2      for(int j=0;j<2;j++){
3        for(int k=0;k<3;k++){
4          C[i][j]=C[i][j]+
           A[i][k]*B[k][j];
5        }
6      }
7    }
```

i 值	j 值	k 值	第 4 行 total 值的變化
i=0	j=0	k=0	C[0][0]=A[0][0]*B[0][0]
i=0	j=0	k=1	C[0][0]=A[0][0]*B[0][0]+A[0][1]*B[1][0]
i=0	j=0	k=2	C[0][0]=A[0][0]*B[0][0]+A[0][1]*B[1][0]+A[0][2]*B[2][0]
i=0	j=1	k=0	C[0][1]=A[0][0]*B[0][1]
i=0	j=1	k=1	C[0][1]=A[0][0]*B[0][1]+A[0][1]*B[1][1]
i=0	j=1	k=2	C[0][1]=A[0][0]*B[0][1]+A[0][1]*B[1][1]+A[0][2]*B[2][1]

程式碼	i 值	j 值	k 值	第 4 行 total 值的變化
	i=1	j=0	k=0	C[1][0]=A[1][0]*B[0][0]
	i=1	j=0	k=1	C[1][0]=A[1][0]*B[0][0]+A[1][1]*B[1][0]
	i=1	j=0	k=2	C[1][0]=A[1][0]*B[0][0]+A[1][1]*B[1][0]+A[1][2]*B[2][0]
	i=1	j=1	k=0	C[1][1]=A[1][0]*B[0][1]
	i=1	j=1	k=1	C[1][1]=A[1][0]*B[0][1]+A[1][1]*B[1][1]
	i=1	j=1	k=2	C[1][1]=A[1][0]*B[0][1]+A[1][1]*B[1][1]+A[1][2]*B[2][1]

8-2-4 Pascal 三角形(ch8\Pascal 三角形.cpp)

設計一個程式計算 Pascal 三角形，其定義如下。

1							
1	1						
1	2	1					
1	3	3	1				
1	4	6	4	1			
1	5	10	10	5	1		
1	6	15	20	15	6	1	
1	7	22	35	35	21	7	1

解說

Step1 使用 8x8 陣列，先於第 1 行全部填入 1，對角線填入 1。

1							
1	1						
1		1					
1			1				
1				1			
1					1		
1						1	
1							1

Step2 計算 Pascal 陣列中**第 3 列第 2 行元素**等於陣列中**第 2 列第 1 行元素**加陣列中**第 2 列第 2 行**元素。

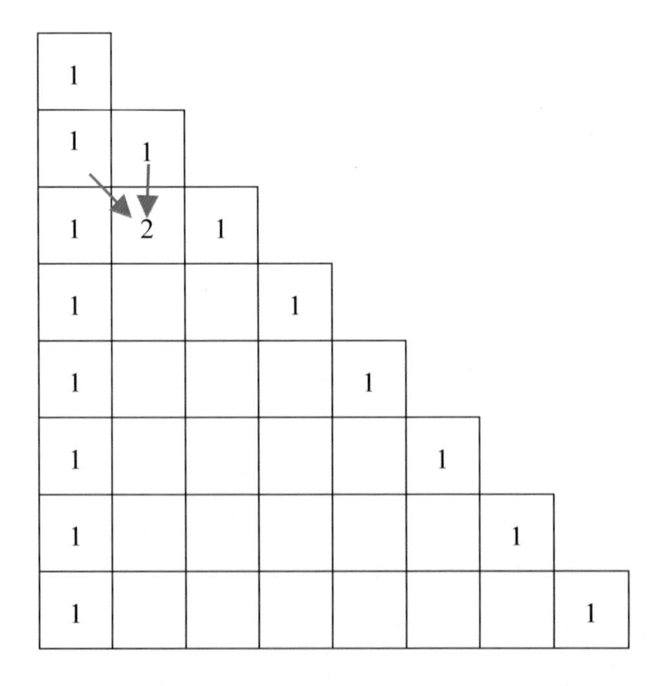

Step3 計算 Pascal 陣列中**第 4 列第 2 行元素**等於陣列中**第 3 列第 1 行元素**加陣列中**第 3 列第 2 行元素**。Pascal 陣列中**第 4 列第 3 行元素**等於陣列中**第 3 列第 2 行元素**加陣列中**第 3 列第 3 行**元素。

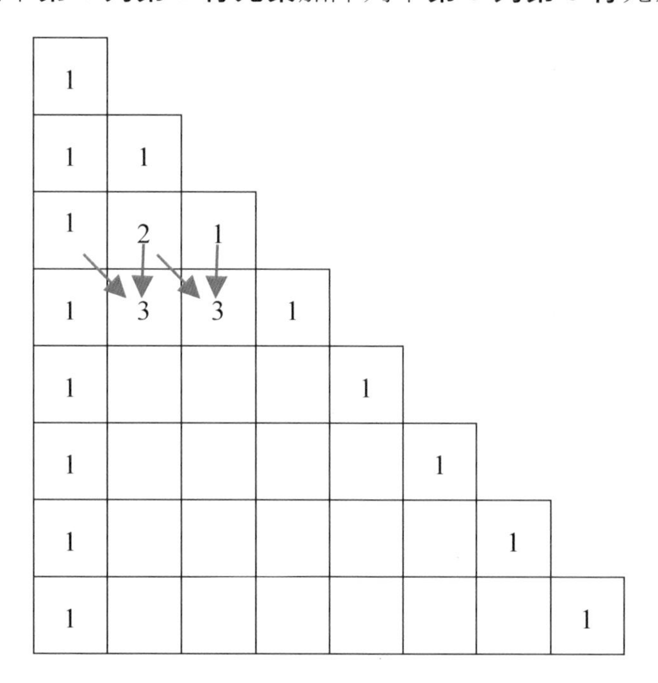

Step4 依此方式由上而下，每個元素為左上元素與上方元素的和。

1							
1	1						
1	2	1					
1	3	3	1				
1	4	6	4	1			
1	5	10	10	5	1		
1	6	15	20	15	6	1	
1	7	22	35	35	21	7	1

(a) 解題想法

使用巢狀迴圈存取二維(8x8)陣列，外層迴圈變數 i 控制列，內層迴圈變數 j 控制行，當 i 值等於 2，j 值變化由 1 到 1，利用「A[i][j] = A[i-1][j-1]+ A[i-1][j]」求 A[2][1]，外層迴圈變數 i 加 1，則 i 值等於 3，j 值變化由 1 到 2，利用「A[i][j] = A[i-1][j-1]+ A[i-1][j]」求 A[3][1]與 A[3][2]，不斷重複上述動作，最後填滿陣列 A 即獲得 Pascal 三角形，流程圖表示如下。

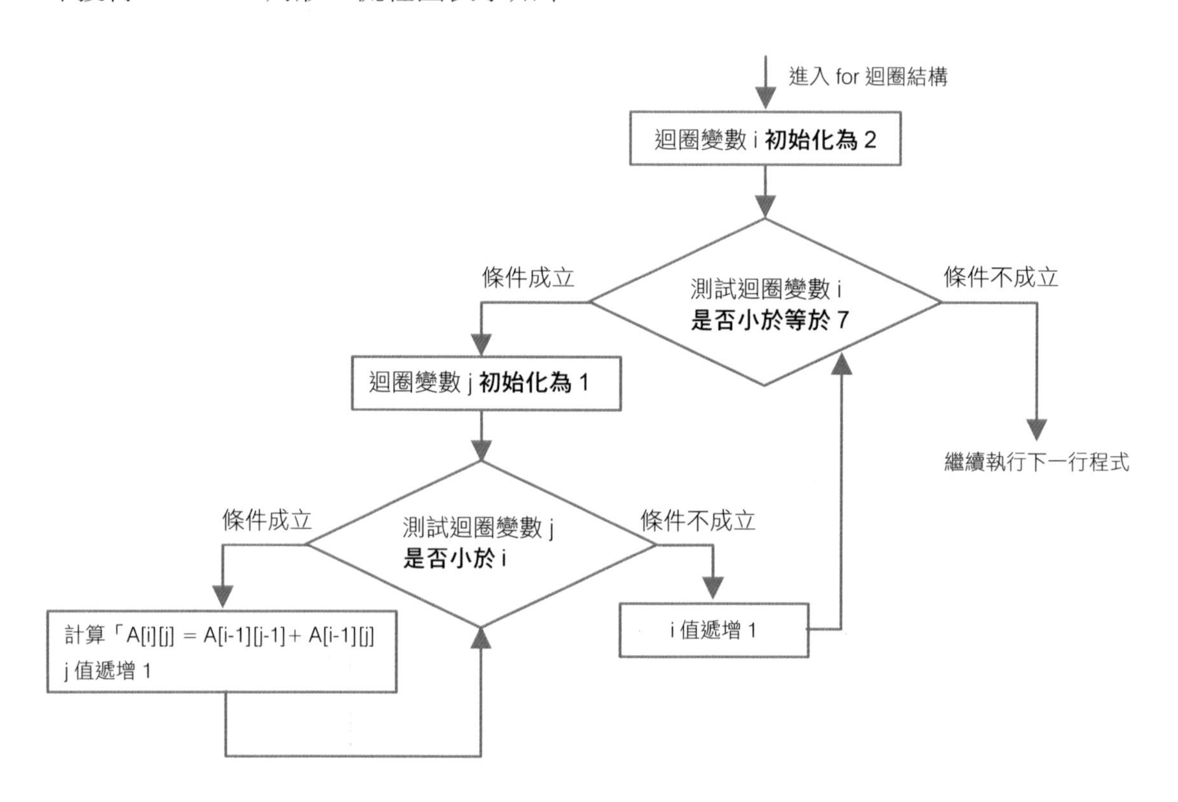

(b) 程式碼與解說

行數	程式碼
1	`using namespace std;`
2	`int main(){`
3	`  int A[8][8];`
4	`  for(int i=0;i<8;i++){`
5	`    A[i][0]=1;`
6	`    A[i][i]=1;`
7	`  }`
8	`  for(int i=2;i<8;i++){`
9	`    for(int j=1;j<i;j++){`
10	`      A[i][j]=A[i-1][j-1]+A[i-1][j];`
11	`    }`

```
12      }
13      for(int i=0;i<8;i++){
14        for(int j=0;j<=i;j++){
15          cout << A[i][j] << ",";
16        }
17        cout << endl;
18      }
19    }
```

解說

- 第 3 行：宣告 8 列 8 行二維陣列 A。
- 第 4 到 7 行：使用迴圈初始化陣列 A 的第 1 行與對角線為 1。
- 第 8 到 12 行：使用巢狀迴圈計算 Pascal 三角形，迴圈變數 i 控制列，i 從 2 到 7；迴圈變數 j 控制行，其值由 1 到(i-1)。當 i 值等於 2，j 值變化由 1 到 1，利用「A[i][j]=A[i-1][j-1]+A[i-1][j]」求 A[2][1]，外層迴圈變數 i 加 1，則 i 值等於 3，j 值變化一樣由 1 到 2，利用「A[i][j]=A[i-1][j-1]+A[i-1][j]」求 A[3][1]與 A[3][2]，不斷重複上述動作，最後填滿陣列 A 即獲得 Pascal 三角形。
- 第 13 到 18 行：使用巢狀迴圈顯示陣列 A 的結果，迴圈變數 i 控制列，迴圈變數 j 控制行。顯示矩陣 A[i][j]於螢幕（第 15 行），顯示換行於螢幕（第 17 行）。

(c) 預覽結果

按下「執行 → 編譯並執行」，結果顯示在螢幕。

```
K:\C++程式設計入門\ch8\Pascal三角形.exe
1,
1,1,
1,2,1,
1,3,3,1,
1,4,6,4,1,
1,5,10,10,5,1,
1,6,15,20,15,6,1,
1,7,21,35,35,21,7,1,

--------------------------------
Process exited after 0.04702 seconds with return value 0
請按任意鍵繼續 . . .
```

解析 APCS 程式設計觀念題

（A）1. 若 A[][] 是一個 MxN 的整數陣列，右側程式片段用以計算 A 陣列每一列的總和，以下敘述何者正確？ (106 年 3 月 APCS 第 6 題)

```
void main () {
  int rowsum = 0;
  for (int i=0; i<M; i=i+1){
    for (int j=0; j<N; j=j+1) {
      rowsum = rowsum + A[i][j];
    }
    printf("The sum of row %d is
    d.\n", i, rowsum);
  }
}
```

(A) 第一列總和是正確，但其他列總和不一定正確

(B) 程式片段在執行時會產生錯誤 (run-time error)

(C) 程式片段中有語法上的錯誤

(D) 程式片段會完成執行並正確印出每一列的總和

解析 因為第 2 行的「int rowsum = 0; 」位置不正確，須寫在「for (int i=0; i<M; i=i+1){}的下一行，每一列總和才會正確，不然只有第一列總和正確，選項(A)是正解。

（B）2. 右側程式片段執行後，count 的值為何？ (105 年 10 月 APCS 第 11 題)

(A) 36 (B) 20 (C) 12 (D) 3

```
int maze[5][5]= {{1, 1, 1, 1, 1},
                 {1, 0, 1, 0, 1},
                 {1, 1, 0, 0, 1},
                 {1, 0, 0, 1, 1},
                 {1, 1, 1, 1, 1} };
int count=0;
for (int i=1; i<=3; i=i+1) {
  for (int j=1; j<=3; j=j+1) {
    int dir[4][2] = {{-1,0}, {0,1},
                     {1,0}, {0,-1}};
    for (int d=0; d<4; d=d+1) {
      if (maze[i+dir[d][0]][j+
          dir[d][1]]==1) {
        count = count + 1;
      }
    }
  }
}
```

解析 此題找出方框內的每一個點的上下左右的點，數值為 1 的個數，累加這些個數，maze[1][1]的上下左右的點都是 1，所以累加 4；maze[1][2]只有向上的點是 1，所以累加 1；依此類推找出這九個點的上下左右的點是 1 的個數累加，所以是「4+1+3+1+2+2+3+2+2=20」，選項(B)是正解。

選擇題

( ) 1. 以下宣告二維陣列 myArray 共有幾個元素？

int myArray[4][5];

(A) 20 (B) 24 (C) 25 (D) 30

( ) 2. 存取二維陣列中每一個元素，需用到以下哪一個結構？

(A) if 結構 (B) 巢狀 if 結構 (C) 巢狀 for 迴圈 (D) select 結構

( ) 3. 程式碼如下，請問 myArray[2][3]表示是陣列 myArray 的第____列第____行的元素？

```
int myArray[3][4]
myArray[2][3] = 1
```

(A) 2,3 (B) 3,3 (C) 2,4 (D) 3,4

( ) 4. 程式碼如下，請問執行完後 B 等於？

```
int A[2,3] = {{2, 3, 4}, {5, 6, 7}}
B=A[1][1]+A[1][2]
```

(A) 5 (B) 7 (C) 11 (D) 13

程式實作

1. 九九乘法表(ch8\ex 九九乘法表.cpp)

將九九乘法表相成結果放置於二維陣列，再將印出九九乘法表，執行結果，如下圖。

```
K:\C++程式設計入門\ch8\ex九九乘法表.exe
1 2 3 4 5 6 7 8 9
2 4 6 8 10 12 14 16 18
3 6 9 12 15 18 21 24 27
4 8 12 16 20 24 28 32 36
5 10 15 20 25 30 35 40 45
6 12 18 24 30 36 42 48 54
7 14 21 28 35 42 49 56 63
8 16 24 32 40 48 56 64 72
9 18 27 36 45 54 63 72 81


--------------------------------
Process exited after 0.05518 seconds with return value 0
請按任意鍵繼續 . . .
```

2. 轉置矩陣(ch8\ex 轉置矩陣.cpp)

求 3x3 矩陣 A 的轉置矩陣，矩陣 A 的值為隨機產生介於 1 到 9 的整數值，轉置矩陣為「矩陣第 i 列第 j 行元素轉換到轉置矩陣後的第 j 列第 i 行元素」

$$A=\begin{bmatrix}1 & 2 & 3\\4 & 5 & 6\\7 & 8 & 9\end{bmatrix} \quad \text{A 的轉置矩陣為} \begin{bmatrix}1 & 4 & 7\\2 & 5 & 8\\3 & 6 & 9\end{bmatrix}$$

執行結果，如下圖。

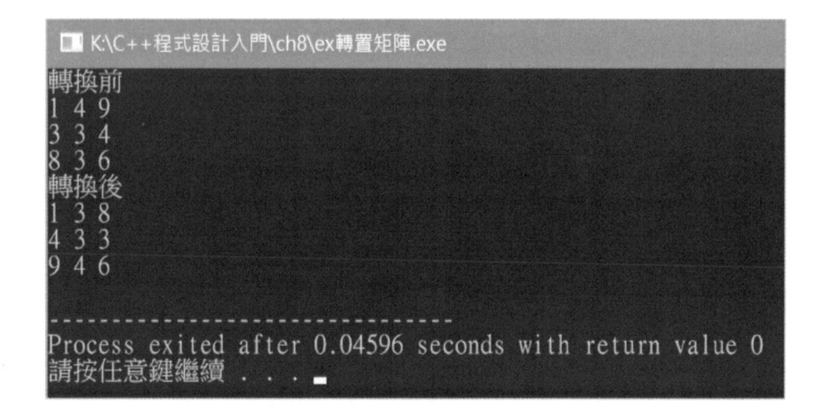

搜尋與排序

學習了程式設計的循序、選擇、迴圈與陣列等概念，希望能活用這些概念解決問題，讀者遇到問題要先分析問題、想出解決的想法，進而將想法轉換成演算法，再利用已經學會的程式語法將演算法轉換成程式，以下就以搜尋與排序進行解說。

9-1 循序搜尋

找出成績陣列中是否包含成績為 59 分的學生，找到第一個學生成績為 59 分為止。(ch9\循序搜尋.cpp)

想一想

想要找出班上第一次段考成績是否有 59 分的學生，可能需要有全班成績單，從頭開始依序找，(1)第一個學生成績是否為 59 分，若是則輸出「找到 59 分的學生」程式結束，(2)否則比較第二個學生的成績是否為 59 分，若是則輸出「找到 59 分的學生」程式結束，(3)依此類推，直到比較到最後一個學生的成績為止，(4)若全部都找不到成績 59 分的學生，則輸出「找不到 59 分的學生」。

舉例說明

(1) 第一個學生的成績(60) 是否為 59 分，若是則輸出「找到 59 分的學生」程式結束。

↓

60	90	44	98	50

(2) 否則比較第二個學生的成績(90)是否為 59 分，若是則輸出「找到 59 分的學生」程式結束。

　　　　　↓

60	90	44	98	50

(3) 否則比較第三個學生的成績(44)是否為 59 分，若是則輸出「找到 59 分的學生」程式結束。

60	90	44	98	50

(4) 否則比較第四個學生的成績(98)是否為 59 分，若是則輸出「找到 59 分的學生」程式結束。

60	90	44	98	50

(5) 否則比較第五個學生的成績(50)是否為 59 分，若是則輸出「找到 59 分的學生」程式結束。

60	90	44	98	50

(6) 若全部都找不到成績 59 分的學生，則輸出「找不到 59 分的學生」。

流程圖表示如下。

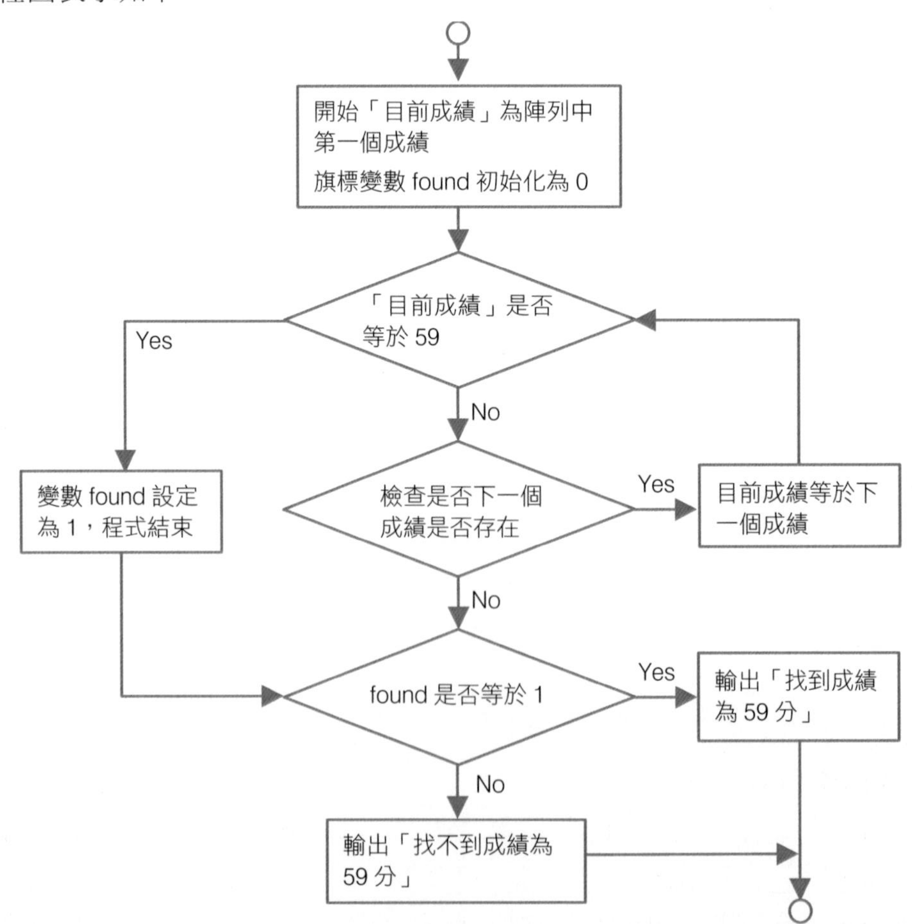

演算法說明

這樣的演算法需要成績陣列，一個迴圈(for)用於檢查成績陣列的每一個元素，若找到一個元素等於 59 分，則輸出「找到 59 分的學生」，若全部都找不到成績 59 分的學生，則輸出「找不到 59 分的學生」。

程式碼、程式碼說明與執行

(a) 程式碼與解說

行數	程式碼
1	`#include <iostream>`
2	`using namespace std;`
3	`int main(){`
4	`  int found=0,score[5]={60,90,44,98,50};`
5	`  for(int i=0;i<5;i++){`
6	`    cout << "score[" << i << "]=" << score[i] << endl;`
7	`    if (score[i] == 59){`
8	`      found=1;`
9	`      break;`
10	`    }`
11	`  }`
12	`  if (found == 1){`
13	`    cout << "找到 59 分" << endl;`
14	`  }else{`
15	`    cout << "找不到 59 分" << endl;`
16	`  }`
17	`}`

解說

- 第 4 行：宣告 found 為整數變數且初始化為 0，found 為自訂變數，賦予預設 found 為 0 表示找不到，當 found 為 1 表示找到。宣告整數陣列 score，初始化為 5 個元素的陣列，從第 1 個到第 5 個元素分別是 60、90、44、98 與 50。
- 第 5 到 11 行：for 迴圈中使用變數 i 控制，變數 i 由 0 依序變化到 4，用於存取出陣列 score 的第 1 個到第 5 個元素，若陣列 score 中的元素等於 59，將變數 found 設為 1，表示找到 59 分，跳出迴圈(第 7 到 10 行)。
- 第 12 到 16 行：若 found 等於 1，表示找到 59 分的成績，印出「找到 59 分」，否則表示找不到 59 分的成績，印出「找不到 59 分」。

(b) 預覽結果

按下「執行 → 編譯並執行」，結果顯示在螢幕。

```
K:\C++程式設計入門\ch9\循序搜尋.exe
score[0]=60
score[1]=90
score[2]=44
score[3]=98
score[4]=50
找不到59分的成績

--------------------------------
Process exited after 0.03814 seconds with return value 0
請按任意鍵繼續 . . .
```

9-2 二元搜尋

二元搜尋是對已排序資料進行尋找某筆資料是否存在，平均而言，二元搜尋比循序搜尋找到該資料的執行時間要短，也就是有較好的執行效率。找出已排序成績陣列中是否包含成績為 59 分的學生為例，進行二元搜尋概念的說明。

想一想

前節以循序搜尋方式找尋資料，從頭到尾依序找尋，但對已經由小到大排序好的資料可以使用二分搜尋方式加快找尋速度，因為已經排序可以從中間開始找，若要找的元素比中間元素值大，則往右邊找，若要找的元素比中間元素值小，則往左邊找，依此類推直到找到為止。

舉例說明

假設已排序的十個學生的成績陣列，如下圖，以二分搜尋方式找尋成績為 59 分的學生。

45	59	62	67	70	78	83	85	88	92

(1) 取第一個到第十個學生成績中間的那位學生，第六個學生的成績(78) 是否為 59 分，若是則輸出「找到 59 分的學生」程式結束。

45	59	62	67	70	78 ↓	83	85	88	92

(2) 否則因為 59 分小於 78 分，往左邊由第一到第五個學生成績中間的那位學生，第三個學生的成績(62)是否為 59 分，若是則輸出「找到 59 分的學生」程式結束。

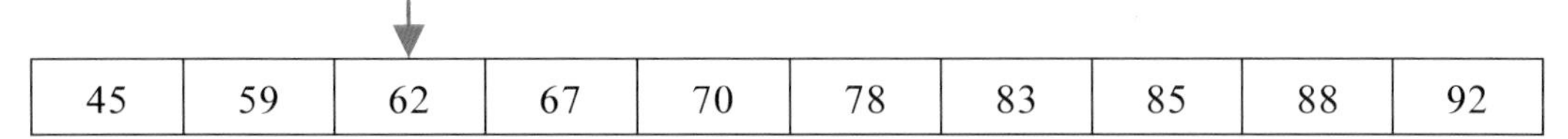

45	59	62	67	70	78	83	85	88	92

(3) 否則因為 59 分小於 62 分，往左邊由第一到第二個學生成績中間的那位學生，第二個學生的成績(59)是否為 59 分，找到 59 分的學生，輸出「找到 59 分的學生」程式結束。

45	59	62	67	70	78	83	85	88	92

流程圖表示

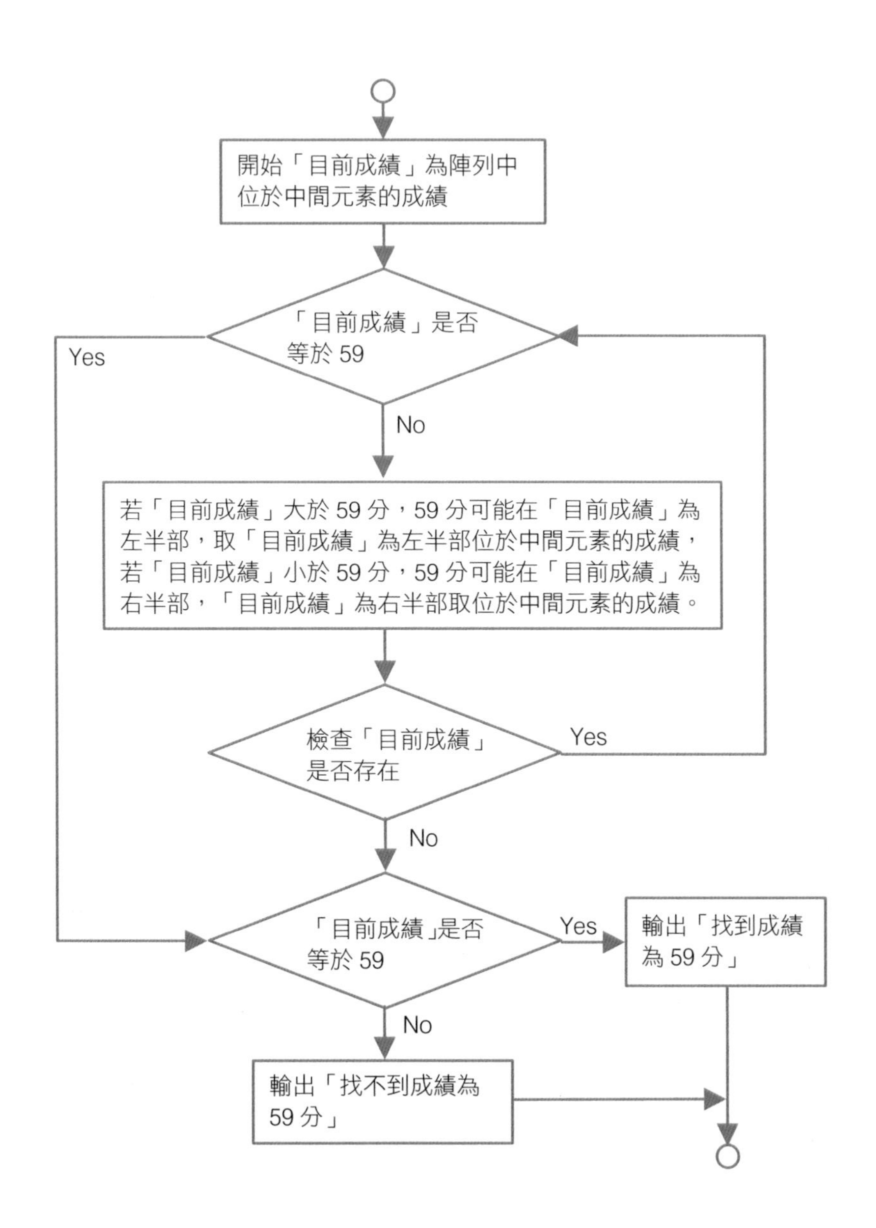

演算法說明

這樣的演算法需要一個成績陣列，事先將成績陣列由小到大排序好，一個迴圈(while)用於檢查「目前成績」是否等於 59 分，若找到一個成績等於 59 分，則輸出「找到 59 分的學生」，否則若「目前成績」大於 59 分，59 分可能在「目前成績」為左半部，「目前成績」為左半部陣列元素取位於中間元素的成績，若「目前成績」小於 59 分，59 分可能在「目前成績」為右半部，「目前成績」為右半部成績陣列取位於中間元素的成績。若找不到可以比較的「目前成績」，則輸出「找不到 59 分的學生」。

程式碼、程式碼說明與執行

(a) 程式碼與解說(ch9\二元搜尋.cpp)

行數	程式碼
1	`#include <iostream>`
2	`using namespace std;`
3	`int main(){`
4	`  int score[10]={45, 59, 62, 67, 70, 78, 83, 85, 88, 92};`
5	`  int mid=5,left=0,right=9;`
6	`  while (score[mid] != 59){`
7	`    cout << "檢查 score[" << mid << "]=" << score[mid] << "是否等於 59" << endl;`
8	`    if (left >=right){`
9	`      break;`
10	`    }`
11	`    if (score[mid] > 59) {`
12	`      right=mid-1;`
13	`    }else {`
14	`      left=mid+1;`
15	`    }`
16	`    mid=(left+right)/2;`
17	`    cout << "right 更新為" << right << endl;`
18	`    cout << "left 更新為" << left << endl;`
19	`    cout << "mid 更新為" << mid << endl;`
20	`  }`
21	`  if (score[mid] == 59){`
22	`    cout << "找到 59 分" << endl;`
23	`  } else {`
24	`    cout << "找不到 59 分" << endl;`
25	`  }`
26	`}`

解說

- 第 4 行：宣告整數陣列 score，初始化為 10 個元素的陣列，從第 1 個到第 10 個元素分別是「45, 59, 62, 67, 70, 78, 83, 85, 88, 92」。
- 第 5 行：宣告 mid 為整數變數且初始化為 5，score[mid]指向「目前成績」。宣告 left 為整數變數且初始化為 0，決定搜尋範圍的左邊界。宣告 right 為整數變數且初始化為 9，決定搜尋範圍的右邊界。
- 第 6 到 20 行：while 迴圈中 mid 為「目前成績」的陣列索引，判斷 score[mid]是否為 59，若不是則繼續迴圈；若是則跳出迴圈。
- 第 7 行：顯示目前成績 score[mid]於螢幕。
- 第 8 到 10 行：若 left 大於等於 right 表示搜尋範圍已經沒有元素了。
- 第 11 到 15 行：若「目前成績」大於 59 表示搜尋左半部，將 right 改成 mid-1(第 12 行)，否則表示搜尋右半部，將 left 改成 mid+1(第 14 行)，讓陣列索引變數 left 與 right 指向新的搜尋範圍。
- 第 16 行：mid 改成取變數 left 與 right 指向新的搜尋範圍的中間，也就是 left 與 right 相加除以 2 取整數。
- 第 17 到 19 行：顯示 right、left 與 mid 於螢幕。
- 第 21 到 25 行：若 score[mid]等於 59，顯示「找到 59 分」，否則顯示「找不到 59 分」。

(b) 預覽結果

按下「執行 → 編譯並執行」，結果顯示在螢幕如下。

```
K:\C++程式設計入門\ch9\二元搜尋.exe
檢查score[5]=78是否等於59
right更新為4
left更新為0
mid更新為2
檢查score[2]=62是否等於59
right更新為1
left更新為0
mid更新為0
檢查score[0]=45是否等於59
right更新為1
left更新為1
mid更新為1
找到59分

--------------------------------
Process exited after 0.04491 seconds with return value 0
請按任意鍵繼續 . . .
```

9-3 氣泡排序

隨機產生一個陣列五個元素，並將這五個元素由小到大排序。(ch9\氣泡排序.cpp)

想一想

現在有一個簡單的想法，若要將五個元素的最大一個元素放到陣列最後一個元素，可以比較第一個元素與第二個元素，若第一個元素比第二個元素大，則第一個元素與第二個元素交換，再比較第二個元素與第三個元素，若第二個元素比第三個元素大，則第二個元素與第三個元素交換，目前第三個元素為三個元素最大的，再比較第三個元素與第四個元素，若第三個元素比第四個元素大，則第三個元素與第四個元素交換，目前第四個元素為四個元素最大的，再比較第四個元素與第五個元素，若第四個元素比第五個元素大，則第四個元素與第五個元素交換，目前第五個元素為五個元素最大的，如此我們已經將最大元素放到陣列最後一個元素。依此類推，將範圍改成第一到第四個元素，照上述方式可以將四個中最大元素放到陣列第四個元素。同理，將範圍改成第一到第三個元素，照上述方式可以將三個中最大元素放到陣列第三個元素。依此類推，將範圍改成第一到第二個元素，照上述方式可以將兩個中最大元素放到陣列第二個元素。到此已經完成陣列資料的排序，此排序方法為「**氣泡排序**」。

舉例說明

假設隨機產生五個陣列元素，如下圖。

60	90	44	82	50

(1) 比較第一個元素(60)與第二個(90)元素，若第一個元素比第二個元素大，則第一個元素與第二個元素交換。

60	90	44	82	50

(2) 再比較第二個元素(90)與第三個元素(44)，若第二個元素比第三個元素大，則第二個元素與第三個元素交換，目前第三個元素(90)為三個元素最大的。

60	44	90	82	50

(3) 再比較第三個元素(90)與第四個元素(82)，若第三個元素比第四個元素大，則第三個元素與第四個元素交換，目前第四個元素(90)為四個元素最大的。

60	44	82	90	50

(4) 再比較第四個元素(90)與第五個元素(50)，若第四個元素比第五個元素大，則第四個元素與第五個元素交換，目前第五個元素(90)為五個元素最大的，如此我們已經將最大元素放到陣列最後一個元素。

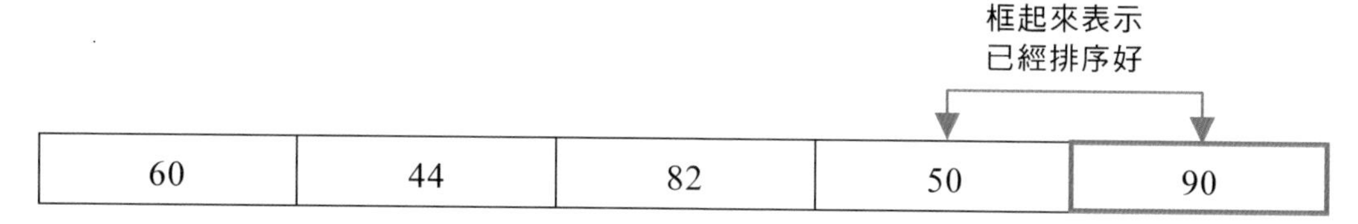

(5) 依此類推，將範圍改成第一到第四個元素，比較第一個元素(60)與第二個(44)元素，若第一個元素比第二個元素大，則第一個元素與第二個元素交換。

44	60	82	50	90

(6) 比較第二個元素(60)與第三個(82)元素，若第二個元素比第三個元素大，則第二個元素與第三個元素交換。

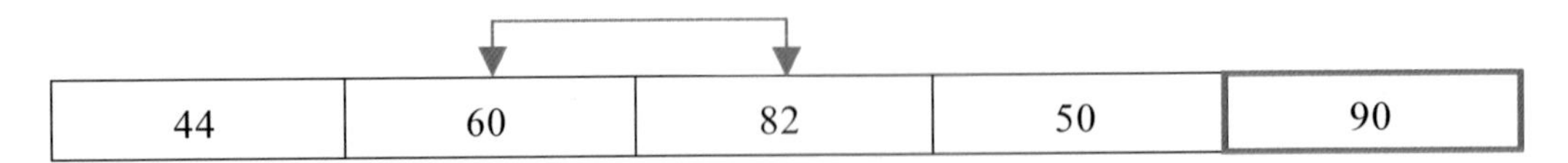

(7) 比較第三個元素(82)與第四個(50)元素，若第三個元素比第四個元素大，則第三個元素與第四個元素交換，照上述方式可以將四個中最大元素放到陣列第四個元素。

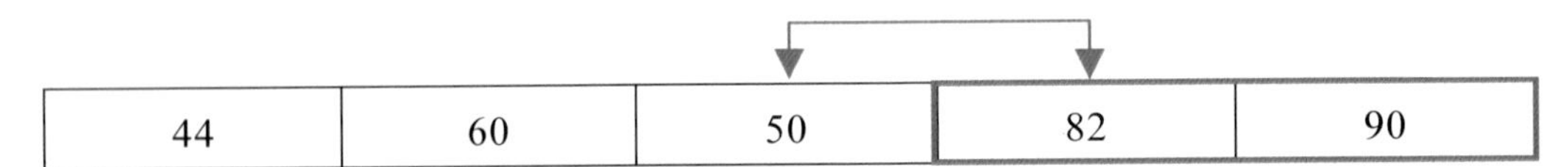

(8) 依此類推，將範圍改成第一到第三個元素，比較第一個元素(44)與第二個(60)元素，若第一個元素比第二個元素大，則第一個元素與第二個元素交換。

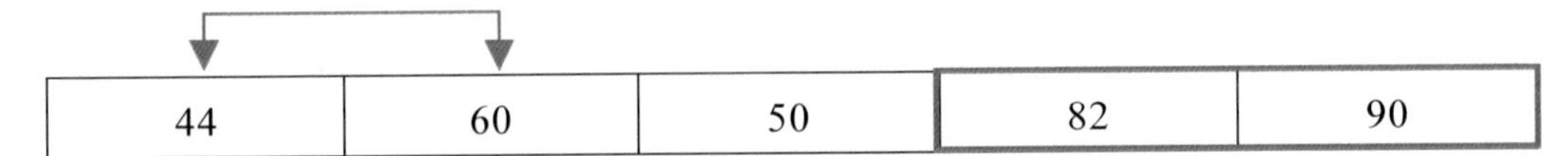

(9) 比較第二個元素(60)與第三個(50)元素，若第二個元素比第三個元素大，則第二個元素與第三個元素交換，照上述方式可以將三個中最大元素放到陣列第三個元素。

44	50	60	82	90

(10) 依此類推，將範圍改成第一到第二個元素，比較第一個元素(44)與第二個(50)元素，若第一個元素比第二個元素大，則第一個元素與第二個元素交換，照上述方式可以將兩個中較大元素放到陣列第二個元素，範圍內只有一個元素就不用排序了，到此已完成排序。

44	50	60	82	90

流程圖表示

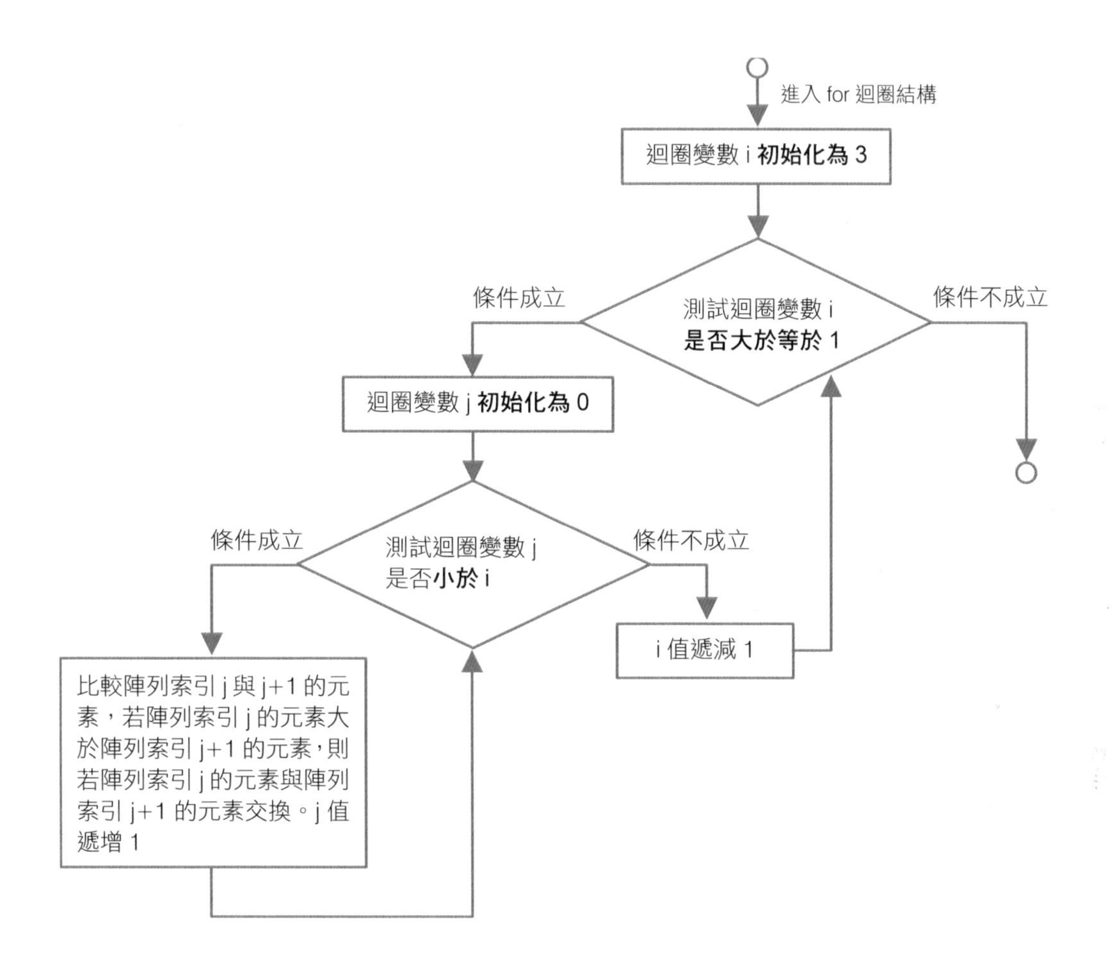

演算法說明(排序 10 個數)

需要一個陣列，隨機產生 10 個數置於陣列中，使用巢狀迴圈(for)，外層迴圈控制要排序陣列元素的上限範圍，內層迴圈用於從頭比較相鄰兩元素，前面比後面大則交換，再比較下兩個相鄰的元素，直到外層迴圈所限制的上限，可以確保最大元素在最後面，內層迴圈結束，外層迴圈變數減一，縮小排序範圍，內層迴圈從頭比較相鄰兩元素，前面比後面大則交換，再比較下兩個相鄰的元素，直到外層迴圈所限制的上限，可以確保縮小排序範圍中最大元素在最後面，重複上述步驟，縮小排序範圍將最大置於最後面，直到剩下一個元素，就排序完成。

程式碼、程式碼說明與執行

(a) 程式碼與解說

行數	程式碼
1	`#include <iostream>`
2	`#include <ctime>`
3	`#include <cstdlib>`
4	`using namespace std;`
5	`int main(){`
6	`  int A[10],tmp;`
7	`  srand(time(NULL));`
8	`  for (int i=0;i<10;i++){`
9	`    A[i]=rand()%100+1;`
10	`    cout << "A[" << i << "]=" << A[i] << endl;`
11	`  }`
12	`  for(int i=9;i>=1;i--){`
13	`    for(int j=0;j<i;j++){`
14	`      if (A[j]>A[j+1]){`
15	`        tmp=A[j];`
16	`        A[j]=A[j+1];`
17	`        A[j+1]=tmp;`
18	`      }`
19	`    }`
20	`  }`
21	`  cout << "排序後" <<endl;`
22	`  for (int i=0;i<10;i++){`
23	`    cout << "A[" << i << "]=" << A[i] << endl;`
24	`  }`
25	`}`

解說

- 第 6 行：宣告 10 個元素的整數陣列 A，宣告 tmp 為整數變數。
- 第 7 行：初始化隨機函式。
- 第 8 到 11 行：使用 for 迴圈隨機產生陣列 A 元素的值，其值介於 1 到 100 的整數。顯示陣列 A 的元素。
- 第 12 到 20 行：氣泡排序演算法，外層迴圈變數 i，控制內層迴圈變數 j 的上限，迴圈變數 i 由 9 到 1，每次遞減 1，內層迴圈 j 由 0 到(i-1)，每次遞增 1，第 14 到 18 行比較相鄰兩數，前面比後面大就交換，第 15 到 17 行表示交換兩數，補充說明如後。

- 第 21 行：顯示「排序後」。
- 第 22 到 24 行：顯示排序後陣列所有元素。

(b) 預覽結果

按下「執行 → 編譯並執行」，結果顯示在螢幕如下。

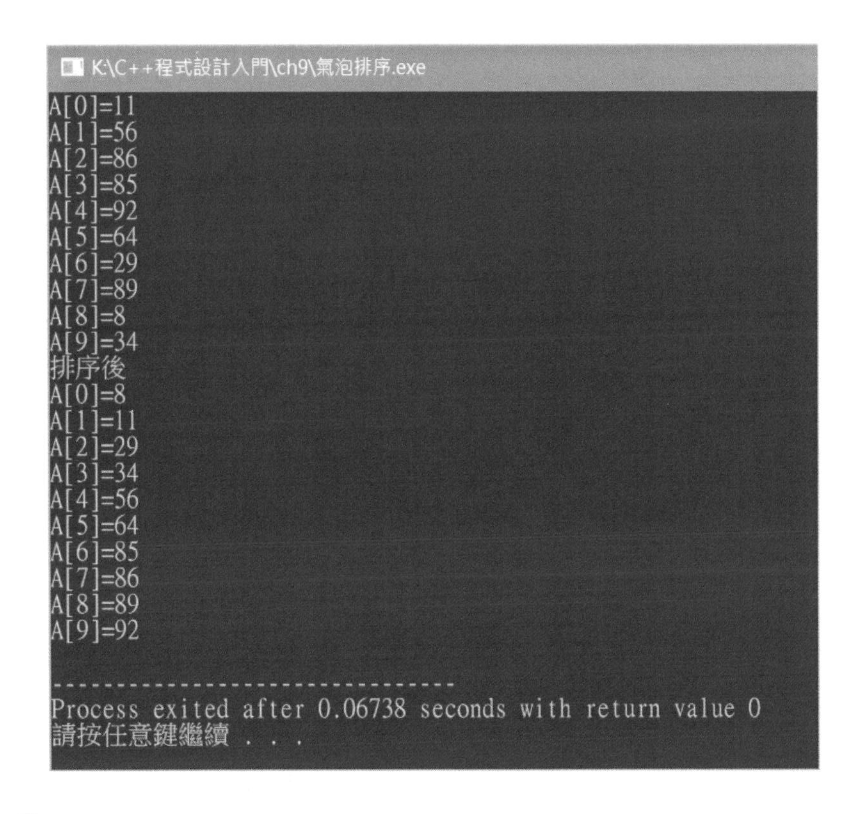

充電時間 交換兩數

程式中交換兩數要使用暫存變數，本範例中命名暫存變數為 tmp，要先將兩數其中一個數暫存於暫存變數，如此交換過程之中才不會有資料遺失問題，解說如下，假設交換陣列 score[i]與 score[j]兩元素。

交換前記憶體狀態

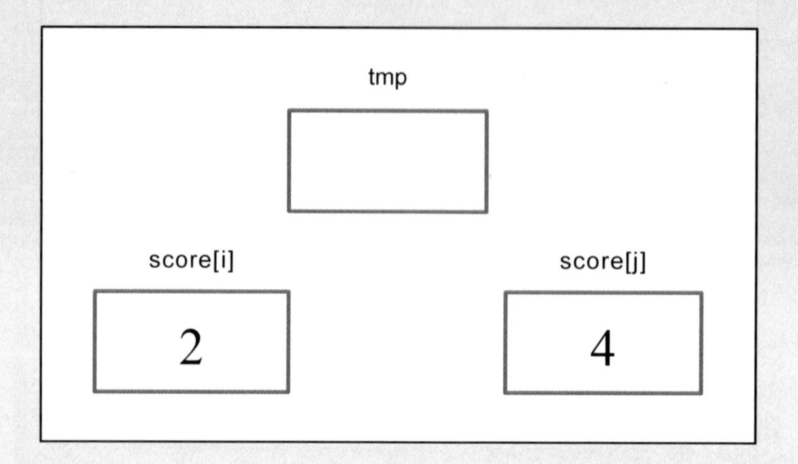

執行 tmp=score[j]後記憶體狀態。

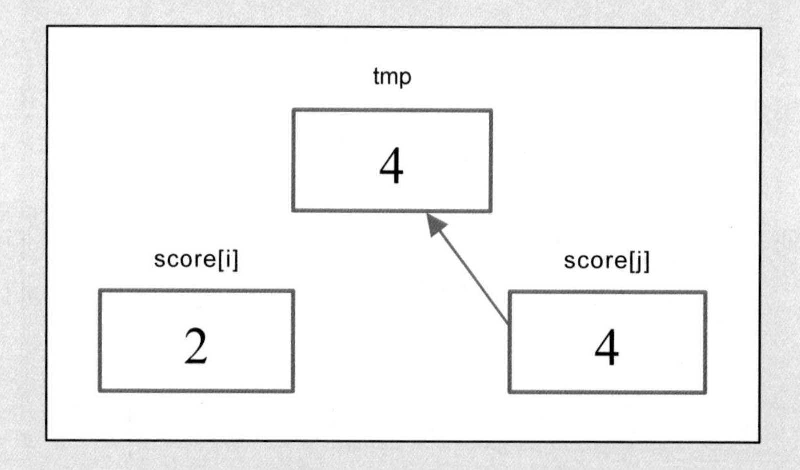

執行 score[j]=score[i]後記憶體狀態。

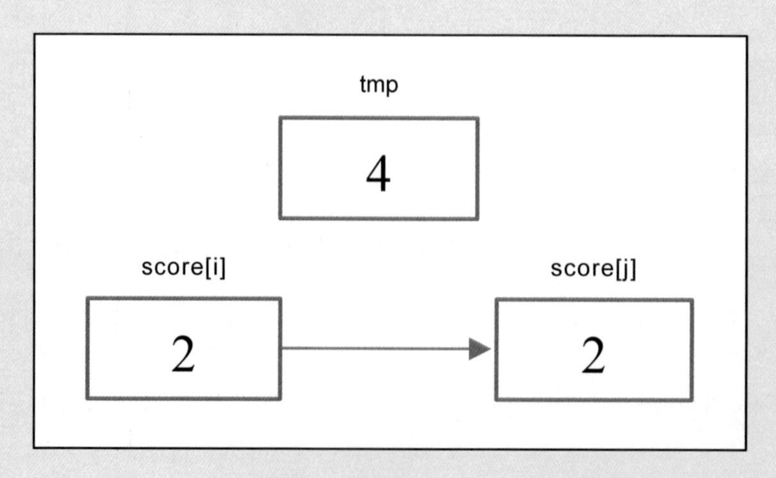

執行 score[i]=tmp 後記憶體狀態，到此已將兩數交換。

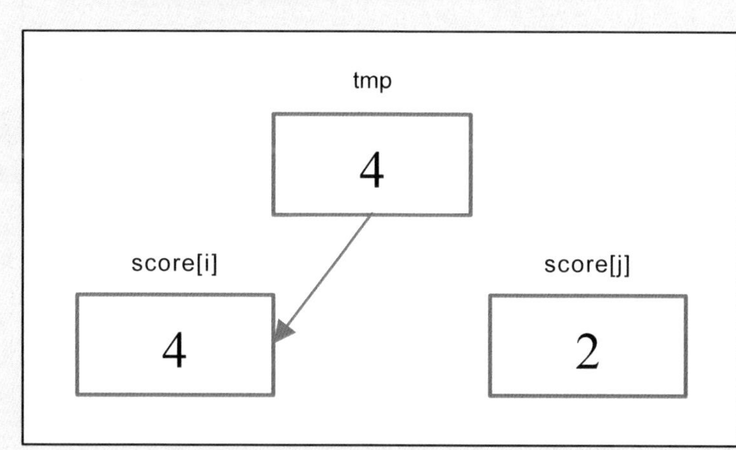

9-4 選擇排序前言－找出陣列中最大值

找出成績陣列中的最高分，假設陣列只有 5 個元素，且每個元素的值皆不相同。(ch9\找最大值.cpp)

想一想

想要找出班上第一次段考成績最高分的學生，可能需要有全班成績，從頭開始依序找，(1)先令「目前為止最高分的成績」為第一個學生成績，(2)比較「目前為止最高分的成績」與第二個學生的成績，較高者暫存到「目前為止最高分的成績」(3)再比較「目前為止最高分的成績」與第三個學生的成績比較，較高者暫存到「目前為止最高分的成績」，(4)再比較「目前為止最高分的成績」與第四個學生的成績比較，較高者暫存到「目前為止最高分的成績」，(5)依此類推，直到比較到最後一個學生的成績為止，如此最高分就會被找到。

舉例說明

(1) 令「目前為止最高分的成績」為第一個學生的成績(60)。

(2) 比較第一個(60)跟第二個學生(90)的成績，較高者(90)暫存到「目前為止最高分的成績」。

(3) 「目前為止最高分成績」(90)與第三個學生(44)的成績比較，「目前為止最高分的成績」不變。

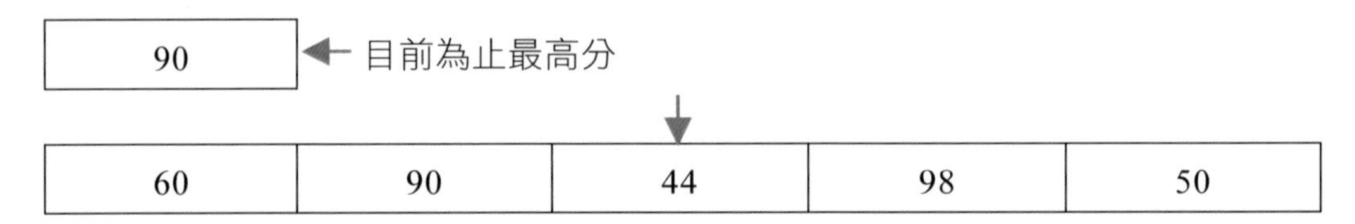

(4) 「目前為止最高分成績」(90)與第四個學生(98)的成績比較，較高者(98)暫存到「目前為止最高分的成績」。

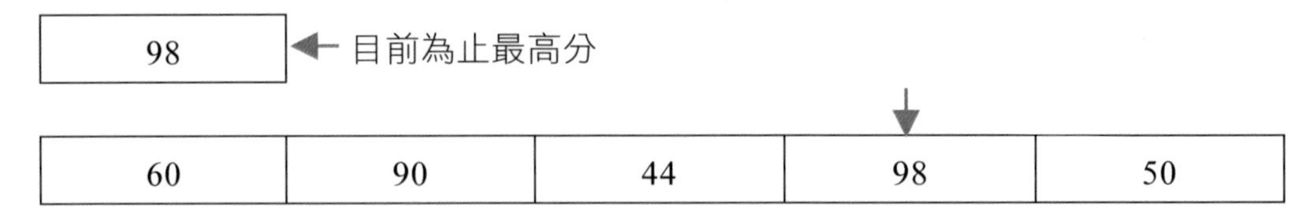

(5) 「目前為止最高分成績」(98)與第五個學生(50)的成績比較，「目前為止最高分的成績」不變。

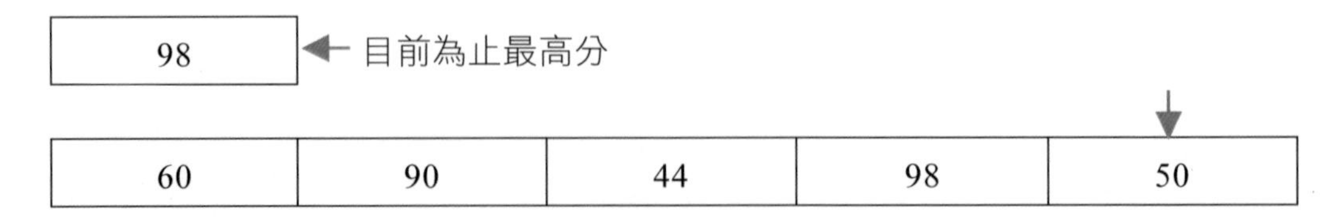

流程圖表示

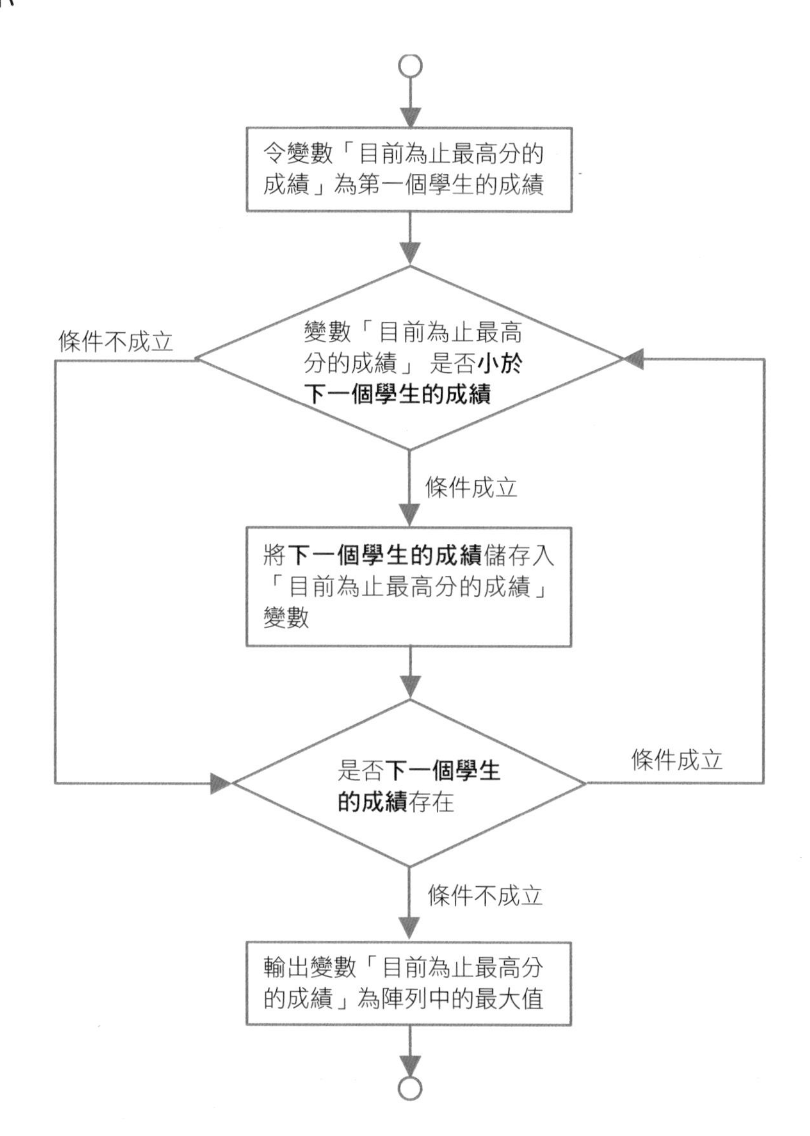

演算法說明

這樣的演算法需要一個全班成績陣列，一個迴圈(for)用於檢查全班成績陣列的每一個元素，一個變數用於儲存「目前為止的最高分」，一個選擇判斷(if)用於比較**迴圈目前所檢查的學生成績**與**「目前為止的最高分」變數**，若**「目前為止的最高分」變數**小於**迴圈目前所檢查的學生成績**，則**「目前為止的最高分」變數**設定為**迴圈目前所檢查的學生成績**。

程式碼、程式碼說明與執行

(a) 程式碼與解說

行數	程式碼
1	`#include <iostream>`
2	`using namespace std;`
3	`int main(){`
4	`  int A[5]={60,90,44,98,50};`
5	`  int max=A[0];`
6	`  for (int i=0;i<5;i++){`
7	`    cout << "A[" << i << "]=" << A[i] << endl;`
8	`  }`
9	`  for (int i=1;i<5;i++){`
10	`    if (max < A[i]) {`
11	`      max=A[i];`
12	`    }`
13	`  }`
14	`  cout << "陣列最大值為" << max << endl;`
15	`}`

解說

- 第 4 行：宣告陣列 A 為整數陣列，且初始化陣列 A 的第 1 個元素為 60、第 2 個元素為 90、第 3 個元素為 44、第 4 個元素為 98、第 5 個元素為 50。
- 第 5 行：宣告變數 max 為整數，且初始化為陣列 A 的第 1 個元素。
- 第 6 到 8 行：顯示陣列每一個元素。
- 第 9 到 13 行：使用 for 迴圈依序取出第 2 到 5 個元素與到目前為止最大值（max）比較，若陣列中元素大於目前為止最大值（max），則將陣列中元素儲存入目前為止最大值（max）(第 10 到 12 行)。
- 第 14 行：在螢幕顯示陣列中最大值。

(b) 預覽結果

按下「執行 → 編譯並執行」，結果顯示在螢幕如下。

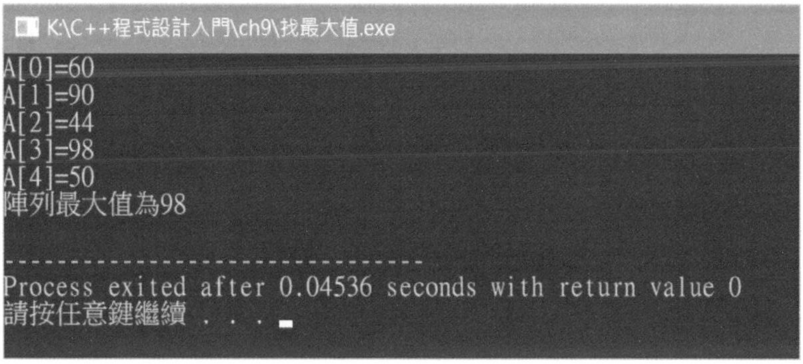

```
K:\C++程式設計入門\ch9\找最大值.exe
A[0]=60
A[1]=90
A[2]=44
A[3]=98
A[4]=50
陣列最大值為98

--------------------------------
Process exited after 0.04536 seconds with return value 0
請按任意鍵繼續 . . .
```

9-5 選擇排序

隨機產生一個陣列五個元素，並將這五個元素由小到大排序。(ch9\選擇排序.cpp)

想一想

現在有一個簡單的想法，先找出五個元素的最大一個元素，將他與陣列最後一個元素交換，如此我們已經將最大元素放到陣列最後一個元素；依此類推，將範圍改成第一到第四個元素，照上述方式可以找出四個中最大元素與陣列第四個元素交換；將範圍改成第一到第三個元素，照上述方式可以找出三個中最大元素與陣列第三個元素交換；將範圍改成第一到第二個元素，照上述方式可以找出兩個中較大元素與陣列第二個元素交換。到此已經完成陣列資料的排序，此排序方法為「選擇排序」。

舉例說明

假設隨機產生五個陣列元素，如下圖。

60	90	44	82	50

(1) 初始化陣列索引 max 指向第一個元素(60)，將第一個元素視為最大值。

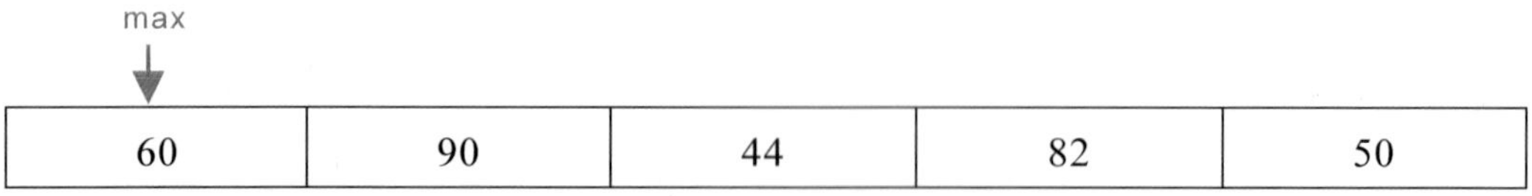

max ↓

60	90	44	82	50

(2) 比較陣列索引 max 指向元素(60)與陣列第二個元素(90)，若陣列第二個元素大於陣列索引 max 指向元素，陣列索引 max 指向第二個元素。

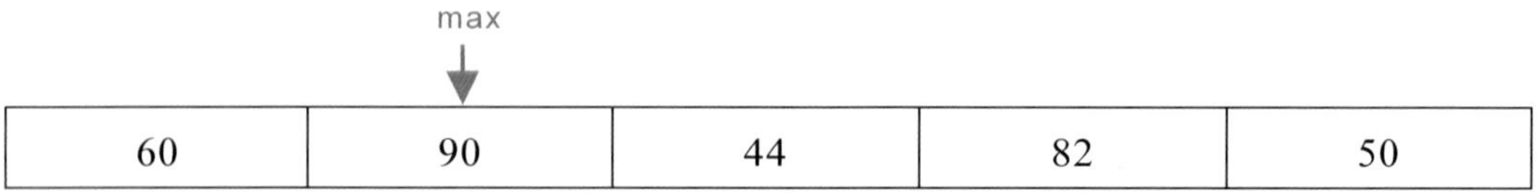

max ↓

60	90	44	82	50

(3) 比較陣列索引 max 指向元素(90)與陣列第三個元素(44)，若陣列第三個元素大於陣列索引 max 指向元素，陣列索引 max 指向第三個元素。

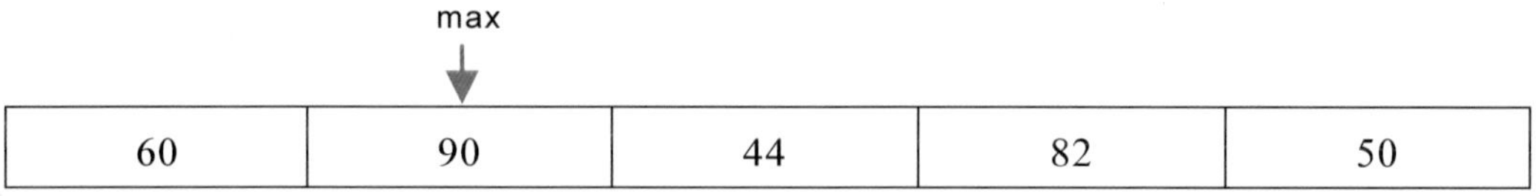

max ↓

60	90	44	82	50

(4) 比較陣列索引 max 指向元素(90)與陣列第四個元素(82)，若陣列第四個元素大於陣列索引 max 指向元素，陣列索引 max 指向第四個元素。

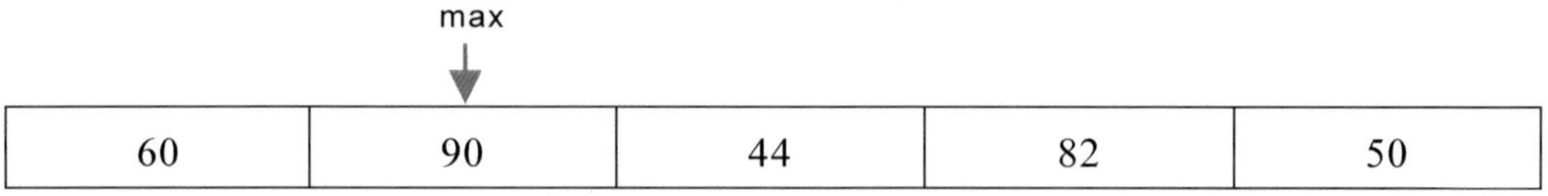

max ↓

60	90	44	82	50

(5) 比較陣列索引 max 指向元素(90)與陣列第五個元素(50)，若陣列第五個元素大於陣列索引 max 指向元素，陣列索引 max 指向第五個元素。

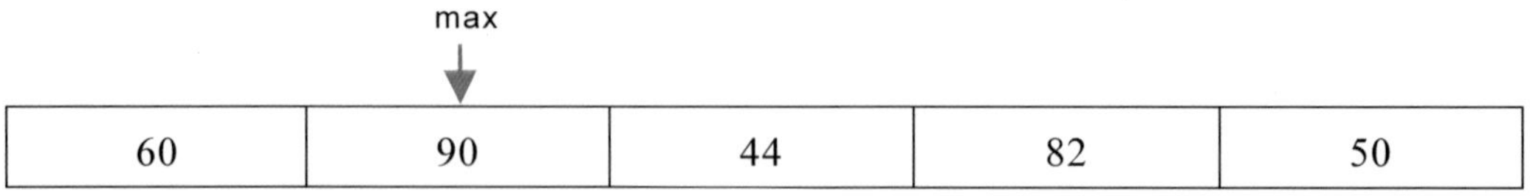

max ↓

60	90	44	82	50

(6) 將陣列索引 max 指向元素(90)與陣列第五個元素(50)交換。

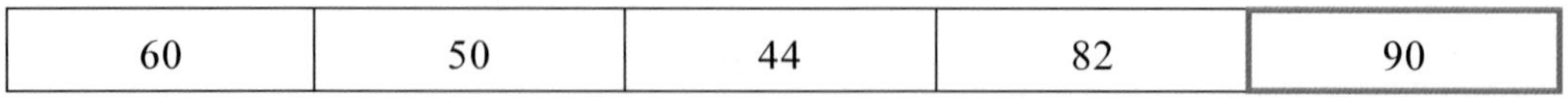

60	50	44	82	90

(7) 依此類推，將範圍改成第一到第四個元素，陣列索引 max 指向第一個元素，將第一個元素視為最大值。

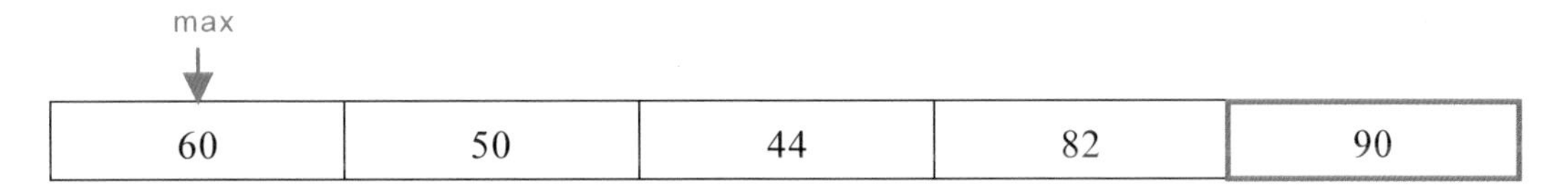

(8) 比較陣列索引 max 指向元素(60)與陣列第二個元素(50)，若陣列第二個元素大於陣列索引 max 指向元素，陣列索引 max 指向第二個元素。

max				
60	50	44	82	90

(9) 比較陣列索引 max 指向元素(60)與陣列第三個元素(44)，若陣列第三個元素大於陣列索引 max 指向元素，陣列索引 max 指向第三個元素。

max				
60	50	44	82	90

(10) 比較陣列索引 max 指向元素(60)與陣列第四個元素(82)，若陣列第四個元素大於陣列索引 max 指向元素，陣列索引 max 指向第四個元素。

			max	
60	50	44	82	90

(11) 將陣列索引 max 指向元素與陣列第四個元素交換。

60	50	44	82	90

(12) 依此類推，將範圍改成第一到第三個元素，陣列索引 max 指向第一個元素，將第一個元素視為最大值。

max				
60	50	44	82	90

(13) 比較陣列索引 max 指向元素(60)與陣列第二個元素(50)，若陣列第二個元素大於陣列索引 max 指向元素，陣列索引 max 指向第二個元素。

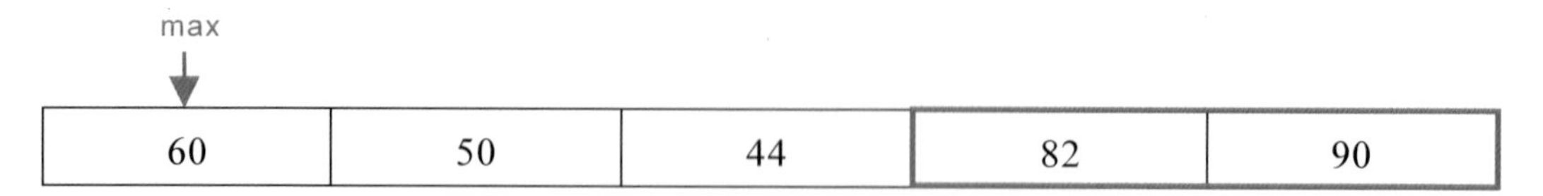

(14) 比較陣列索引 max 指向元素(60)與陣列第三個元素(44)，若陣列第三個元素大於陣列索引 max 指向元素，陣列索引 max 指向第三個元素。

max ↓ (60)

60	50	44	82	90

(15) 將陣列索引 max 指向元素與陣列第三個元素交換。

44	50	60	82	90

(16) 依此類推，將範圍改成第一到第二個元素，陣列索引 max 指向第一個元素，將第一個元素視為最大值。

max ↓ (44)

44	50	60	82	90

(17) 比較陣列索引 max 指向元素(44)與陣列第二個元素(50)，若陣列第二個元素大於陣列索引 max 指向元素，陣列索引 max 指向第二個元素。

max ↓ (50)

44	50	60	82	90

(18) 將陣列索引 max 指向元素與陣列第二個元素交換。

44	50	60	82	90

(19) 剩下一個元素程式結束，排序完成。

44	50	60	82	90

流程圖表示(排序 5 個數)

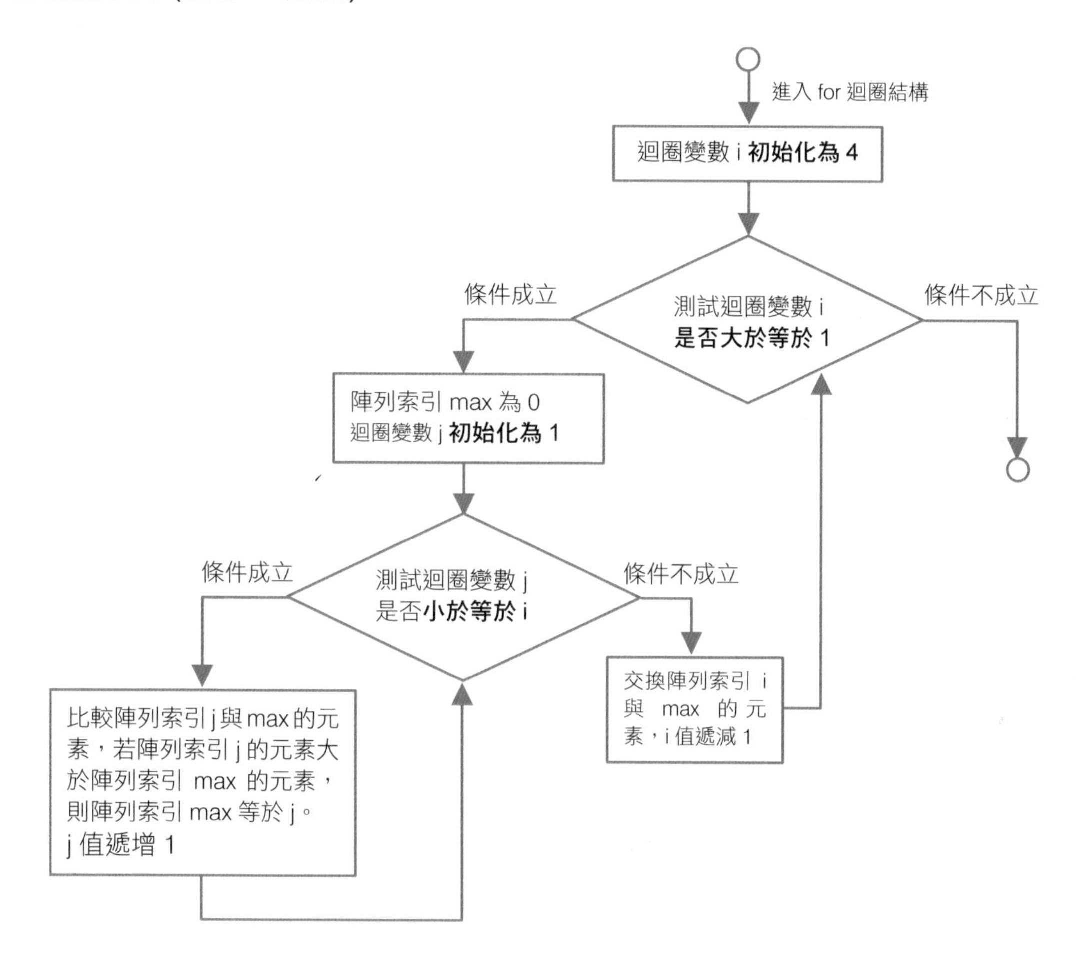

演算法說明(排序 10 個數)

Step1a 需要一個陣列，隨機產生 10 個數儲存於陣列中，使用巢狀迴圈(for)，外層迴圈變數 i 控制要排序陣列元素的上限範圍，陣列索引 max 指向目前最大元素，初始化為 0，內層迴圈變數使用變數 j，初始化為 1，若內層迴圈變數 j 所指向的陣列元素大於陣列索引 max 所指元素，則陣列索引 max 令為內層迴圈變數 j 的值，j 值加 1。

Step1b 再比較次比較陣列索引 max 所指元素與內層迴圈變數 j 所指向的陣列元素，若內層迴圈變數 j 所指向的陣列元素大於陣列索引 max 所指元素，則陣列索引 max 令為內層迴圈變數 j 的值，直到外層迴圈變數 i 所限制的上限，可以確保陣列索引 max 指向陣列的最大元素。

Step1c 將陣列索引 max 所指向元素與目前排序範圍的陣列最後一個元素交換，內層迴圈結束。

Step2a 外層迴圈變數減一，縮小排序範圍內層迴圈重新執行，陣列索引 max 指向目前最大元素，初始化為 0，內層迴圈變數使用變數 j，j 初始化為 1，若內層迴圈變數 j 所指向的陣列元素大於陣列索引 max 所指元素，則陣列索引 max 令為內層迴圈變數 j 的值，j 值加 1。

Step2b 再比較次比較陣列索引 max 所指元素與內層迴圈變數 j 所指向的陣列元素，若內層迴圈變數 j 所指向的陣列元素大於陣列索引 max 所指元素，則陣列索引 max 令為內層迴圈變數 j 的值，直到外層迴圈變數 i 所限制的上限，可以確保陣列索引 max 指向陣列的最大元素。

Step2c 將陣列索引 max 所指向元素與目前排序範圍的陣列最後一個元素交換，可以確保縮小排序範圍中最大元素在最後面。

Step3 重複上述步驟，縮小排序範圍將最大置於排序範圍的最後面，直到剩下一個元素，就排序完成。

程式碼、程式碼說明與執行

(a) 程式碼與解說

行數	程式碼
1	`#include <iostream>`
2	`#include <ctime>`
3	`#include <cstdlib>`
4	`using namespace std;`
5	`int main(){`
6	`  int A[10],max_index,tmp;`
7	`  srand(time(NULL));`
8	`  for (int i=0;i<10;i=i+1){`
9	`    A[i]=rand()%100+1;`
10	`    cout << "A[" << i << "]=" << A[i] << endl;`
11	`  }`
12	`  for (int i=9;i>0;i=i-1){`
13	`    max_index=0;`
14	`    for (int j=1;j<=i;j=j+1){`
15	`      if (A[max_index] < A[j]) {`
16	`        max_index=j;`
17	`      }`
18	`    }`

```
19        tmp=A[max_index];
20        A[max_index]=A[i];
21        A[i]=tmp;
22      }
23      cout << "排序後" << endl;
24      for (int i=0;i<10;i++){
25        cout << "A[" << i << "]=" << A[i] << endl;
26      }
27    }
```

解說

- 第 6 行：宣告十個元素的整數陣列 A。宣告 tmp 為整數變數。宣告 max_index 為整數變數，為陣列索引指向陣列目前最大元素。
- 第 7 行：初始化隨機函式。
- 第 8 到 11 行：使用 for 迴圈隨機產生陣列 A 元素的值，其值介於 1 到 100 的整數。顯示陣列 A 所有元素於螢幕。
- 第 12 到 22 行：選擇排序演算法，外層迴圈變數 i，控制內層迴圈變數 j 的上限，迴圈變數 i 由 9 到 1，每次遞減 1。
- 第 13 行：初始化陣列索引 max_index 為 0
- 第 14 到 18 行：內層迴圈 j 由 1 到 i，每次遞增 1，第 15 到 17 行比較陣列索引 j 與陣列索引 max_index，若陣列索引 j 元素值大於陣列索引 max_index 元素值，則陣列索引 max_index 令為 j。
- 第 19 到 21 行：陣列索引 max_index 之元素與陣列索引 i 之元素交換。
- 第 23 行：顯示「排序後」於螢幕。
- 第 24 到 26 行：顯示排序後陣列 A 所有元素。

(b) 預覽結果

按下「執行 → 編譯並執行」，結果顯示在螢幕如下。

```
K:\C++程式設計入門\ch9\選擇排序.exe
A[0]=6
A[1]=25
A[2]=82
A[3]=70
A[4]=9
A[5]=32
A[6]=93
A[7]=20
A[8]=24
A[9]=75
排序後
A[0]=6
A[1]=9
A[2]=20
A[3]=24
A[4]=25
A[5]=32
A[6]=70
A[7]=75
A[8]=82
A[9]=93

--------------------------------
Process exited after 0.05741 seconds with return value 0
請按任意鍵繼續 . . .
```

解析 APCS 程式設計觀念題

（C）1. 若 A 是一個可儲存 n 筆整數的陣列，且資料儲存於 A[0]~A[n-1] 經過右側程式碼運算後，以下何者敘述不一定正確？

(106 年 3 月 APCS 第 5 題)

```
int A[n]={ … };
int p = q = A[0];
for (int i=1; i<n; i=i+1) {
  if (A[i] > p)
    p = A[i];
  if (A[i] < q)
    q = A[i];
}
```

(A) p 是 A 陣列資料中的最大值

(B) q 是 A 陣列資料中的最小值

(C) q < p

(D) A[0] <= p

解析 若 A[i]大於 p，p 就更新為 A[i]，p 是 A 陣列資料中的最大值。若 A[i]小於 q，q 就更新為 A[i]，q 是 A 陣列資料中的最小值。因為 p 是 A 陣列資料中的最大值，所以選項(D)是正確的。選項(C)q 不一定小於 p，因為若陣列元素都相同，則 q 等於 p。

（C）2. 右側程式碼執行後輸出結果為何？(105 年 10 月 APCS 第 5 題)

(A) 2 4 6 8 9 7 5 3 1 9

(B) 1 3 5 7 9 2 4 6 8 9

(C) 1 2 3 4 5 6 7 8 9 9

(D) 2 4 6 8 5 1 3 7 9 9

```
int a[9] = {1, 3, 5, 7, 9, 8, 6, 4, 2};
int n=9, tmp;
for (int i=0; i<n; i=i+1) {
  tmp = a[i];
  a[i] = a[n-i-1];
  a[n-i-1] = tmp;
}
for (int i=0; i<=n/2; i=i+1)
  printf("%d %d", a[i], a[n-i-1]);
```

解析 迴圈「for (int i=0; i<n; i=i+1)」執行完成後，陣列 a 沒有改變。迴圈「for (int i=0; i<=n/2; i=i+1)」每次顯示第一個與最後一個數字，當 i 等於 0 時，顯示「1 2」；當 i 等於 1 時，顯示「3 4」；當 i 等於 2 時，顯示「5 6」；當 i 等於 3 時，顯示「7 8」；當 i 等於 4 時，顯示「9 9」，選項(C)為正解。

（D）3. 給定一整數陣列 a[0]、a[1]、…、a[99]且 a[k]=3k+1，以 value=100 呼叫以下兩函式，假設函式 f1 及 f2 之 while 迴圈主體分別執行 n1 與 n2 次 (i.e, 計算 if 敘述執行次數，不包含 else if 敘述)，請問 n1 與 n2 之值為何? 註：(low + high)/2 只取整數部分。 (105 年 3 月 APCS 第 3 題)

(A) n1=33, n2=4 (B) n1=33, n2=5

(C) n1=34, n2=4 (D) n1=34, n2=5

```
int f1(int a[], int value) {
  int r_value = -1;
  int i = 0;
  while (i < 100) {
    if (a[i] == value) {
      r_value = i;
      break;
    }
    i = i + 1;
  }
  return r_value;
}
```

```
int f2(int a[], int value) {
  int r_value = -1;
  int low = 0, high = 99;
  int mid;
  while (low <= high) {
    mid = (low + high)/2;
    if (a[mid] == value) {
      r_value = mid;
      break;
    }
    else if (a[mid] < value) {
      low = mid + 1;
    }
    else {
      high = mid - 1;
    }
  }
  return r_value;
}
```

解析 函式 f1 為循序搜尋，找出陣列 a 數值 100 的元素，a[33]等於 100，變數 i 由 0 到 33，每次遞增 1，執行 34 次，所以 n1 等於 34。

函式 f2 為二元搜尋，執行過程如下表，執行到第五次跳出迴圈，所以 n2 等於 5。綜合上述結果(D)為正解。

	low	high	mid	a[mid]
比較第一次	0	99	49	148
比較第二次	0	48	24	73
比較第三次	25	48	36	109
比較第四次	25	35	30	91
比較第五次	31	35	33	100

（B）4. 若 A[1]、A[2]，和 A[3]分別為陣列 A[]的三個元素的三個元素(element)，下列那個程式片段可以將 A[1]和 A[2]的內容交換？

(106 年 3 月 APCS 第 11 題)

(A) A[1] = A[2]; A[2] = A[1];

(B) A[3] = A[1]; A[1] = A[2]; A[2] = A[3];

(C) A[2] = A[1]; A[3] = A[2]; A[1] = A[3];

(D) 以上皆可

解析 參考本章的交換兩數單元。

（B）5. 下面哪組資料若依序存入陣列中，將無法直接使用二分搜尋搜尋資料？

(105 年 10 月 APCS 第 8 題)

(A) a, e, i, o, u

(B) 3, 1, 4, 5, 9

(C) 10000, 0, -10000

(D) 1, 10, 10, 10, 100

解析 需使用已經排序的資料才能夠進行二分搜尋，未排序的選項(B)為正解。

選擇題

( ) 1. 已知一個已排序陣列有 500 個元素，進行二元搜尋，最多需要比較幾次就確定所要的元素是否存在？

(A) 8 (B) 9 (C) 10 (D) 11

( ) 2. 將資料由小到大或由大到小擺放稱作

(A) 整理 (B) 歸納 (C) 分析 (D) 排序

( ) 3. 將以下陣列元素 A[5]={6,7,3,5,2}，使用氣泡排序將元素由小到大排序，外層迴圈執行一次後，陣列元素為下列何者

(A) {6,3,2,5,7} (B) {6,3,5,2,7} (C) {2,6,3,5,7} (D) {3,6,2,5,7}

( ) 4. 將以下陣列元素 A[5]={6,7,3,5,2}，使用選擇排序將元素由小到大排序，外層迴圈執行一次後，陣列元素為下列何者

(A) {6,3,2,5,7} (B) {2,6,3,5,7} (C) {6,2,3,5,7} (D) {3,6,2,5,7}

( ) 5. 使用選擇排序將 6 個元素的陣列由小到大排序，每次挑最大元素置於陣列的最後，外層迴圈需要重複幾次

(A) 4 (B) 5 (C) 6 (D) 7

( ) 6. 使用氣泡排序將 4 個元素的陣列由小到大排序，交換兩元素最多需要幾次

(A) 4 (B) 5 (C) 6 (D) 7

( ) 7. 使用氣泡排序將陣列由小到大排序，交換兩元素最多次數發生在

(A) 由小到大已排序的陣列

(B) 未排序陣列

(C) 隨機產生元素值的陣列

(D) 由大到小已排序的陣列

程式實作

1. 將找出陣列的最大值改成找出陣列的最小值，程式將如何修改。(ch9\ex 找最小值.cpp)

   提示：修改找最大值程式的條件判斷。

   執行結果，如下圖。

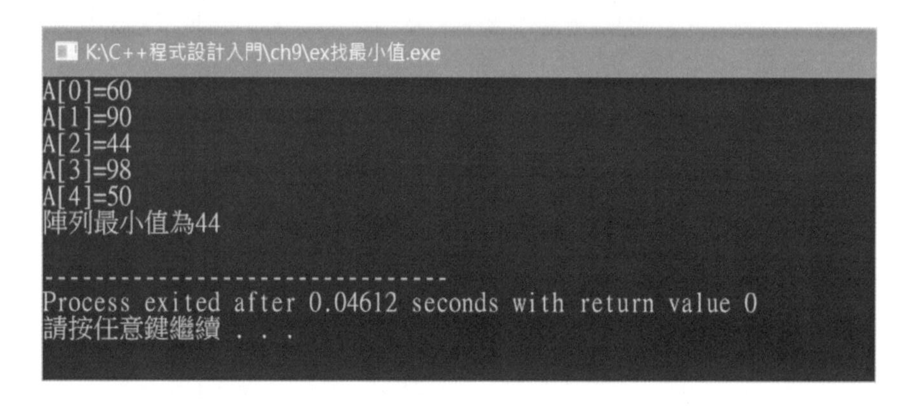

2. 求出陣列中最大值為陣列中第幾個元素，開始位置為第 1 個元素。(ch9\ex 找最大值與所在位置.cpp)

   提示：需新增一個變數儲存第幾個元素是最大值。

   執行結果，如下圖。

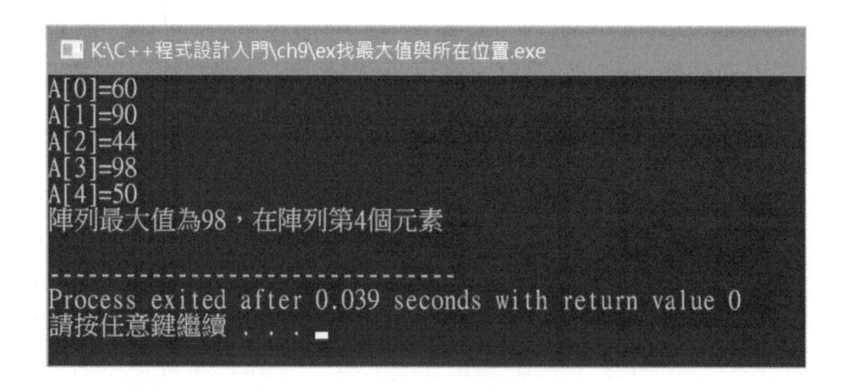

自訂函式與遞迴

10-1 函式

函式用於結構化程式，將相同功能的程式獨立出來，經由函式的呼叫，傳入資料與回傳處理後的結果，程式設計師只要將函式寫好，可以不斷利用此函式做相同動作，可以達成程式碼不重複，要修改此功能，只要更改此函式。再者，其他程式設計師要使用此函式，只要知道此函式的功能，什麼輸入會有怎樣對應的輸出，不需知道函式實作的細節，函式可幫助多位程式設計師共同開發系統，事先規劃好函式名稱與功能，再各自開發函式與整合所有程式，最後達成系統所需求的功能。

10-1-1 函式的宣告、定義與呼叫

自訂函式需要包含三個部分，分別是**函式的宣告**、**函式的定義**與**函式的呼叫**。**函式的宣告**用於告訴主程式(main)或其他函式有此自訂函式可以使用，**函式的定義**是實作函式的功能，輸入參數與回傳處理後的結果，**函式的呼叫**於主程式(main)或其他函式呼叫自訂函式，讓自訂函式真正執行，以下分開敘述。

函式的宣告

函式在主程式(main)前要進行宣告，函式宣告只要指出函式的名稱、參數個數、參數的資料型別與函式回傳值的資料型別，宣告語法如下。

回傳資料型別 函式名稱 **(參數 1 的資料型別，參數 2 的資料型別，...)**

函式的定義與傳回值

以下為函式的定義，函式名稱後接著一對小括號，小括號可以填入要傳入函式的參數，當參數有多個的時候以逗號隔開，函式名稱前面宣告函式回傳值的資料型

別，函式的範圍為函式名稱後使用一對大括號所包夾起來的範圍，當函式需要傳回值使用指令 return，表示程式執行的控制權由函式轉換為原呼叫函式，函式的定義與傳回值格式，如下表。

函式的定義語法	範例

回傳資料型別 函式名稱(**參數 1 的資料型別 參數 1, 參數 2 的資料型別 參數 2**, ...){
區域變數的宣告
函式的敘述區塊
return 要傳回的變數或值;
}
	double computeArea(**double long , double wide**){
	double area;
	area=long*wide;
	return area;
	}

函式的呼叫

程式經由函式呼叫，將資料傳入函式，函式處理後傳回結果給呼叫程式，程式中如何呼叫函式？

方法一：無傳回值的呼叫語法
函式名稱(參數值 1,參數值 2,…)
於主程式(main)或其他函式中利用函式名稱與參數來呼叫函式。

方法二：有傳回值的呼叫語法
變數=函式名稱(參數值 1,參數值 2,…)
等號右邊要先做完，利用函式名稱與參數來呼叫函式，最後函式回傳值給變數，變數就紀錄函式呼叫後的回傳值。

以下範例用於計算長方形面積，使用者輸入長度與寬度，呼叫自訂的 computeArea 函式將長度與寬度傳入，回傳計算結果。

函式範例程式(ch10\計算面積.cpp)

行數	程式碼
1	`#include <iostream>`
2	`using namespace std;`
3	`double computeArea(double,double);`
4	`int main(){`
5	`  double a,b,result;`
6	`  cout << "請輸入長度？" ;`

```
7       cin >> a;
8       cout << "請輸入寬度?" ;
9       cin >> b;
10      result=computeArea(a,b);
11      cout << "面積為" << result << endl;
12    }
13
14    double  computeArea(double  length , double  wide){
15      double  area;
16      area=length*wide;
17      return  area;
18    }
```

解說

- 第 3 行：函式 computeArea 的宣告，輸入參數兩個皆為 double，回傳也是 double。
- 第 5 行：宣告 a、b 與 result 為倍精度浮點數變數。
- 第 6 行：於螢幕輸出「**請輸入長度？**」。
- 第 7 行：由鍵盤輸入長度儲存入變數 a。
- 第 8 行：於螢幕輸出「**請輸入寬度？**」。
- 第 9 行：由鍵盤輸入寬度儲存入變數 b。
- 第 10 行：呼叫 computeArea 函式，使用 a 與 b 為參數，將所得回傳值儲存入變數 result。
- 第 11 行：將函式所得的面積顯示在螢幕。
- 第 14 到 18 行：定義函式 computeArea，參數輸入分別儲存在變數 length 與 wide。
- 第 15 行：宣告 area 為倍精度浮點數變數。
- 第 16 行：變數 area 為變數 length 與變數 wide 相乘。
- 第 17 行：回傳變數 area，將程式執行的控制權由函式 computeArea 轉換到原呼叫函式(本範例為 main 函式)。

函式呼叫程式執行過程流程圖

主程式(main)為 C++語言規定第一個執行的程式，執行過程中遇到呼叫 computeArea 函式以變數 a 與變數 b 為輸入值，此時程式執行控制權由 main 函式轉到 computeArea 函式，computeArea 函式過程中遇到 return 將值回傳，此時程式執行控制權由 computeArea 函式轉回 main 函式。

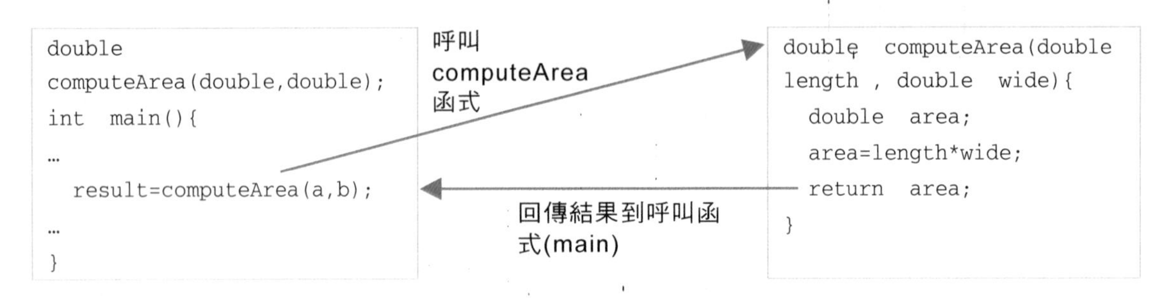

10-1-2 變數的作用範圍

變數作用範圍依變數**宣告的位置**分成區塊範圍(block scope)、區域範圍(local scope)、廣域範圍(global scope)等，區塊範圍最小、區域範圍次之、而廣域範圍最大。

變數作用範圍	說明
區塊範圍(block scope)	變數宣告在**區塊內**，該變數作用範圍為區塊範圍(block Scope)，區塊可以是「if」、「while」、「for」、「switch」…等所包夾的範圍。
區域範圍(local scope)	變數宣告在**函式內**，該變數作用範圍為區域範圍(local scope)，區域範圍表示函式的一對大括號「{}」所包夾的範圍。
廣域範圍(global scope)	變數宣告在**函式外**，該變數作用範圍為廣域範圍(global scope)，從函式宣告開始到程式執行結束，都在其作用範圍。

以下舉例說明區塊範圍(block Scope)、區域範圍(local scope)、廣域範圍(global scope)。

變數作用範圍範例程式(ch10\變數作用範圍範例.cpp)

行數	程式碼
1	`#include <iostream>`
2	`using namespace std;`
3	`int intGlobal=50;`
4	`void addOneHundred();`
5	`int main(){`
6	`  int intMain;`
7	`  for(int intFor=1;intFor < 10;intFor=intFor+1){`
8	`    cout << "intFor=" << intFor << endl;`
9	`  }`
10	`  cout << "intGlobal=" << intGlobal << endl;`
11	`  addOneHundred();`
12	`  cout << "intGlobal=" << intGlobal << endl;`
13	`}`
14	
15	`void addOneHundred(){`
16	`  int intSub=100;`
17	`  intGlobal=intGlobal+intSub;`
18	`}`

解說

- 第 2 行：宣告 intGlobal 為整數變數，其位置在主程式(main)外，所以為全域變數，作用範圍為宣告位置到檔案結束 (第 2 行到第 18 行)。
- 第 6 行：宣告 intMain 其作用範圍為主程式(main)函式內，為區域變數。
- 第 7 行：宣告 intFor 為整數變數，其位置在 for 迴圈內，所以為區塊變數，作用範圍為 for 迴圈區塊內(第 7 行到第 9 行)。
- 第 10 行：顯示 intGlobal 的值。
- 第 11 行：呼叫 addOneHundred 函式。
- 第 12 行：顯示 intGlobal 的值。
- 第 15 到 18 行：宣告 intSub 為整數變數並初始化為 100，其位置在函式內，所以為區域變數，作用範圍為 addOneHundred 函式內(第 15 行到第 18 行)。將 intGlobal 加上 intSub 結果儲存在 intGlobal（第 17 行）。

程式執行結果

intGlobal 因為為全域變數，所以經過 addOneHundred，其值由 50 變成 150。

```
K:\C++程式設計入門\ch10\變數作用範圍範例.exe
intFor=1
intFor=2
intFor=3
intFor=4
intFor=5
intFor=6
intFor=7
intFor=8
intFor=9
intGlobal=50
intGlobal=150

--------------------------------
Process exited after 0.04418 seconds with return value 0
請按任意鍵繼續 . . .
```

10-1-3 變數的生命週期

變數開始佔用記憶體到釋放記憶體，稱為變數的生命週期，生命週期與作用範圍是沒有相關性，變數的作用範圍與所**宣告的位置**有關，請參考前一節內容，而變數的生命週期與**變數的宣告**有關，各種變數生命週期敘述如下。

變數的宣告	說明
auto	變數若未特別宣告都視為 auto，auto 表示變數執行過程中由系統自動配置與釋放記憶體。
register	變數宣告為 register，register 表示變數儲存在暫存器（register），變數執行過程中由系統自動配置與釋放暫存器，使用暫存器當成變數的儲存空間可以有較高的執行效率，用較短的時間完成程式的執行。
static	區域範圍(local scope)或區塊範圍(block scope)變數宣告為 static，static 變數由宣告開始直到程式執行結束才釋放，變數存在時間很長，可以讓變數保留資料供後續使用；廣域變數宣告為 static，表示該變數名稱作用範圍只在該 C++檔案內，若有兩個 C++程式使用相同變數名稱會被自動視為不同變數，可以免去變數重複命名的問題。

變數的宣告	說明
extern	C 語言可以將兩個以上的檔案編譯完後，連結成執行檔，宣告 extern 的廣域變數，表示該變數來自於另一個檔案，可以達成跨檔案共用變數。

10-2 函式範例練習

10-2-1 計算 BMI(ch10\計算 BMI.cpp)

BMI 常用來判斷肥胖程度，BMI 等於體重（KG）除以身高（M）的平方，「BMI 與肥胖等級標準」表如右。請寫一個程式讓使用者輸入身高與體重，顯示 BMI 值與肥胖程度。

BMI 值	肥胖分級
BMI ＜ 18	體重過輕
18 ≦ BMI ＜24	體重正常
24 ≦ BMI ＜ 27	體重過重
27 ≦ BMI	體重肥胖

(a) 解題想法

我們利用自訂 BMI 函式，輸入體重與身高回傳 BMI 值，利用 BMI 值與「BMI 與肥胖等級標準」表，使用條件判斷結構顯示 BMI 值與對應的肥胖等級。

(b) 程式碼與解說

行數	程式碼
1	`#include <iostream>`
2	`using namespace std;`
3	`double BMI(double,double);`
4	`int main(){`
5	`  double  w,h,bmi;`
6	`  cout << "請輸入體重(KG)？";`
7	`  cin >> w;`
8	`  cout << "請輸入身高(M)？";`
9	`  cin >> h;`
10	`  bmi=BMI(w,h);`
11	`  cout << "BMI=" << bmi << endl;`
12	`  if (bmi < 18){`
13	`    cout << "體重過輕" << endl;`
14	`  }else if (bmi < 24){`
15	`    cout << "體重正常" << endl;`

```
13        cout << "體重過輕" << endl;
14      }else if (bmi < 24){
15        cout << "體重正常" << endl;
16      }else if (bmi < 27){
17        cout << "體重過重" << endl;
18      }else {
19        cout << "體重肥胖" << endl;
20      }
21    }
22
23    double BMI(double weight,double height){
24      double result;
25      result=weight/(height*height);
26      return result;
27    }
```

解說

- 第 5 行：宣告 w、h 與 bmi 為倍精度浮點數變數。
- 第 6 行：於螢幕輸出「請輸入體重(KG)？」。
- 第 7 行：由鍵盤輸入體重儲存入變數 w。
- 第 8 行：於螢幕輸出「請輸入身高(M)？」。
- 第 9 行：由鍵盤輸入身高儲存入變數 h。
- 第 10 行：呼叫 BMI 函式，使用 w 與 h 為參數，將所得 BMI 值儲存入變數 bmi。
- 第 11 行：將函式所得的 BMI 值顯示在螢幕。
- 第 12 到 13 行：判斷所計算出的 BMI 值是否小於 18，若是則顯示「體重過輕」。
- 第 14 到 15 行：否則判斷所計算出的 BMI 值是否小於 24(隱含成績大於等於 18)，若是則顯示「體重正常」。
- 第 16 到 17 行：否則判斷所計算出的 BMI 值是否小於 27(隱含成績大於等於 24)，若是則顯示「體重過重」。
- 第 18 到 20 行：否則(隱含成績大於等於 27)顯示「體重肥胖」。
- 第 23 到 27 行：為 BMI 函式，使用體重與身高為輸入值，輸出 BMI 值。體重置於 weight 變數，身高置於 height 變數，BMI 值等於「weight /

(height*height)」，將 BMI 值儲存到 result（第 25 行），回傳 result(BMI 值)（第 26 行）。

(c) 預覽程式執行結果

按下「執行 → 編譯並執行」，請輸入體重為「80」與身高為「1.68」，顯示計算所得 BMI 值為「28.3447」與肥胖分級為「體重肥胖」。

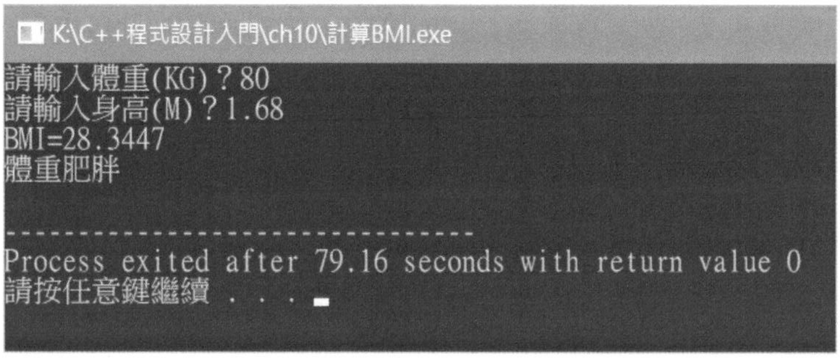

```
K:\C++程式設計入門\ch10\計算BMI.exe
請輸入體重(KG)？80
請輸入身高(M)？1.68
BMI=28.3447
體重肥胖

--------------------------------
Process exited after 79.16 seconds with return value 0
請按任意鍵繼續 . . .
```

10-2-2 求質數(ch10\列出 2-100 所有質數.cpp)

某數的因數只有 1 與自己，沒有其他因數，稱為質數，寫一個程式列出 2 到 100 所有質數。

(a) 解題想法

自訂判斷質數的函式，輸入一個數，回傳是否為質數，回傳 1 表示為質數，回傳 0 表示為非質數，接著使用迴圈結構列出由 2 到 100 所有數，將每個數輸入到判斷質數函數，若判斷質數函數回傳 1，表示該數為質數，印出該數到螢幕上。

(b) 程式碼與解說

```
行數  程式碼
1     #include <iostream>
2     using namespace std;
3     int isPrime(int);
4     int main(){
5       int result;
6       for(int i=2;i<=100;i=i+1){
7         result=isPrime(i);
8         if (result == 1){
9           cout << i << "為質數" << endl;
10        }
```

```
11        }
12      }
13
14      int isPrime(int x){
15        int j=2,flag=1;
16        while ((flag ==1)&&(j<x)){
17          if ((x%j) == 0){
18            flag=0;
19            break;
20          }
21          j=j+1;
22        }
23        return flag;
24      }
```

解說

- 第 3 行：宣告自訂函式 isPrime，輸入整數變數，回傳整數變數。
- 第 5 行：宣告 result 為整數變數。
- 第 6 到 11 行：迴圈變數 i，其值變化由 2 到 100。自訂 isPrime 函式，isPrime 函式輸入值為迴圈變數 i，若 i 為質數，isPrime 函式回傳 1，否則回傳 0。使用 if 結構判斷 isPrime 函式是否回傳 1，若是則顯示「i 為質數」（第 8 到 10 行）。
- 第 14 到 24 行：自訂 isPrime 函式，以整數變數 x 為輸入，若 x 為質數，回傳 1，若 x 不為質數，回傳 0。
- 第 15 行：j 為整數變數，用於 while 迴圈，變數 j 依序指向所有小於輸入值的數，初始值為 2。flag 為整數變數，若為 1 表示為質數，若為 0 表示不是質數，預設為 1，表示為質數。
- 第 16 到 22 行：當 flag 為 1 且變數 j 小於函式輸入值 x（第 16 行），繼續測試變數 j 是否可以整除函式輸入值 x（第 17 行），若是，則變數 j 為輸入值 x 的因數，設定 flag 為 0，輸入值 x 為非質數（第 18 行），使用 break 跳出 while 迴圈（第 19 行），變數 j 值加 1（第 21 行），重複 while 迴圈回到第 16 行。
- 第 23 行：回傳變數 flag。

(c) 預覽結果

按下「執行 → 編譯並執行」，程式執行結果如下。

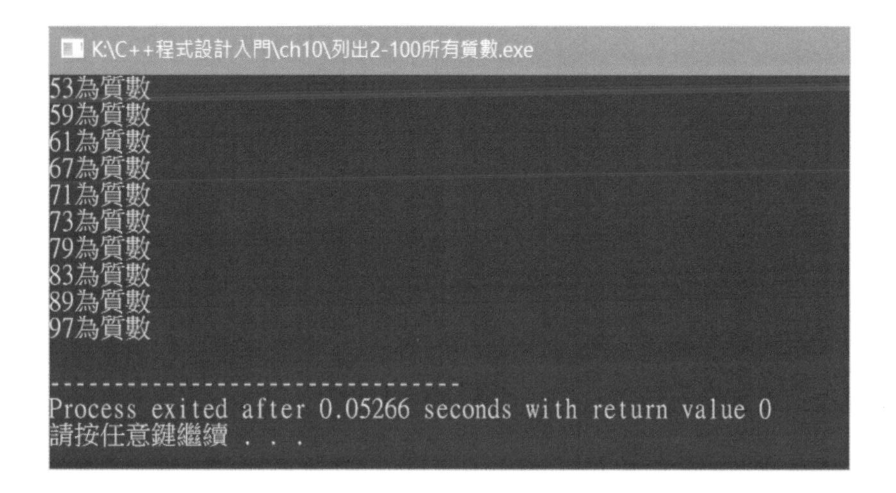

10-3 遞迴

遞迴是有趣的程式設計技巧，函式執行過程中呼叫自己，稱作遞迴。而這樣的自己呼叫自己，需要有終止的條件，若沒有終止的條件就會形成無窮遞迴。我們以求解 n 階乘（n!）之值為例，解說遞迴的觀念。數學上定義 n 階乘為「n!=n*(n-1)*(n-2)*(n-3)*…*3*2*1」。我們可以分階段看，求解 n 階乘，可以分解成 n 乘以(n-1)階乘意即「n!=n*(n-1)!」，求解(n-1)階乘，可以分解成 n-1 乘以(n-2)階乘意即「(n-1)!=(n-1)*(n-2)!」，求解(n-2)階乘，可以分解成 n-2 乘以(n-3)階乘意即「(n-2)!=(n-2)*(n-3)!」，依此類推，直到求解 3 階乘，可以分解成 3 乘以 2 階乘意即「3!=3*2!」，求解 2 階乘，可以分解成 2 乘以 1 階乘意即「2!=2*1!」，1!就不用再往下求解直接就是 1，這樣一層一層遞迴下去直到求解 1!，就終止遞迴，再一層一層往上回推，如下圖。

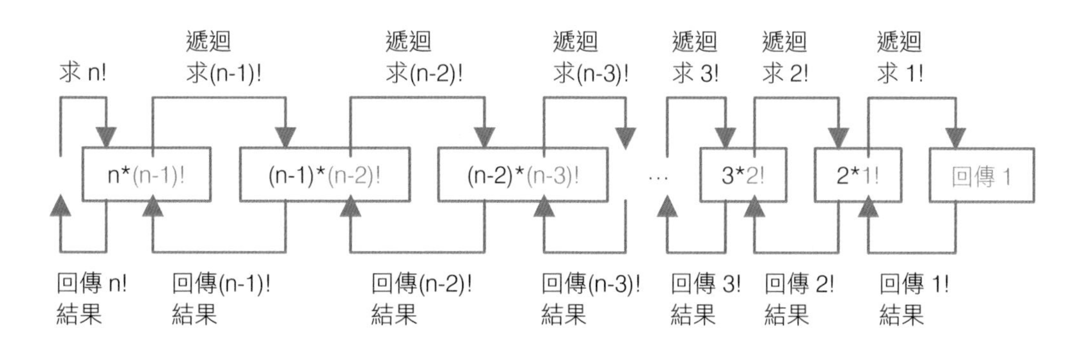

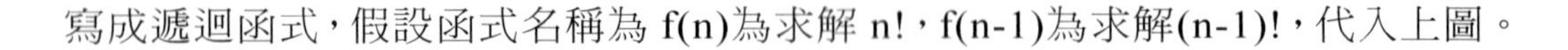

寫成遞迴函式，假設函式名稱為 f(n)為求解 n!，f(n-1)為求解(n-1)!，代入上圖。

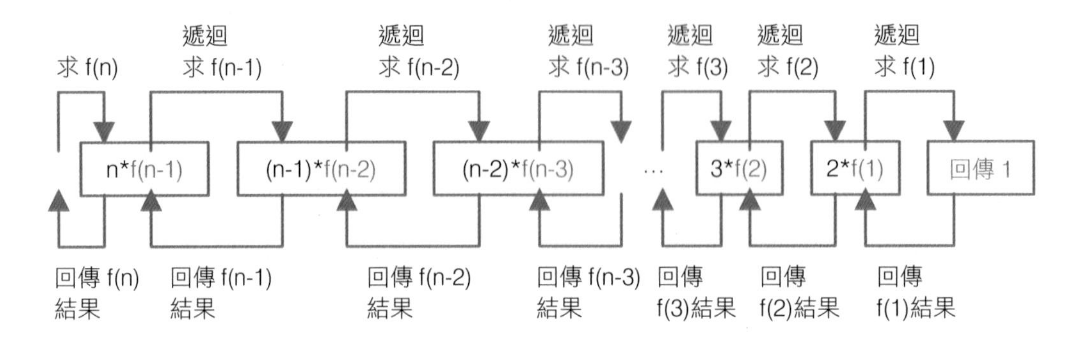

以數學方式表達 n 階乘為

$$f(n)=\begin{cases}1 & ,if \quad n=1\\ n*f(n-1) & ,if \quad n>1\end{cases}$$

我們接下來實作求 n 階乘的程式。

(a) 程式碼與解說

行數	程式碼(ch10\n 階乘.cpp)

```
1   #include <iostream>
2   using namespace std;
3   int f(int);
4   int main(){
5     int n,result;
6     cout << "請輸入N值？";
7     cin >> n;
8     result=f(n);
9     cout << n << "階乘等於" << result << endl;
10  }
11
12  int f(int n){
13    int re;
14    if (n == 1) {
15      re=1;
16    }else {
17      re=n*f(n-1);
18    }
19    cout << n << "階乘等於" << re << endl;
20    return re;
21  }
```

解說

- 第 3 行：使用 f 函式遞迴計算階乘。
- 第 5 行：宣告 n 與 result 為整數變數。
- 第 6 行：於螢幕輸出「請輸入 N 值？」。
- 第 7 行：由鍵盤輸入 n 值儲存入變數 n。
- 第 8 行：將遞迴函式 f，求 n 階乘結果儲存入 result。
- 第 9 行：顯示 n 階乘的結果。
- 第 12 到 18 行：遞迴函式 f 計算 n 階乘，變數 n 為函式 f 的輸入值，宣告 re 為整數變數，作用範圍只在區域範圍（第 13 行），判斷 n 值是否符合遞迴終止條件，若 n 等於 1，則終止遞迴，將 1 儲存入變數 re（第 14 到 15 行），否則遞迴呼叫下去，將 n 值乘以(n-1)的階乘儲存入變數 re，求(n-1)的階乘相當於遞迴呼叫函式 f，輸入參數為 n-1（第 16 到 18 行）。
- 第 19 行：每次遞迴結束前，顯示各階乘的值。
- 第 20 行：回傳整數變數 re。

(b) 預覽程式執行結果

按下「執行 → 編譯並執行」，輸入 n 值，例如 5，程式執行結果如下。

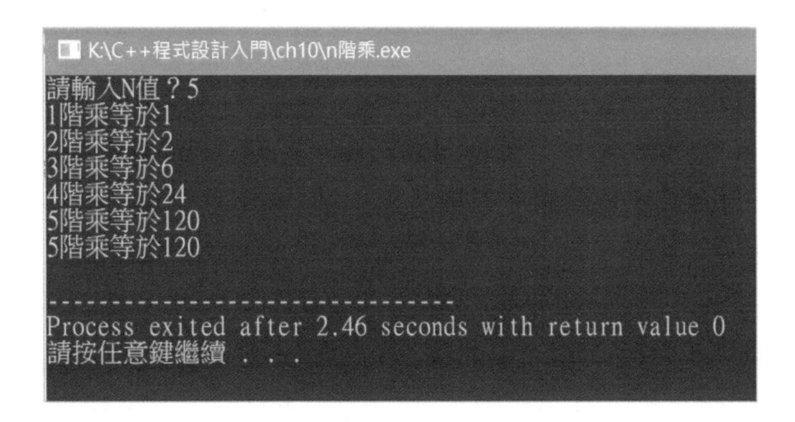

使用圖示表示遞迴求解 5 階乘，相當於以 f(5)執行為例。

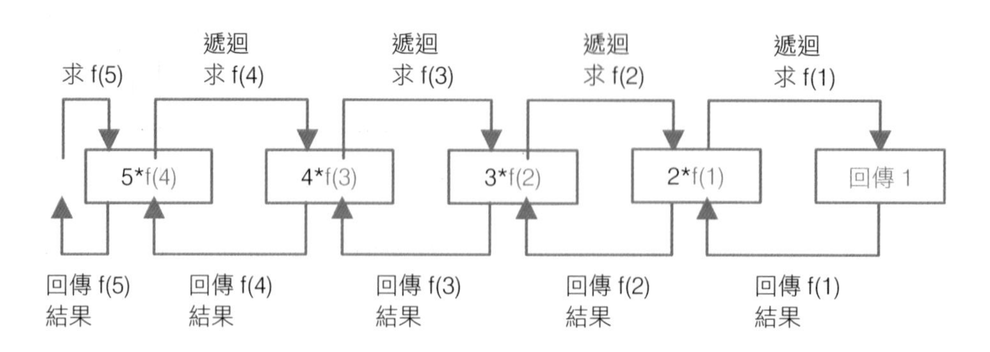

10-3-1 遞迴函式的結構

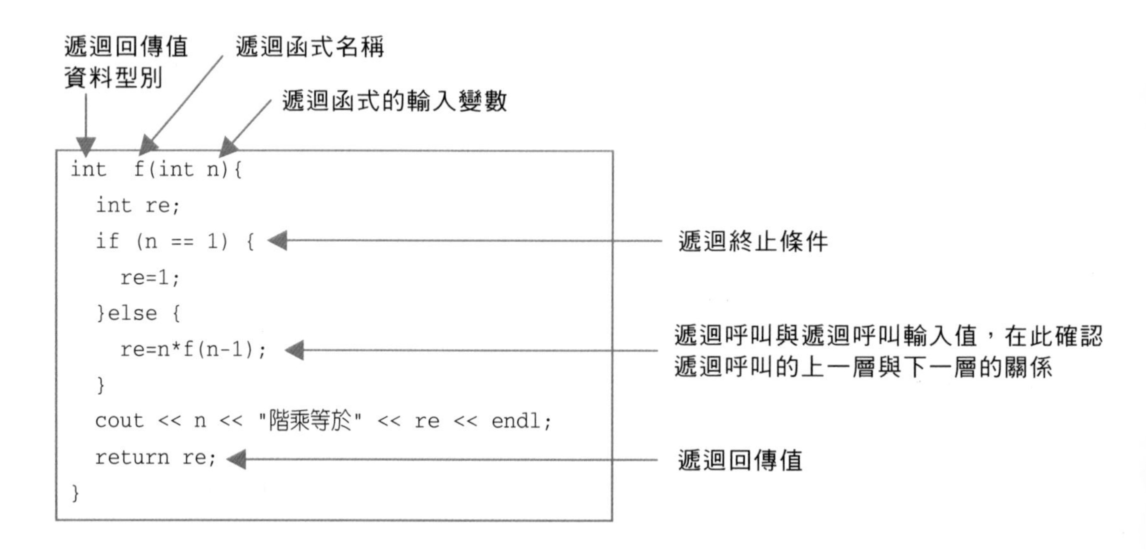


```
int  f(int n){
  int re;
  if (n == 1) {
    re=1;
  }else {
    re=n*f(n-1);
  }
  cout << n << "階乘等於" << re << endl;
  return re;
}
```

撰寫遞迴函式前要先想好「**遞迴函式名稱、遞迴函式的輸入變數與遞迴回傳值資料型別**」、「**遞迴呼叫與遞迴呼叫輸入值**」、「**遞迴回傳值**」、「**遞迴終止條件**」等，分別敘述如下。

(1) 遞迴函式名稱、遞迴函式的輸入變數、遞迴函式回傳值資料型別

宣告遞迴函式的名稱、輸入值的變數名稱與資料型別、傳回值的資料型別，之後遞迴呼叫時需要與宣告的遞迴函式名稱、輸入值、回傳值資料型別一致。

「int f(int n)」此行就是遞迴函式的宣告。

遞迴函式的名稱為「f」

遞迴函式輸入變數「int n」

遞迴函式回傳值資料型別「int」

(2) 遞迴呼叫與遞迴呼叫輸入值

想好遞迴呼叫的上一層與下一層關係，在此明確定義遞迴上下層關係。

遞迴呼叫與遞迴呼叫輸入值為「n * f(n - 1)」，這就是本遞迴程式的遞迴上下層關係。

(3) 遞迴回傳值

遞迴呼叫函式傳回值需與宣告的傳回值的資料型別一致，且與遞迴上下層關係對應。

遞迴回傳值為「return re」

(4) 遞迴終止條件

遞迴需要有終止的條件，若符合遞迴終止條件，遞迴程式就停止遞迴，若無遞迴終止條件，遞迴就會成為無法停止的無窮遞迴程式。

遞迴終止條件為「 if (n == 1) { re=1; } 」

10-4 遞迴程式範例

10-4-1 m 的 n 次方(ch10\m 的 n 次方.cpp)

求解 m 的 n 次方之值，數學上定義 m 的 n 次方為 n 個 m 相乘。我們可以分階段看，求解 m 的 n 次方，可以分解成 m 乘以 m 的 n-1 次方意即「m^n=m*m^(n-1)」，求解 m 的 n-1 次方，可以分解成 m 乘以 m 的 n-2 次方意即「m^(n-1)=m*m^(n-2)，求解 m 的 n-2 次方，可以分解成 m 乘以 m 的 n-3 次方意即「m^(n-2)=m*m^(n-3)，依此類推，直到求解 m 的 3 次方，可以分解成 m 乘以 m 的 2 次方意即「m^3=m*m^2」，m 的 2 次方，可以分解成 m 乘以 m 的 1 次方意即「m^2=m*m^1」，m^1 就不用再往下求解直接就是 m，這樣一層一層遞迴下去直到求解 m^1，就終止遞迴，再一層一層往上回推，如下圖。

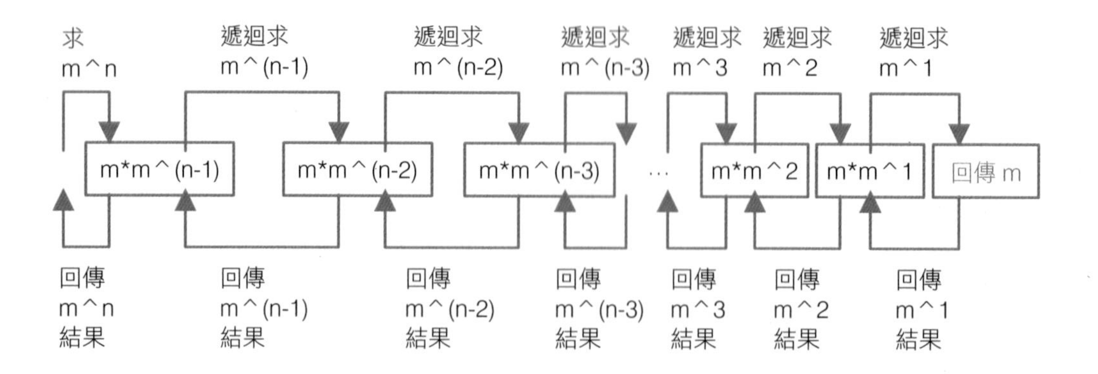

寫成遞迴函式，假設函式名稱為 p(n)為求解 m^n，p(n-1)為求解 m^(n-1)，代入上圖。

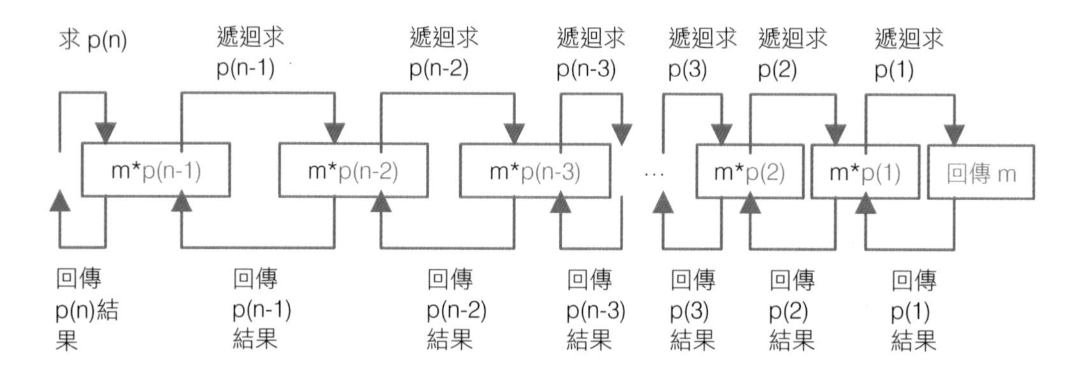

以數學方式表達 m 的 n 次方（m^n）為

$$P(n)=\begin{cases} m & ,if \quad n=1 \\ m*p(n-1) & ,if \quad n>1 \end{cases}$$

我們接下來實作求 m 的 n 次方的程式。

(a) 程式碼與解說

行數	程式碼
1	`#include <iostream>`
2	`using namespace std;`
3	`int p(int,int);`
4	`int main(){`
5	`  int n,m,result;`
6	`  cout << "請輸入M值？";`
7	`  cin >> m;`
8	`  cout << "請輸入N值？";`

```
9     cin >> n;
10    result=p(m,n);
11    cout << m << "的" << n << "次方等於" << result << endl;
12  }
13
14  int p(int m,int n){
15    int re;
16    if (n == 1) {
17      re=m;
18    }else {
19      re=m*p(m,n-1);
20    }
21    cout << m << "的" << n << "次方等於" << re << endl;
22    return re;
23  }
```

解說

- 第 3 行：使用 p 函式遞迴計算 m 的 n 次方。
- 第 5 行：宣告變數 n、m 與 result 為整數變數。
- 第 6 行：於螢幕輸出「請輸入 M 值？」。
- 第 7 行：由鍵盤輸入 M 值儲存入變數 m。
- 第 8 行：於螢幕輸出「請輸入 N 值？」。
- 第 9 行：由鍵盤輸入 N 值儲存入變數 n。
- 第 10 行：將遞迴函式 p，求 m 的 n 次方，結果儲存入 result。
- 第 11 行：顯示 m 的 n 次方。
- 第 14 到 23 行：遞迴函式 p 計算 m 的 n 次方，變數 m 與 n 為函式 p 的輸入值，在 p 函式中宣告變數 re 為整數變數（第 15 行），判斷 n 值是否符合遞迴終止條件，若 n 等於 1，則終止遞迴，變數 re 等於 m(第 16 到 17 行)，否則遞迴呼叫下去，變數re等於m值乘以m的(n-1)次方，m的(n-1)次方相當於遞迴呼叫函式 p，輸入參數為 m 與 n-1（第 18 到 20 行）。
- 第 21 行：遞迴函式 p 回傳前，先顯示 m 的 n 次方。
- 第 22 行：經由 return 指令，將執行程式控制權交回給呼叫程式，並將變數 re 的值回傳。

(b) 預覽程式執行結果

按下「執行 → 編譯並執行」，輸入 m 值，輸入 n 值，程式執行結果如下。

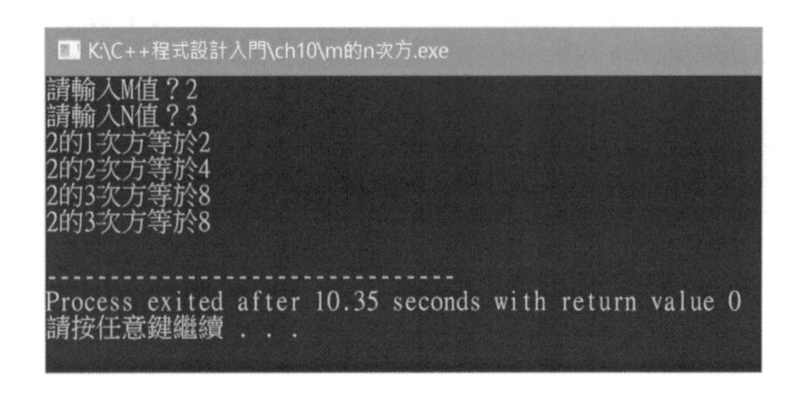

使用圖示表示遞迴求解 2 的 5 次方，相當於 m 值輸入 2 與 n 值輸入 5，p(5)執行為例。

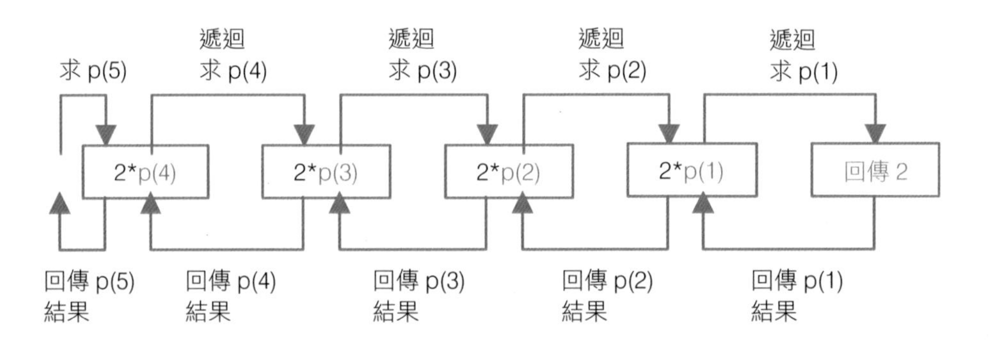

(1) 遞迴函式名稱、遞迴函式的輸入變數、遞迴函式回傳值資料型別

「int p(int m,int n)」此行就是宣告遞迴函式。

遞迴函式的名稱為「p」

遞迴函式輸入變數「int m,int n」

遞迴函式回傳值資料型別「int」

(2) 遞迴呼叫與遞迴呼叫輸入值

遞迴呼叫與遞迴呼叫輸入值為「m * p(m,n -1)」，這就是本遞迴程式的遞迴上下層關係。

(3) 遞迴回傳值

遞迴回傳值為「return re」

(4) 遞迴終止條件

遞迴終止條件為「if (n == 1) { re=m; }」

10-4-2 最大公因數(ch10\最大公因數.cpp)

求 m 與 n 的最大公因數，數學上可以使用輾轉相除法求解，其原理為 **m 與 n 的最大公因數**相當於求解**「n 除以 m 的餘數」與 m 的最大公因數**，這樣一層一層遞迴下去直到「n 除以 m 的餘數」等於 0，就終止遞迴，再一層一層往上回推。

以求 11 與 25 的最大公因數為例。

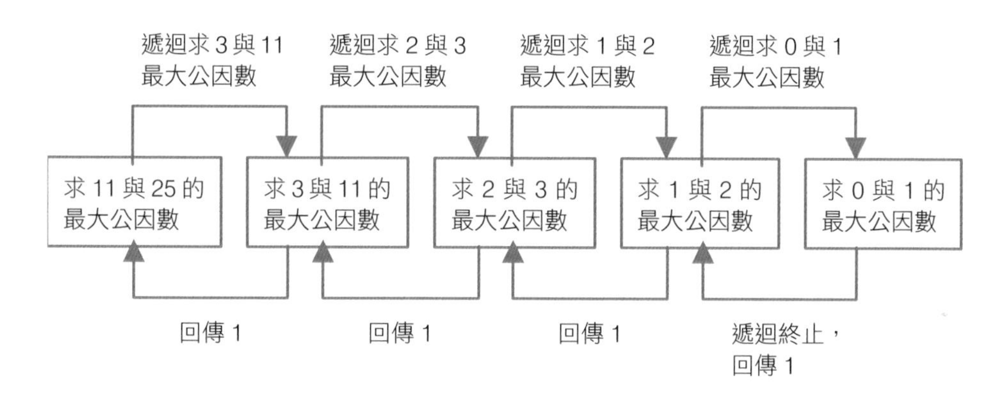

以數學方式表達 m 與 n 的最大公因數為

$$\gcd(m,n)=\begin{cases} n & ,if \quad m=0 \\ \gcd(n\text{除以}m\text{的餘數},m) & ,if \quad m\text{不等於}0 \end{cases}$$

我們接下來實作求 m 與 n 的最大公因數的程式。

(a) 程式碼與解說

行數	程式碼
1	`#include <iostream>`
2	`using namespace std;`
3	`int gcd(int,int);`
4	`int main(){`
5	`  int n,m,result;`
6	`  cout << "請輸入M值?";`
7	`  cin >> m;`
8	`  cout << "請輸入N值?";`
9	`  cin >> n;`
10	`  result=gcd(m,n);`

```
11	  cout << m << "與" << n << "的最大公因數等於" << result << endl;
12	}
13	
14	int gcd(int m,int n){
15	  int re;
16	  if (m == 0) {
17	    re=n;
18	  }else {
19	    cout << m << "與" << n << "的最大公因數相當於求" << n%m << "與" << m << "的最大公因數 " << endl;
20	    re=gcd(n%m,m);
21	  }
22	  return re;
23	}
```

解說

- 第 3 行：使用 gcd 函式遞迴計算 m 與 n 的最大公因數。
- 第 5 行：宣告變數 n、m 與 result 為整數變數。
- 第 6 行：於螢幕輸出「請輸入 M 值？」。
- 第 7 行：由鍵盤輸入 M 值儲存入變數 m。
- 第 8 行：於螢幕輸出「請輸入 N 值？」。
- 第 9 行：由鍵盤輸入 N 值儲存入變數 n。
- 第 10 行：將遞迴函式 gcd，求 m 與 n 的最大公因數，結果儲存入 result。
- 第 11 行：顯示 m 與 n 的最大公因數。
- 第 14 到 23 行：遞迴函式 gcd 計算 m 與 n 的最大公因數，在 gcd 函式中宣告變數 re 為整數變數（第 15 行），判斷 m 值是否符合遞迴終止條件，若 m 等於 0，則終止遞迴，變數 re 等於 n（第 16 到 17 行），否則遞迴呼叫下去，re 等於「n 除以 m 的餘數」與 m 的最大公因數，「n 除以 m 的餘數」與 m 的最大公因數相當於遞迴呼叫函式 gcd，輸入參數為「n%m」與「m」（第 18 到 21 行）。遞迴函式 gcd 回傳前，顯示輾轉相除法的原理（第 19 行）。
- 第 22 行：經由 return 指令，將執行程式控制權交回給呼叫程式，並將變數 re 的值回傳。

(b) 預覽程式執行結果

按下「執行 → 編譯並執行」，輸入 m 值，輸入 n 值，程式執行結果如下。

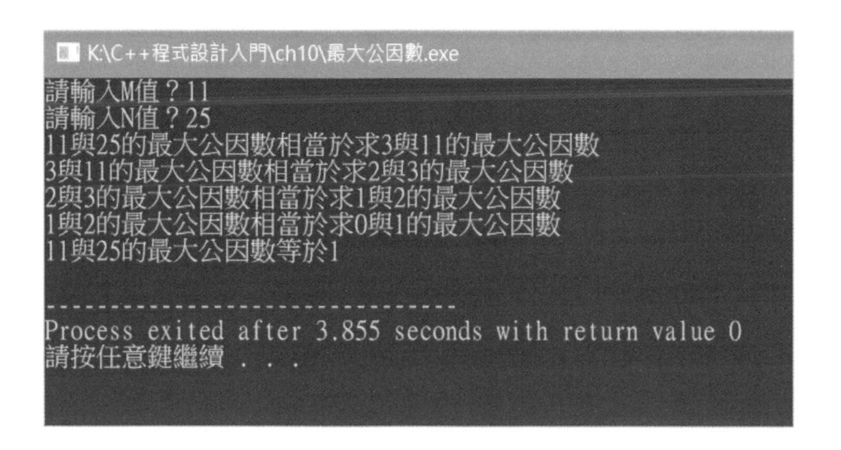

(1) 遞迴函式名稱、遞迴函式的輸入變數、遞迴函式回傳值資料型別

「int gcd(int m,int n)」此行就是宣告遞迴函式。

遞迴函式的名稱為「gcd」

遞迴函式輸入變數「int m,int n」

遞迴函式回傳值資料型別「int」

(2) 遞迴呼叫與遞迴呼叫輸入值

遞迴呼叫與遞迴呼叫輸入值為「gcd(n%m,m)」，這就是遞迴的上下層關係。

(3) 遞迴回傳值

遞迴回傳值為「return re」

(4) 遞迴終止條件

遞迴終止條件為「 if (m == 0) { re=n; } 」

10-4-3 費氏數列(ch10\費氏數列.cpp)

費氏數列為一個特殊數列，符合以下規則，這樣的關係也是遞迴關係，可以使用遞迴函式求解費氏數列的第 k 個元素。

$$F(k)=\begin{cases} 1 & ,if \quad k=0\text{或}1 \\ F(k-1)+F(k-2) & ,if \quad k>1 \end{cases}$$

k 等於 0 或 1 時，F(k)等於 1，k 大於 1 時，F(k)等於 F(k-1)與 F(k-2)相加。

以下為求解 F(4)的遞迴呼叫過程，箭頭上方的括弧數字表示程式執行的順序，箭頭向下表示遞迴呼叫，箭頭向上表示回傳值給呼叫函式，如下圖。

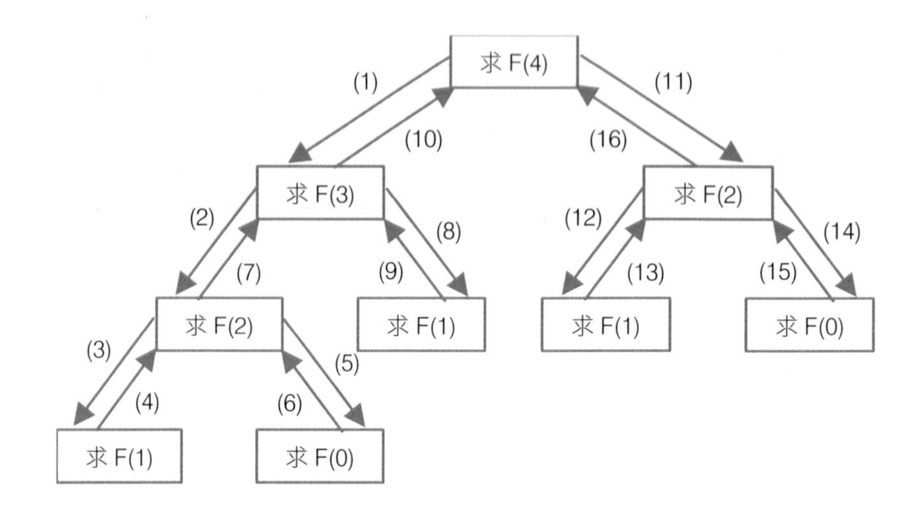

求解 F(4)的過程

(1) 求解 F(4)先遞迴呼叫求 F(3)。

(2) 求解 F(3)先遞迴呼叫求 F(2)。

(3) 求解 F(2)先遞迴呼叫求 F(1)。

(4) F(1)值為 1，所以回傳 F(1)，即回傳 1。

(5) 求解 F(2)，F(1)已經有解，但需要再遞迴呼叫求 F(0)。

(6) F(0)值為 1，所以回傳 F(0)，即回傳 1。

(7) 求解 F(2)，F(1)與 F(0)已經求得，F(2)=F(1)+F(0)=1+1=2，回傳 F(2)，即回傳 2。

(8) 求解 F(3)，F(2)已經有解，但需要再遞迴呼叫求 F(1)。

(9) F(1)值為 1，所以回傳 F(1)，即回傳 1。

(10) 求解 F(3)，F(2)與 F(1)已經求得，F(3)=F(2)+F(1)=2+1=3，回傳 F(3)，即回傳 3。

(11) 求解 F(4)，F(3)已經有解，但需要再遞迴呼叫求 F(2)。

(12) 求解 F(2)先遞迴呼叫求 F(1)。

(13) F(1)值為 1，所以回傳 F(1)，即回傳 1。

(14) 求解 F(2)，F(1)已經有解，但需要再遞迴呼叫求 F(0)。

(15) F(0)值為 1，所以回傳 F(0)，即回傳 1。

(16) 求解 F(2)，F(1)與 F(0)已經求得，F(2)=F(1)+F(0)=1+1=2，回傳 F(2)，即回傳 2。

求解 F(4)，F(3)與 F(2)已經求得，F(4)=F(3)+F(2)=3+2=5，如此得到結果。

我們接下來實作求費氏數列第 k 個元素。

(a) 程式碼與解說

行數	程式碼
1	`#include <iostream>`
2	`using namespace std;`
3	`int F(int);`
4	`int main(){`
5	`  int k,result;`
6	`  cout << "請輸入K值？";`
7	`  cin >> k;`
8	`  result=F(k);`
9	`  cout << "費氏數列第" << k <<"個元素值為" << result << endl;`
10	`}`
11	
12	`int F(int n){`
13	`  int re;`
14	`  if ((n == 0) || (n == 1)) {`
15	`    re=1;`
16	`  }else {`
17	`    re=F(n-1)+F(n-2);`
18	`  }`
19	`  cout << "費氏數列第" << n <<"個元素值為" << re << endl;`
20	`  return re;`
21	`}`

解說

- 第 3 行：使用 F 函式遞迴計算費氏數列的第 k 個元素值。
- 第 5 行：宣告變數 k 與 result 為整數變數。
- 第 6 行：於螢幕輸出「請輸入 K 值？」。
- 第 7 行：由鍵盤輸入 K 值儲存入變數 k。
- 第 8 行：使用遞迴函式 F，求費氏數列第 k 個元素值，結果儲存入 result。

- 第 9 行：顯示費氏數列第 k 個元素值。
- 第 12 到 21 行：遞迴函式 F 計算，變數 n 為函式 F 的輸入值，宣告變數 re 為整數變數（第 13 行），判斷 n 值是否符合遞迴終止條件，若 n 等於 1 或等於 0，則終止遞迴，變數 re 等於 1（第 14 到 15 行），否則遞迴呼叫下去，re 等於費氏數列第 n-1 元素加上費氏數列第 n-2 元素，費氏數列第 n-1 元素相當於遞迴呼叫函式 F，輸入參數為 n-1，費氏數列第 n-2 元素相當於遞迴呼叫函式 F，輸入參數為 n-2（第 16 到 18 行）。遞迴函式 F 回傳 re 前，先顯示結果在螢幕上（第 19 行）。
- 第 20 行：經由 return 指令，將執行程式控制權交回給呼叫程式，並將變數 re 的值回傳。

(b) 預覽程式執行結果

按下「執行 → 編譯並執行」，輸入 k 值，程式執行結果如下。

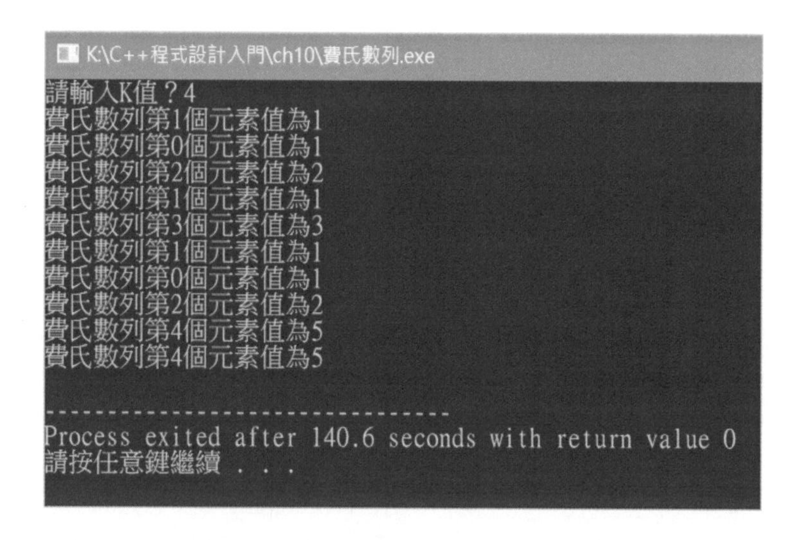

(1) 遞迴函式名稱、遞迴函式的輸入變數、遞迴函式回傳值資料型別

「int F(int n)」此行就是宣告遞迴函式。

遞迴函式的名稱為「F」

遞迴函式輸入變數「int n」

遞迴函式回傳值資料型別「int」

(2) 遞迴呼叫與遞迴呼叫輸入值

遞迴呼叫與遞迴呼叫輸入值為「F(n-1)+F(n-2)」，這就是遞迴的上下層關係。

(3) 遞迴回傳值

遞迴回傳值為「return re」

(4) 遞迴終止條件

遞迴終止條件為「if ((n == 0) || (n == 1)) { re=1; }」

10-4-4 組合 C(m,n)(ch10\求組合.cpp)

數學中求組合 C(m,n)，表示由 m 個不同物品求取 n 個的所有可能情形，與物品取出順序無關，有以下遞迴關係。

$$c(m,n)=\begin{cases} 1 & ,if \quad n=0 \text{ 或 } m=n \\ c(m-1,n)+c(m-1,n-1) & ,if \quad n!=0 \text{ 且 } m!=n \end{cases}\text{，其中 } m>=n$$

以下為求解 c(4,1)的遞迴呼叫過程，箭頭上方的括弧數字表示程式執行的順序，箭頭向下表示遞迴呼叫，箭頭向上表示回傳值給呼叫函式，如下圖。

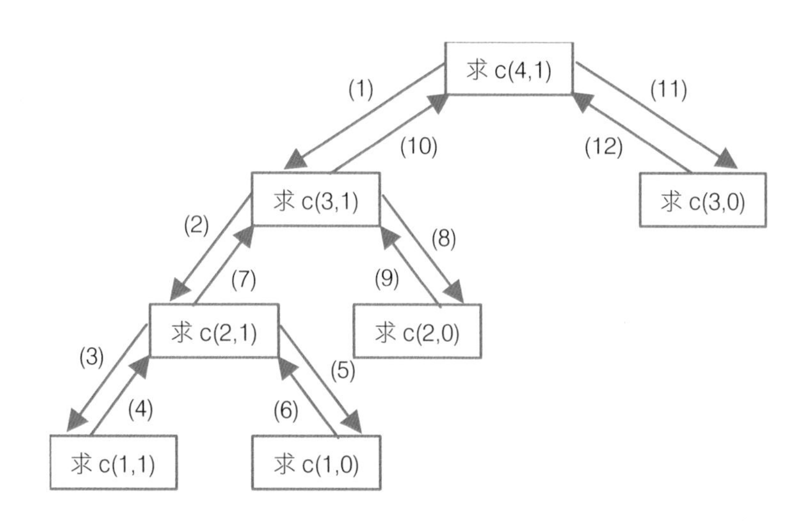

求解 c(4,1)的過程

(1) 求解 c(4,1)先遞迴呼叫求 c(3,1)。

(2) 求解 c(3,1)先遞迴呼叫求 c(2,1)。

(3) 求解 c(2,1)先遞迴呼叫求 c(1,1)。

(4) c(1,1)值為 1，所以回傳 c(1,1)，即回傳 1。

(5) 求解 c(2,1)，c(1,1)已經有解，但需要再遞迴呼叫求 c(1,0)。

(6) c(1,0)值為 1，所以回傳 c(1,0)，即回傳 1。

(7) 求解 c(2,1)，c(1,1)與 c(1,0)已經求得，c(2,1)= c(1,1)+ c(1,0)=1+1=2，回傳 c(2,1)，即回傳 2。

(8) 求解 c(3,1)，c(2,1)已經有解，但需要再遞迴呼叫求 c(2,0)。

(9) c(2,0)值為 1，所以回傳 c(2,0)，即回傳 1。

(10) 求解 c(3,1)，c(2,1)與 c(2,0)已經求得，c(3,1)= c(2,1)+ c(2,0)=2+1=3，回傳 c(3,1)，即回傳 3。

(11) 求解 c(4,1)，c(3,1)已經有解，但需要再遞迴呼叫求 c(3,0)。

(12) c(3,0)值為 1，所以回傳 c(3,0)，即回傳 1。

求解 c(4,1)，c(3,1)與 c(3,0)已經求得，c(4,1)= c(3,1)+ c(3,0)=3+1=4，如此得到結果。

我們接下來實作求組合 C(m,n)。

(a) 程式碼與解說

行數	程式碼
1	`#include <iostream>`
2	`using namespace std;`
3	`int C(int,int);`
4	`int main(){`
5	`  int m,n,result;`
6	`  cout << "請輸入M值？";`
7	`  cin >> m;`
8	`  cout << "請輸入N值？";`
9	`  cin >> n;`
10	`  result=C(m,n);`
11	`  cout << "由" << m <<"取" << n << "的組合數有" << result << "種" << endl;`
12	`}`
13	
14	`int C(int m,int n){`
15	`  int re;`
16	`  if ((n == 0) || (n == m)) {`
17	`    re=1;`
18	`  }else {`
19	`    re=C(m-1,n)+C(m-1,n-1);`
20	`  }`
21	`  cout << "由" << m <<"取" << n << "的組合數有" << re << "種" << endl;`
22	`  return re;`
23	`}`

解說

- 第 3 行：使用 C 函式遞迴計算由 m 個取 n 個的組合數。
- 第 5 行：宣告變數 m、n 與 result 為整數變數。
- 第 6 行：於螢幕輸出「請輸入 M 值？」。
- 第 7 行：由鍵盤輸入 M 值儲存入變數 m。
- 第 8 行：於螢幕輸出「請輸入 N 值？」。
- 第 9 行：由鍵盤輸入 N 值儲存入變數 n。
- 第 10 行：使用遞迴函式 C，求由 m 個取 n 個的組合數，結果儲存入 result。
- 第 11 行：顯示由 m 個取 n 個的組合數。
- 第 14 到 23 行：遞迴函式 C 計算組合數，變數 m 與 n 為函式 C 的輸入值，宣告變數 re 為整數變數（第 15 行），判斷 m 與 n 值是否符合遞迴終止條件，若 n 等於 0 或 n 等於 m，則終止遞迴，變數 re 等於 1(第 16 到 17 行），否則遞迴呼叫下去，re 等於「C(m - 1, n) + C(m - 1, n - 1)」（第 18 到 20 行)。遞迴函式 C 回傳 re 前，先顯示由 m 個取 n 個的組合數(第 21 行）。
- 第 22 行：經由 return 指令，將執行程式控制權交回給呼叫程式，並將變數 re 的值回傳。

(b) 預覽程式執行結果

按下「執行 → 編譯並執行」，輸入 m 與 n 值，程式執行結果如下。

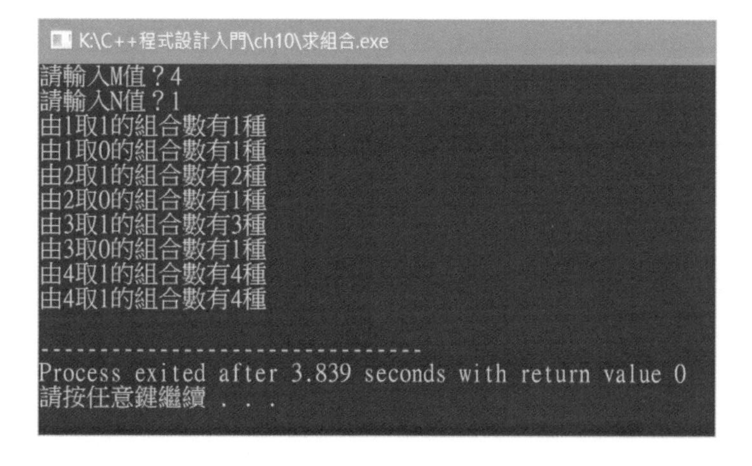

(1) 遞迴函式名稱、遞迴函式的輸入變數、遞迴函式回傳值資料型別

「int C(int m,int n)」此行就是宣告遞迴函式。

遞迴函式的名稱為「C」

遞迴函式輸入變數「int m,int n」

遞迴函式回傳值資料型別「int」

(2) 遞迴呼叫與遞迴呼叫輸入值

遞迴呼叫與遞迴呼叫輸入值為「C(m-1,n)+C(m-1,n-1)」，這就是遞迴的上下層關係。

(3) 遞迴回傳值

遞迴回傳值為「return re」

(4) 遞迴終止條件

遞迴終止條件為「 if ((n == 0) || (n == m)) { re=1; }」

解析 APCS 程式設計觀念題

（B）1. 給定右側程式，其中 s 有被宣告為全域變數，請問程式執行後輸出為何？ (106 年 3 月 APCS 第 8 題)

(A) 1,6,7,7,8,8,9

(B) 1,6,7,7,8,1,9

(C) 1,6,7,8,9,9,9

(D) 1,6,7,7,8,9,9

行數	程式碼
1	`int s = 1;// 全域變數`
2	`void add (int a){`
3	`  int s=6;`
4	`  for(;a>=0;a=a-1){`
5	`    printf("%d,",s);`
6	`    s++;`
7	`    printf("%d,",s);`
8	`  }`
9	`}`
10	`int main(){`
11	`  printf("%d,",s);`
12	`  add(s);`
13	`  printf("%d,",s);`
14	`  s=9;`
15	`  printf("%d",s);`
16	`  return 0;`
17	`}`

解析　第 11 行先輸出 1 到螢幕上，接著呼叫函式 add，以 1 為輸入，第 3 行設定區域變數 s 為 6，區域變數 s 會覆蓋第 1 行的全域變數 s，接著執行第 4 行到第 8 行的迴圈，迴圈變數 a，初始化為 1，終止值為 0，每次遞減 1，迴圈執行第一次，a 等於 1 時，第 5 行輸出 6 到螢幕上，接著變數 s 遞增 1，所以第 7 行輸出 7 到螢幕上；迴圈執行第二次，a 等於 0 時，第 5 行輸出 7 到螢幕上，接著變數 s 遞增 1，所以第 7 行輸出 8 到螢幕上，到此函式 add 執行結束。回到第 13 行輸出全域變數 s 到螢幕上，所以輸出 1 到螢幕上，第 14 行修改全域變數 s 為 9，第 15 行輸出全域變數 s 就會輸出 9 到螢幕上，所以依序輸出「1,6,7,7,8,1,9」

（D）2.　右側程式執行後輸出為何？

(105 年 10 月 APCS 第 20 題)

(A) 0

(B) 10

(C) 25

(D) 50

行數	程式碼
1	`int G (int B) {`
2	`  B = B * B;`
3	`  return B;`
4	`}`
5	`int main () {`
6	`  int A=0, m=5;`
7	`  A = G(m);`
8	`  if (m < 10)`
9	`    A = G(m) + A;`
10	`  else`
11	`    A = G(m);`
12	`  printf ("%d \n", A);`
13	`  return 0;`
14	`}`

解析　第 7 行執行 G(m)，因為變數 m 等於 5，相當呼叫 G(5)回傳 25 給變數 A，因為變數 m 等於 5，小於 10，執行「A = G(m) + A」相當於「A = G(5) + 25=25+25」，所以變數 A 等於 50，選項(D)為正解。

（B）3.　右側 F()函式回傳運算式該如何寫，才會使得 F(14)的回傳值為 40？　(106 年 3 月 APCS 第 3 題)

```
int F (int n) {
  if (n < 4)
    return n;
  else
    return _______?_______;
}
```

(A) n * F(n - 1)

(B) n + F(n - 3)

(C) n - F(n - 2)

(D) F(3n+1)

解析　(A) n * F(n - 1)　　F(14) = 14*F(13) = 14*13*F(12)，數值會大於 40，所以不正確。

(B) n + F(n - 3)　　F(14)＝14＋F(11)＝14＋11＋F(8)＝14＋11＋8＋F(5) ＝ 14＋11＋8＋5＋F(2)＝ 14＋11＋8＋5＋2＝40，選項(B)為正解。

(C) n - F(n - 2)　　F(14)＝14-F(12)＝14-(12-F(10))＝14-12＋F(10)＝14-12＋10-F(8)＝14-12＋10-(8-F(6))＝14-12＋10-8＋F(6)＝14-12＋10-8＋6-F(4)＝14-12＋10-8＋6-(4-F(2))＝14-12＋10-8＋6-4＋2 ＝8，所以不正確。

(D) F(3n＋1)　　F(14)＝F(43)＝F(130)...，無窮遞迴。

（C）4. 若以 B(5,2)呼叫右側 B()函式，總共會印出幾次“base case”？

(106 年 3 月 APCS 第 7 題)

```
int B (int n, int k) {
  if (k == 0 || k == n){
    printf ("base case\n");
    return 1;
  }
  return B(n-1,k-1) + B(n-1,k);
}
```

(A) 1
(B) 5
(C) 10
(D) 19

解析　這類型的題目適合使用圖解方式解題，下圖為 B(5,2)的遞迴呼叫過程，B(5,2)會遞迴呼叫 B(4,1)與 B(4,2)，B(4,1)會遞迴呼叫 B(3,0)與 B(3,1)，而 B(3,0)會印出「base case」，B(3,1)會繼續遞迴呼叫 B(2,0)與 B(2,1)，依此類推，虛線圓圈的遞迴呼叫會印出「base case」，印出 10 次，選項(C)為正解。

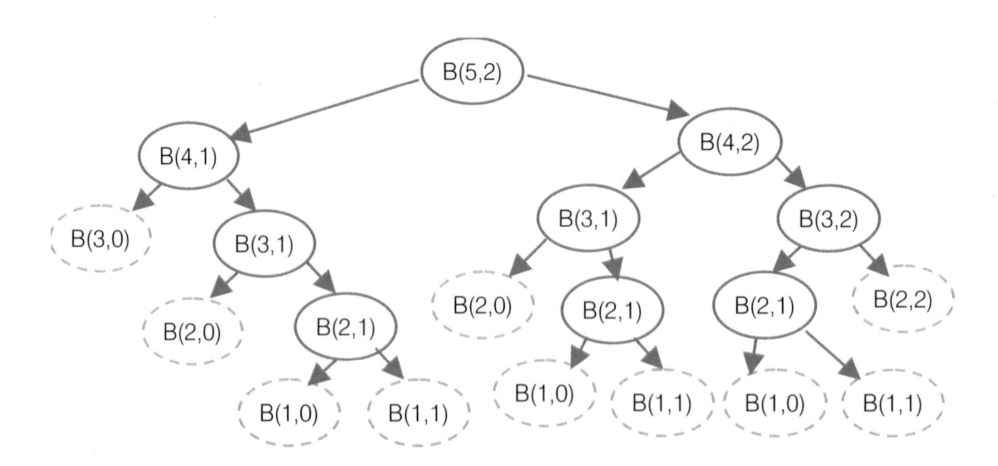

（D）5. 若以 F(15)呼叫右側 F()函式，總共會印出幾行數字？

(106 年 3 月 APCS 第 14 題)

(A) 16 行

(B) 22 行

(C) 11 行

(D) 15 行

```
void F (int n) {
  printf ("%d\n" , n);
  if ((n%2 == 1) && (n > 1)){
    return F(5*n+1);
  }
  else {
    if (n%2 == 0)
      return F(n/2);
  }
}
```

解析　這類型的題目適合使用圖解方式解題，以下為遞迴呼叫 F(15)的過程，F(15) → F(76) → F(38) → F(19) → F(96) → F(48) → F(24) → F(12) → F(6) → F(3) → F(16) → F(8) → F(4) → F(2) → F(1)，總共呼叫 15 次，印出 15 個數字，選項(D)為正解。

（C）6. 給定右側 G(), K() 兩函式，執行 G(3)後所回傳的值為何？

(105 年 10 月 APCS 第 3 題)

(A) 5

(B) 12

(C) 14

(D) 15

```
int K(int a[], int n) {
  if (n >= 0)
    return (K(a, n-1) + a[n]);
  else
    return 0;
}
int G(int n){
  int a[] = {5,4,3,2,1};
  return K(a, n);
}
```

解析　這類型的題目適合使用圖解方式解題，以下為遞迴呼叫 G(3)的過程。過程中 K(a,-1)回傳 0，最後累加 a[0]、a[1]、a[2]與 a[3]，獲得 14，選項(C)為正解。

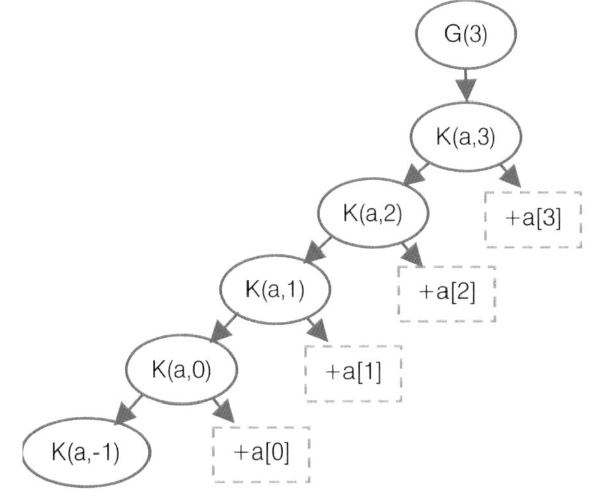

習題

選擇題

(　) 1. 下列何者對函式的功能敘述有誤？

(A) 將相同功能的程式獨立出來，經由函式的呼叫，函式傳入資料與回傳處理後的結果

(B) 程式設計師只要將函式寫好，可以不斷利用此函式做相同動作，可以達成程式碼不重複

(C) 程式設計師只要知道系統函式的功能，什麼輸入會有怎樣對應的輸出，就可以使用該系統函式

(D) 函式不適合大型系統的開發，易造成混淆。

(　) 2. 下列何者對遞迴函式的敘述有誤？

(A) 遞迴函式為函式本身自己呼叫自己

(B) 遞迴函式若沒有終止的條件就會形成無窮遞迴

(C) 利用遞迴函式解題時不需明確定義遞迴關係

(D) 遞迴是一種解題策略。

(　) 3. 變數作用範圍在一對大括號內，稱作什麼範圍的變數？

(A) 區塊範圍（block scope）

(B) 區域範圍（local scope）

(C) 廣域範圍（global scope）

(D) 迴圈範圍（loop scope）

程式實作

1. 加總(ch10\ex 加總.cpp)

使用遞迴函式求解 1+2+3+…+n 的結果，遞迴關係如下。

$$sum(n) = \begin{cases} 1 & ,if \quad n = 1 \\ sum(n-1) + n & ,if \quad n > 1 \end{cases}$$

執行結果，如下圖。

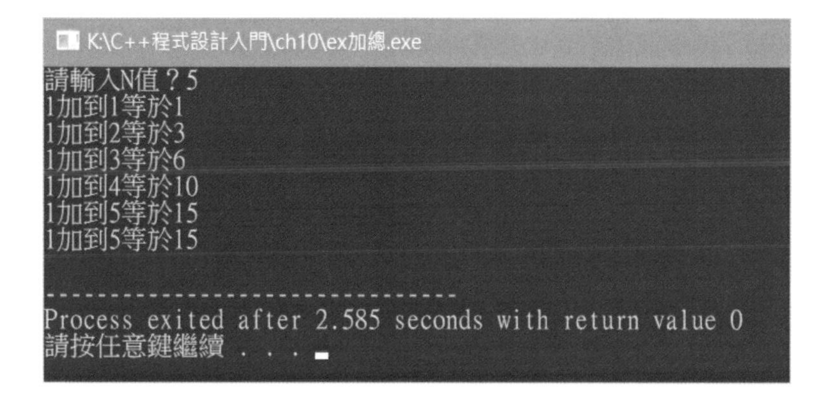

2. 平面切割空間數(ch10\ex 平面切割空間數.cpp)

空間中的 n 個平面最多可以切割成幾個空間，已知平面切割成幾個空間的遞迴關係如下，

$$c(n)=\begin{cases}2, if \quad n=1 \\ c(n-1)+\dfrac{(n^2-n+2)}{2}, if\ n>1\end{cases}$$

c(n)表示 n 個平面最多可以切割的空間數，請使用陣列計算輸入平面個數求出最多可切割的空間數，假設輸入的 n 值小於等於 10，執行結果，如下圖。

3. 阿克曼函數（Ackermann function）(ch10\ex 阿克曼函數.cpp)

阿克曼函數是一個遞迴函式，遞迴關係如下。

$$A(m,n)=\begin{cases} n+1 & ,if \quad m=0 \\ A(m-1,1) & ,if \quad m>0,n=0 \\ A(m-1,A(m,n-1)), & if\ m>0,n>0 \end{cases}$$

執行結果，如下圖。

```
K:\C++程式設計入門\ch10\ex阿克曼函數.exe
請輸入M值？1
請輸入N值？2
阿克曼函數0與1代入結果為2
阿克曼函數1與0代入結果為2
阿克曼函數0與2代入結果為3
阿克曼函數1與1代入結果為3
阿克曼函數0與3代入結果為4
阿克曼函數1與2代入結果為4
阿克曼函數1與2代入結果為4

--------------------------------
Process exited after 2.682 seconds with return value 0
請按任意鍵繼續 . . .
```

字串處理 11

C 語言字串處理函式需要用到記憶體位址與指標概念，對初學者而言，指標是較不容易理解的概念，進階的指標概念放在之後章節說明，為了 C 語言字串處理函式會用到指標概念，先進行基本的指標概念介紹。指標是一種特別的變數，專門用於儲存記憶體位址，在講解指標之前，要先說明記憶體位址的概念。

11-1 字串處理前言—記憶體位址

記憶體存取方式為以位址存取資料，記憶體位址的編排有其順序，第一個 Byte 位址定義為 0，第二個 Byte 位址為 1，依此類推。

假設一個有 10 個 Byte 的記憶體，依照記憶體位址的編號應由 0 開始編號到 9，假設宣告一個變數 x，其對應到位址 4 的記憶體，程式中寫到「x=13」，電腦就會將 13 儲存入位址 4 的記憶體，假設 x 宣告為 int，就佔有記憶體 4Byte 空間，記憶體位址 4 到 7 都用於儲存變數 x，如右圖。當使用取址符號(&)取出變數 x 的位置時就會輸出 4，因 C 語言使用十六進位表示記憶體位址，「4」以十六進位時會變成「0x4」，其中「0x」表示十六進位表示。

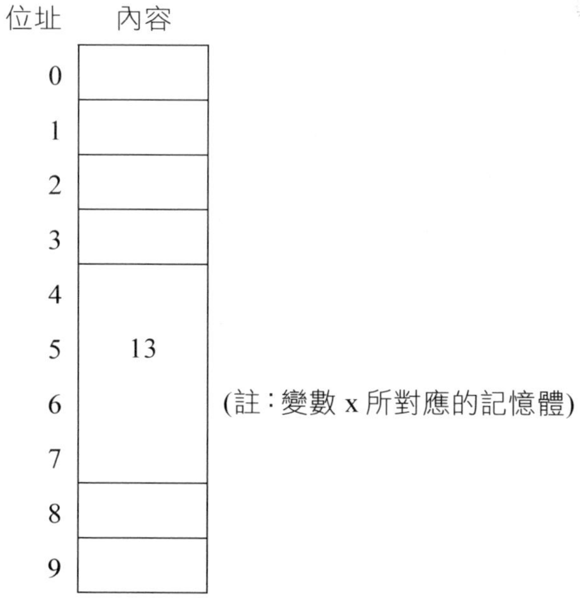

位址	內容
0	
1	
2	
3	
4	
5	13
6	
7	
8	
9	

(註：變數 x 所對應的記憶體)

以下程式用於顯示變數的位址(ch11\記憶體位址.cpp)。

(a) 程式碼與解說

行數	程式碼

```
1  #include <iostream>
2  using namespace std;
3  int main(){
4    int x=13;
5    cout << "x=" << x << endl;
6    cout << "&x=" << &x << endl;
7  }
```

解說

- 第 4 行：宣告整數變數 x，初始化為 13。
- 第 5 行：輸出「x=」與 x 值。
- 第 6 行：輸出「&x=」與 x 的位址。

(b) 預覽結果

按下「執行 → 編譯並執行」，結果顯示在螢幕，輸出 x 的值與位址，本範例 x 的值為 13，位址為 0x66fe3c，0x 表示十六進位表示，位址為 66fe3c。

```
F:\C++程式設計入門\ch11\記憶體位址.exe
x=13
&x=0x6ffe3c

--------------------------------
Process exited after 0.01852 seconds with return value 0
請按任意鍵繼續 . . .
```

11-2 字串處理前言—指標

指標是一種特別的變數，用於儲存記憶體位址，指標變數可以儲存相同型別變數的位址，執行過程當中就可以動態改變指標所指向的變數，增加 C 語言程式的彈性；C 語言可以使用指標當成函式的輸入參數與回傳值。

11-2-1 指標的宣告

宣告指標需同時宣告指標的資料型別，指標變數之前要加上星號「*」，以下程式宣告整數指標變數 p。

```
int *p;
```

當然我們也可以宣告倍精度浮點數的指標變數，如下。

```
double *p;
```

11-2-2 指標的使用(ch11\指標與變數位址.cpp)

指標的使用需要配合變數的位址，以下解釋指標與位址的結合。

Step1 宣告指標。

Step2 將位址儲存到指標。

以下程式用於指標與位址的結合。

(a) 程式碼與解說

行數	程式碼
1	`#include <iostream>`
2	`using namespace std;`
3	`int main(){`
4	`  int *p,x=1,y=2;`
5	`  cout << "&x=" << &x << endl;`
6	`  cout << "&y=" << &y << endl;`
7	`  p=&x;`
8	`  cout << "執行p=&x後，p=" << p << endl;`
9	`  p=&y;`
10	`  cout << "執行p=&y後，p=" << p << endl;`
11	`}`

解說

- 第 4 行：宣告整數指標變數 p，整數變數 x，初始化為 1，整數變數 y，初始化為 2。
- 第 5 行：輸出「&x=」與 x 的位址。

- 第 6 行：輸出「&y=」與 y 的位址。
- 第 7 行：將變數 x 的位址儲存入指標變數 p。
- 第 8 行：輸出「執行 p=&x 後，p=」與指標變數 p 的儲存值。
- 第 9 行：將變數 y 的位址儲存入指標變數 p。
- 第 10 行：輸出「執行 p=&y 後，p=」與指標變數 p 的儲存值。

(b) 預覽結果

按下「執行 → 編譯並執行」，結果顯示在螢幕，輸出 x 的位址，輸出 y 的位址，顯示「p=&x」與「p=&y」後，指標 p 內容的變化。

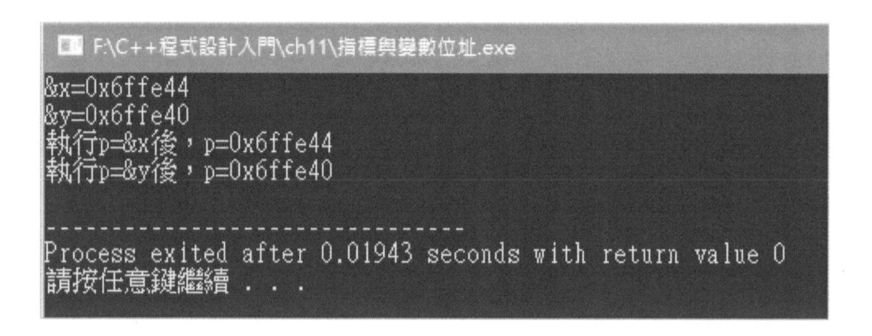

以下圖示表示上述結果。

位址	內容
0x6ffe3f	
0x6ffe40	2（變數 y 的內容）
0x6ffe41	
0x6ffe42	
0x6ffe43	
0x6ffe44	1（變數 x 的內容）
0x6ffe45	
0x6ffe46	
0x6ffe47	
0x6ffe48	
0x6ffe49	

p=&x 後

p | 0x6ffe44（指標變數 p 的內容）

p=&y 後

p | 0x6ffe40（指標變數 p 的內容）

11-3 C 語言的字串函式

C 語言中有許多內建函式，內建函式是經由編譯器軟體的安裝過程中，一起安裝 C 語言函式庫，使用者不用自己撰寫內建函式，可以於程式中直接呼叫使用，只要知道函式的輸入參數、回傳值與函式的功能，簡化程式撰寫的困難度與複雜度。

分類	需包含的表頭檔	函式名稱
字串	string.h 或 cstring	strcpy、strncpy、strcat、strncat、strcmp、strncmp、strchr、strrchr、strstr、strtok、strlen

字串函式為 C 語言所提供的字串處理系統函式庫，在程式開始包含 string.h 或 cstring 就有一些有用的字串處理函式可以呼叫使用，下表介紹其中一些常用函式。string.h 是 C 語言的函式庫，而 cstring 是 C++的函式庫，cstring 與 string.h 提供相同的字串函式，只是 cstring 適用於 C++語法的程式，string.h 適用於 C 語法的程式。若撰寫 C++語法程式，則優先使用 cstring；若是撰寫 C 語法程式，則優先使用 string.h。呼叫以下函式需事先包含函式庫 string.h 或 cstring。

函式	說明	回傳資料型別	範例與執行結果

strcpy	strcpy(char *destination ,char *source)，將字串 source 複製到字串 destination，字串 destination 的原始資料將被取代。	字元指標	`char dest[20];`
			`char src[11]="Good Night";`
			`strcpy(dest,src);`
			字元陣列 dest 的結果為「Good Night」。

strncpy	strcpy(char *destination ,char *source ,int n)，將字串 source 的前 n 個字元複製到字串 destination，字串 destination 的前 n 個原始資料將被取代。	字元指標	`char dest[5];`
			`char src[11]="Good Night";`
			`strncpy(dest,src,4);`
			`dest[4]='\0';`
			說明：dest[4]='\0'，在字元陣列的第 5 個字元補上「\0」表示字串結束。
			字元陣列 dest 的結果為「Good」。

函式	說明	回傳資料型別	範例與執行結果
strcat	strcat (char * destination, const char * source)，將字串 source 的串接到字串 destination 的後面。	字元指標	`char  dest[40]="Good ";` `strcat(dest,"morning");`
			字元陣列 dest 的結果為「Good morning」。
strncat	strcat (char * destination, const char * source)，將字串 source 的前 n 個字元串接到字串 destination 的後面。	字元指標	`char  dest[40]="Good ";` `strncat(dest,"morning",3);`
			字元陣列 dest 的結果為「Good mor」。

strcmp	strcmp (const char * str1, const char * str2)，比較字串 str1 與 str2，若相等則回傳 0，回傳大於 0 的數值表示字串 str1 與 str2 第一個不相同的字元，str1 的字元轉換成 ASCII 數值較 str2 的字元轉換成 ASCII 數值來的大；反之回傳小於 0 的數值。	整數	`char str1[10]="aabbcf";`
			`char str2[10]="aabbce";`
			`int cmp=strcmp(str1,str2);`
			說明：字串 str1 與 str2 只差在最後一個字元，因 str1 的最後一個字元 f 大於 str2 的最後一個字元 e，所以回傳 1。

			整數 cmp 的值為 1。

strncmp	strncmp (const char * str1, const char * str2, int num)，比較字串 str1 與 str2 前 num 個字元，若相等則回傳 0，回傳大於 0 的數值表示字串 str1 與 str2 第一個不相同的字元，str1 的字元轉換成 ASCII 數值較 str2 的字元轉換成 ASCII 數值來的大；反之回傳小於 0 的數值。	整數	`char str1[10]="aabbcf";`
			`char str2[10]="aabbce";`
			`int cmp=strncmp(str1,str2,5);`
			說明：字串 str1 與 str2 的前五個字元皆相同，所以回傳 0。

			整數 cmp 的值為 0。
strstr	strstr (const char * str1, const char * str2)，找出字串 str2 在字串 str1 的位置，若找到回傳第一個找到的位置指標，該指標指向找到字串的開頭；若找不到回傳 NULL。	字元指標	`cout <<strstr("Hello","l")`
			`llo`

函式	說明	回傳資料型別	範例與執行結果

strtok	strtok (char * str, const char * delimiters)，以 delimiters 切割字串 str，回傳每個切割的字串開頭指標，若 str 未處理完成，要繼續找尋，strtok 函式需使用 NULL 為第一個參數，如範例。若字串 str 處理完畢，回傳 NULL。	字元指標	char str[40]="beauty is in the eye of the beholder";
			char *ptr;
			ptr=strtok(str," ");
			cout << ptr << endl;
			while(ptr != NULL) {
			  ptr=strtok(NULL," ");
			  cout << ptr << endl;
			}
			說明：第一次使用 strtok (str," ")，若要繼續找使用 strtok(NULL," ")

			beauty is in the eye of the beholder
strlen(s)	strlen (const char * str)，計算字串 s 的長度	整數	cout << strlen("c++")
			3

11-4 C 語言字串函式的範例程式

11-4-1 取出字串中每個字元(ch11\取出字串中每個字元.cpp)

將字串中每個字元拆開來顯示，每顯示一個字元就換行。

(a) 解題想法

想要找出字串中的每個字元，需要先使用 strlen 函式計算字串的長度，一個迴圈(for)，迴圈變數為 i，i 值由 1 變化到字串長度，於迴圈中取出字串的第 i 個字元。流程圖表示如下。

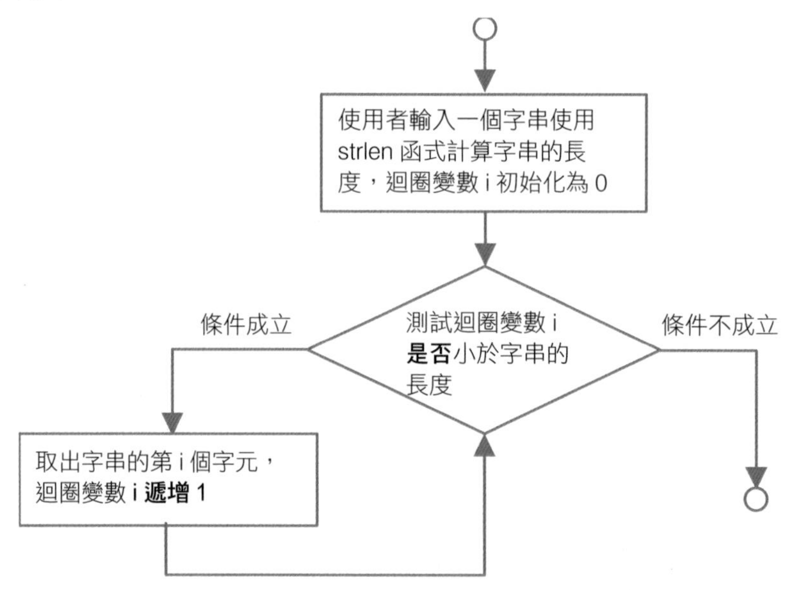

(b) 程式碼與解說

行數	程式碼
1	`#include <iostream>`
2	`#include <cstring>`
3	`using namespace std;`
4	`int main(){`
5	`  char str[12]="c++ is easy";`
6	`  int len=strlen(str);`
7	`  for(int i=0;i<len;i++){`
8	`    cout << str[i] << endl;`
9	`  }`
10	`}`

解說

- 第 5 行：宣告字元陣列 str，有 12 個字元，字串初始化為「c++ is easy」。
- 第 6 行：宣告變數 len 為整數，利用 strlen 函式計算字串 str 的長度，將值儲存入 len 變數。
- 第 7 到 9 行：使用 for 迴圈分割字串 str，i 值變化由 0 到字串長度減 1(len-1)，每次取 1 個字元，顯示在螢幕上，顯示一個字元後換行。

(c) 預覽結果

按下「執行 → 編譯並執行」，結果顯示在螢幕。

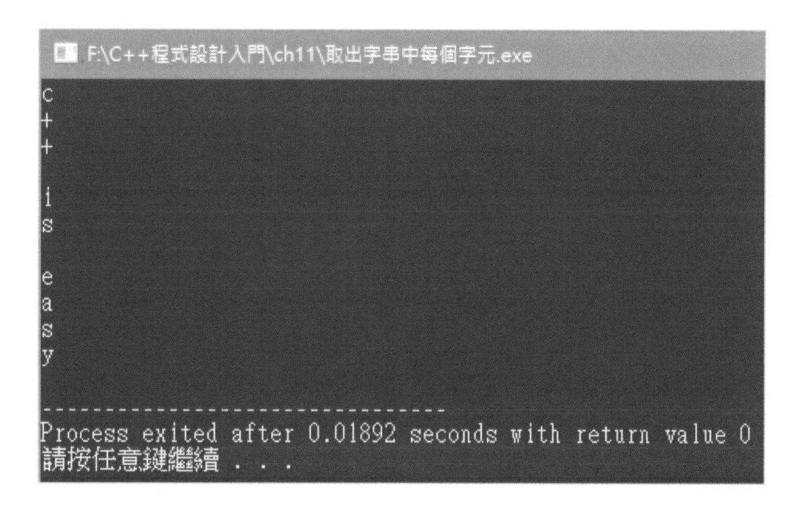

迴圈中 i 值變化與字元的對應，如下表。

i 值	取出字元
i=0	為字串 str 的第一個字元
i=1	為字串 str 的第二個字元
i=2	為字串 str 的第三個字元
…	…
i=len-1	為字串 str 的第最後一個字元

11-4-2 登入系統(ch11\登入系統.cpp)

請寫一個程式讓使用者輸入密碼，輸入正確密碼程式才結束，正確密碼為「c++」。

(a) 解題想法

這樣的迴圈次數執行次數不一定，所以最好使用 while 迴圈，而使用者至少要輸入一次才能確認密碼是否正確，所以最好使用 do-while 迴圈。

使用者輸入密碼後，於 do-while 迴圈條件測試，使用 strcmp 函式比較輸入密碼與預設密碼是否一致，若一致，則 strcmp 函式回傳 0，若不一致，則 strcmp 函式回傳值不為 0，當 strcmp 函式回傳值不為 0，do-while 迴圈繼續執行。流程圖表示如下。

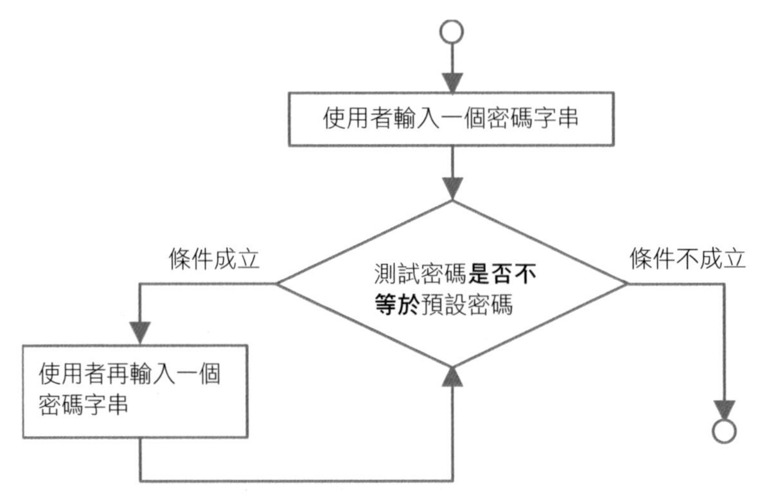

(b) 程式碼與解說

行數	程式碼
1	`#include <iostream>`
2	`#include <cstring>`
3	`using namespace std;`
4	`int main(){`
5	`  char pwd[4]="c++";`
6	`  char input[40];`
7	`  do {`
8	`    cout << "請輸入密碼";`
9	`    cin >> input;`
10	`  }while(strcmp(input,pwd) != 0);`
11	`}`

解說

- 第 5 行：宣告預設密碼為字元陣列 pwd，有 4 個字元，字串初始化為「c++」。
- 第 6 行：宣告字元陣列 input，有 40 個字元。
- 第 7 到 10 行：使用 do-while 迴圈，於迴圈內提醒使用者「請輸入密碼」(第 8 行)，使用者輸入密碼於字元陣列 input(第 9 行)，do-while 迴圈使用 strcmp 函式測試字元陣列 input 與 pwd 使否一致，測試結果不等於 0 表示不一致，do-while 迴圈繼續允許使用者輸入密碼，再進行測試是否一致。

(c) 預覽結果

按下「執行 → 編譯並執行」，結果顯示在螢幕，先輸入「abc」，因為與預設密碼不同，使用者繼續輸入，再輸入「c++」與預設密碼一致，程式結束。

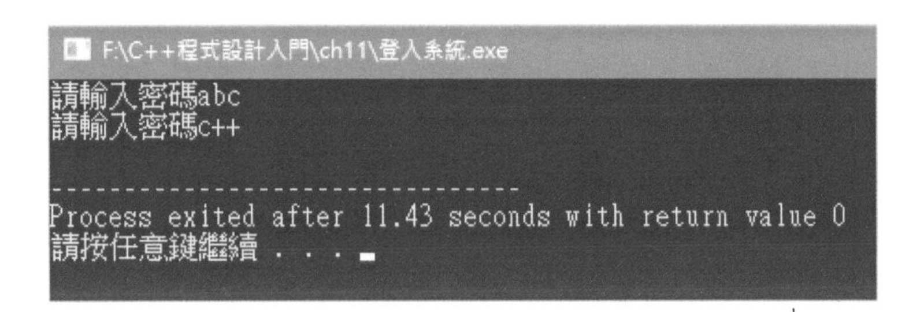

11-4-3 字串以空白鍵進行切割(ch11\字串以空白鍵進行切割.cpp)

請寫一個程式允許使用者輸入字串，將輸入字串以空白鍵進行切割，輸出字串中的每個單字到螢幕。

(a) 解題想法

這樣的迴圈執行次數不一定，所以最好使用 while 迴圈，使用者輸入字串後，使用「ptr= strtok(str," ")」讀取字串的第一個單字的開頭位址到 ptr，在 while 迴圈條件測試 ptr，若 ptr 不等於 NULL，表示輸入的字串還沒結束，繼續使用「ptr=strtok(NULL," ")」讀取字串的下一個單字的開頭位址到 ptr，若 ptr 等於 NULL，表示輸入的字串已讀取完畢，到此完成字串切割。流程圖表示如下。

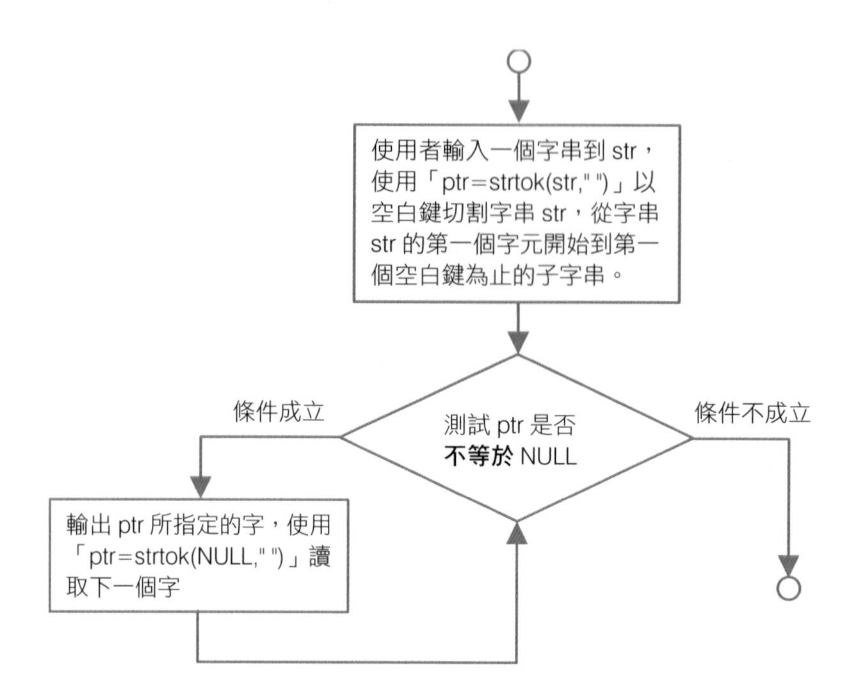

(b) 程式碼與解說

行數	程式碼
1	`#include <iostream>`
2	`#include <cstring>`
3	`using namespace std;`
4	`int main(){`
5	`  char str[40]="beauty is in the eye of the beholder";`
6	`  char *ptr;`
7	`  ptr=strtok(str," ");`
8	`  while(ptr != NULL) {`
9	`    cout << ptr << endl;`
10	`    ptr=strtok(NULL," ");`
11	`  }`
12	`}`

解說

- 第 5 行：宣告字元陣列 str，有 40 個字元，字串初始化為「beauty is in the eye of the beholder」。
- 第 6 行：宣告字元指標 ptr。

- 第 7 行：使用「ptr=strtok(str," ")」以空白鍵切割字串 str，從字串 str 的第一個字元開始到第一個空白鍵為止的子字串，將此子字串的開始位址儲存到字元指標 ptr。
- 第 8 到 11 行：使用 while 迴圈，若字元指標 ptr 不是 NULL(第 8 行)，則輸出 ptr 所指的子字串(第 9 行)，使用「ptr=strtok(NULL," ")」函式讀取字串 str 的下一個字(第 10 行)。

(c) 預覽結果

按下「執行 → 編譯並執行」，結果顯示在螢幕。

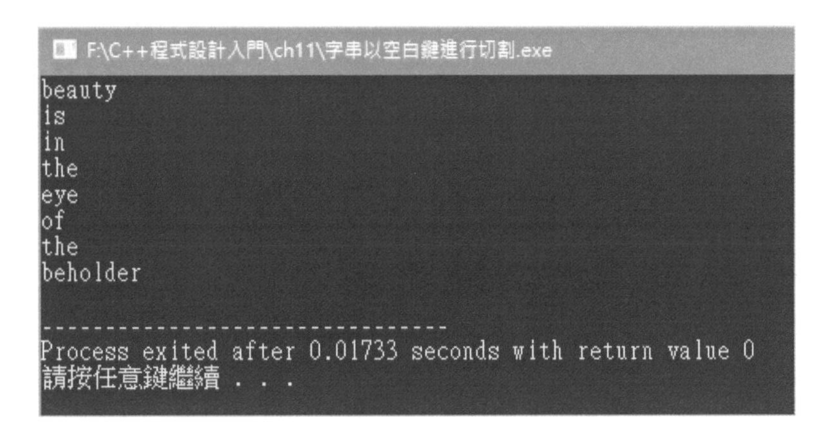

11-5 C 語言的型別轉換函式

C 語言提供字串轉成數值函式，可將字串轉成浮點數與整數；提供大寫與小寫字元的轉換函式，可將字元轉成大寫或小寫字元。

分類	需包含的表頭檔	函式名稱
型別轉換	stdlib.h 或 cstdlib	atof、atoi、atol
	ctype.h 或 cctype	tolower、toupper

函式	說明	回傳資料型別	範例與執行結果
atof(s) (包含 stdlib.h 或 cstdlib)	atof(char *str)，將數字的字元陣列轉成倍精度浮點數。	倍精度 浮點數(double)	cout << atof("30.5")
			30.5

函式	說明	回傳資料型別	範例與執行結果
atoi(s) (包含 stdlib.h 或 cstdlib)	atoi(char *str)，將數字的字元陣列轉成整數。	整數(int)	cout << atoi("30.5")
			30
atol(s) (包含 stdlib.h 或 cstdlib)	atol(char *str)，將數字的字元陣列轉成長整數。	長整數(long int)	cout << atol("30.5")
			30
toupper(s) (包含 ctype.h 或 cctype)	toupper(int s)，將字元 s 的大寫字元。	整數(int)	cout << char(toupper('a'))
			A
tolower (包含 ctype.h 或 cctype)	tolower(int s)，將字元 s 的小寫字元。	整數(int)	cout << char(tolower('Z'))
			z

11-6 C 語言的資料檢查函式

檢查資料的所屬類別，例如：字母、數值、大寫、小寫與空白字元，測試結果若為真，則回傳非 0 值；若為假，則回傳 0。

分類	需包含的表頭檔	函式名稱
資料檢查	ctype.h 或 cctype	isalnum、isalpha、ispunct、isdigit、isxdigit、islower、isupper、isspace、iscntrl

以下函式需要包含函式庫 ctype.h 或 cctype。

函式	說明	回傳資料型別	範例與執行結果
isalnum(c)	isalnum(int c)，測試 c 是否為大小寫字母或數字，若是則回傳非 0 值，若不是則回傳 0。	回傳非 0 表示測試結果為真，回傳 0 表示測試結果為假。	(1) cout << isalnum('2') (2) cout << isalnum('+')
			(1) 非 0 值，表示測試結果為真 (2) 0，表示測試結果為假

函式	說明	回傳資料型別	範例與執行結果
isalpha(c)	isalpha(int c)，測試 c 是否為大小寫字母，若是則回傳非 0 值，若不是則回傳 0。	回傳非 0 表示測試結果為真，回傳 0 表示測試結果為假。	(1) cout << isalpha('A') (2) cout << isalpha('+') (1) 非 0 值，表示測試結果為真 (2) 0，表示測試結果為假
isdigit(c)	isdigit(int c)，測試 c 是否為整數，若是則回傳非 0 值，若不是則回傳 0。	回傳非 0 表示測試結果為真，回傳 0 表示測試結果為假。	(1) cout << isdigit('1') (2) cout << isdigit('a') (1) 非 0 值，表示測試結果為真 (2) 0，表示測試結果為假
isxdigit(c)	isxdigit(int c)，測試 c 是否為 1、2、3、4、5、6、7、8、9、0、a、b、c、d、e、f、A、B、C、D、E 與 F，若是則回傳非 0 值，若不是則回傳 0。	回傳非 0 表示測試結果為真，回傳 0 表示測試結果為假。	(1) cout << isxdigit('F') (2) cout << isxdigit('G') (1) 非 0 值，表示測試結果為真 (2) 0，表示測試結果為假
islower(c)	islower(int c)，測試 c 是否為小寫字母，若是則回傳非 0 值，若不是則回傳 0。	回傳非 0 表示測試結果為真，回傳 0 表示測試結果為假。	(1) cout << islower('a') (2) cout << islower('A') (1) 非 0 值，表示測試結果為真 (2) 0，表示測試結果為假
isupper(c)	isupper(int c)，測試 c 是否為大寫字母，若是則回傳非 0 值，若不是則回傳 0。	回傳非 0 表示測試結果為真，回傳 0 表示測試結果為假。	(1) cout << isupper('A') (2) cout << isupper('a') (1) 非 0 值，表示測試結果為真 (2) 0，表示測試結果為假
isspace(c)	isspace(int c)，測試 c 是否為' '、'\t '、'\n'、'\v '、'\f '、'\r '，若是則回傳非 0 值，若不是則回傳 0。	回傳非 0 表示測試結果為真，回傳 0 表示測試結果為假。	(1) cout << isspace('\t') (2) cout << isspace('a') (1) 非 0 值，表示測試結果為真 (2) 0，表示測試結果為假

11-7 C++字串處理函式庫(string)

string 函式庫是 C++所提供字串類別函式庫，需在程式最上方包含函式庫 string，才能之後引用 C++的字串類別函式庫 string，string 函式庫與 cstring(string.h)函式庫是不同的函式庫，string 函式庫是以 C++類別的角度來詮釋 C++語言的字串處理函式庫。

11-7-1 字串函式與運算子

C++提供的字串函式包含函式與運算子功能，分述如下。使用以下函式與運算子前，需包含 string 標頭檔。

函式與運算子	說明	回傳資料型別	範例與執行結果

getline	getline(istream is, string str)
	is 為 istream 物件，是個可以輸入資料的物件，該物件所輸入的字串會儲存入字串物件 str。
		不回傳值	`string mystr;`
			`cout << "請輸入文字？";`
			`getline(cin,mystr);`
			`cout << mystr << endl;`
			
			`請輸入文字？hello`
			`hello`
			
			說明：輸入 hello 到字串物件 mystr，輸出 hello(字串物件 mystr)到螢幕上。

swap	swap(string left, string right)
	將字串物件 left 與 right 交換
		不回傳值	`string left="ABC";`
			`string right="XYZ";`
			`cout << "交換前" << endl;`
			`cout << "left=" << left << endl;`
			`cout << "right=" << right << endl;`
			`swap(left,right);`
			`cout << "交換後" << endl;`
			`cout << "left=" << left<< endl;`
			`cout << "right=" << right << endl;`
			
			`交換前`
			`left=ABC`
			`right=XYZ`
			`交換後`
			`left=XYZ`
			`right=ABC`

函式與運算子	說明	回傳資料型別	範例與執行結果
+	串接運算字 兩字串串接在一起	不回傳值	string left="ABC"; string right="XYZ"; cout << left+right << endl; ABCXYZ
>>	輸入運算子 istream >> string 由左邊 istream 物件輸入資料到右邊字串 string	不回傳值	string mystr; cout << "請輸入文字？"; cin >> mystr; cout << mystr << endl; 請輸入文字？hello hello
<<	輸出運算子 ostream << string 由將右邊字串 string 輸出到左邊 ostream 物件	不回傳值	string mystr = "Hello"; cout << mystr << endl; Hello
==	相等運算子 left == right 判斷字串 left 與 right 是否相等 若相等回傳非 0 值代表 true，若不相等回傳 0 代表 false	布林值	string left="ABC"; string right="XYZ"; cout << (left == right) << endl; 0
!=	不相等運算子 left != right 判斷字串 left 與 right 是否不相等 若不相等回傳非 0 值代表 true，若相等回傳 0 代表 false	布林值	string left="ABC"; string right="XYZ"; cout << (left != right) << endl; 1
<	小於運算子 left < right	布林值	string left="ABC"; string right="XYZ"; cout << (left < right) << endl;

函式與運算子	說明	回傳資料型別	範例與執行結果
<	判斷字串 left 是否小於 right 若 left 小於 right 回傳非 0 值代表 true，若 left 大於等於 right 回傳 0 代表 false	布林值	1

<=	小於等於運算子
	left <= right
	判斷字串 left 是否小於等於 right
	若 left 小於等於 right 回傳非 0 值代表 true，若 left 大於 right 回傳 0 代表 false
		布林值	`string left="ABC";`
			`string right="XYZ";`
			`cout << (left <= right) << endl;`
			1

>	大於運算子
	left > right
	判斷字串 left 是否大於 right
	若 left 大於 right 回傳非 0 值代表 true，若 left 小於等於 right 回傳 0 代表 false
		布林值	`string left="ABC";`
			`string right="XYZ";`
			`cout << (left > right) << endl;`
			0

>=	大於等於運算子
	left >= right
	判斷字串 left 是否大於等於 right
	若 left 大於等於 right 回傳非 0 值代表 true，若 left 小於 right 回傳 0 代表 false
		布林值	`string left="ABC";`
			`string right="XYZ";`
			`cout << (left >= right) << endl;`
			0

11-7-2 字串類別

C++內建字串類別，提供處理字串的功能，字串類別提供許多方法可以使用，例如：回傳字串的長度、改變字串長度、回傳陣列第 i 個元素等，讓 C++在處理字串上有現成的物件與方法可以使用，無須自行撰寫字串物件。

本章第一節所介紹的 C 語言的字串處理與本節所介紹的 C++字串類別有很大的不同，C++字串類別是以物件導向的方式撰寫，先宣告某物件為字串類別，該物件就有許多方法可以使用；C 語言的字串是以字元陣列為基礎，所有 C 語言的字串處理函式皆為處理字元陣列方式進行，以字元陣列當參數輸入或傳回字元陣列。

使用 C++字串類別需要三個步驟。

Step1 要包含 string 標頭檔（#include <string>），讓 C++包含 string 類別，C++才知道 string 類別的定義與功能。

Step2 宣告某物件為字串類別。

Step3 使用該物件的屬性與方法完成字串處理工作。

C++字串類別範例程式(ch11\字串長度.cpp)

行數	程式碼
1	`#include <iostream>`
2	`#include <string>`
3	`using namespace std;`
4	`int main (){`
5	`  string str;`
6	`  cin >> str;`
7	`  cout << str.length() << endl;`
8	`}`

解說

- 第 2 行，第一步：包含 string 標頭檔
- 第 5 行，第二步：宣告物件 str 為字串類別
- 第 6 行：輸入字串到物件 str。
- 第 7 行，第三步：呼叫物件 str 的 length 方法，回傳 str 物件的長度。

程式執行結果

輸入一個字串「Hello」，輸出字串的長度為「5」。

```
F:\C++程式設計入門\ch11\字串長度.exe
Hello
5

--------------------------------
Process exited after 4.641 seconds with return value 0
請按任意鍵繼續 . . .
```

介紹 C++字串類別所提供的一些運算子，如下表。

運算子，以運算子都需包含 string 標頭檔。	說明	回傳資料型別	範例與執行結果
( ) 註：一對小括號。	使用一對小括號，初始化字串類別物件。	字串物件	string mystr ("hello!"); cout << mystr; hello!
= 註：等號。	使用等號，初始化字串類別物件。	字串物件	string mystr ; mystr="hello!"; cout << mystr; hello!
[] 註：一對中括號。	使用中括號，指定字串的某個字元。	字元	mystr2="hello!"; cout << mystr2[1] << endl; e
+ 註：加號。	串接字串	字串物件	string mystr1,mystr2; mystr1="Hello,"; mystr2="John"; cout << mystr1+mystr2 << endl; Hello,John

介紹 C++字串類別所提供的一些方法，如下表。

方法	說明	回傳資料型別	範例與執行結果

length()	int length()
	計算字串長度，回傳整數值。
		整數	`string  mystr;`
			`mystr="Hello";`
			`cout << mystr.length() << endl;`
			
			`5`

resize(n)
resize(n,c)
	void resize(int n)
	當字串長度調整到 n，多餘的部分將會被去除。
	void resize(int n, char c)
	當字串長度調整到 n，不足的部分將會使字元 c 填滿。
		不用回傳	`string  mystr="I love c";`
			`mystr.resize(10,'+');`
			`cout  << mystr << endl;`
			
			`I love c++`

clear()	clear()
	清空字串物件，清空後字串長度為 0。
		不用回傳	`string  mystr="I love c++";`
			`cout  << mystr << endl;`
			`mystr.clear();`
			`cout  << mystr << endl;`
			
			`I love c++`
			說明：清空後，第二次輸出 mystr 結果為空字串。

empty()	int empty()
	測試字串是否為空字串，若是空字串，則回傳非 0 值，表示測試結果為真；否則回傳 0，表示測試結果為假。
		整數	`string  mystr;`
			`if  (mystr.empty() != 0){`
			`  cout << "empty string" << endl;`
			`}`
			
			`empty string`
			說明：mystr 為空字串，測試結果為 true，回傳非零值，判斷是否不等於 0，結果是對的，所以輸出「empty string」。

方法	說明	回傳資料型別	範例與執行結果

at(i)	char at(int i)
	回傳此方法的字串物件的第 i 個字元，i=0 回傳字串的第一個字元。
		字元	`string  mystr="I love c++";`
			`cout << mystr.at(0) << endl;`
			
			`I`

append(str)	append(string str)
	將字串 str 加到此方法的字串物件的後面。
		不用回傳	`string mystr1="I love c++";`
			`string mystr2=" very much";`
			`cout << mystr1.append(mystr2) << endl;`
			
			`I love c++ very much`

find	int find(string str,int start)
	找尋字串 str 在此方法的字串物件的從 start 位置開始找，第一次出現字串 str 的位置。
		整數	`int  pos;`
			`string mystr1="I love c++ very much";`
			`pos=mystr1.find("c++",0);`
			`cout << pos << endl;`
			
			`7`

substr	string substr(int start,int n)
	回傳此方法的字串物件第 start 個字元起長度 n 的字串。
		字串物件	`string mystr1="I love c++ very much";`
			`string mystr2=mystr1.substr(7,3);`
			`cout << mystr2 << endl;`
			
			`c++`

compare	compare(string str)
	比較 str 與此方法的字串物件，兩字串物件第一個不同的字元，若 str 大於字串物件回傳小於 0 的數值；若 str 小於字串物件回傳大於 0 的數值；若 str 相等於字串物件回傳 0；
		整數	`string mystr1="I love c++ very much";`
			`string mystr2="I love java very much";`
			`cout << mystr1.compare(mystr2) << endl;`
			`cout << mystr2.compare(mystr1) << endl;`
			
			`-1`
			`1`

方法	說明	回傳資料型別	範例與執行結果

c_str	char* c_str()
	將此方法的字串物件轉換成 C 語言的字元陣列，並於字元陣列的最後加上字元'\0'。
		字元指標	`char str[21];`
			`string mystr="I love c++ very much";`
			`strcpy(str , mystr.c_str());`
			`cout << str << endl;`
			
			`I love c++ very much`
			
			說明：將字串物件 mystr 轉成字串陣列儲存到字元陣列 str。

11-8 C++語言字串類別的範例程式

11-8-1 找出字串中數字的個數(ch11\找出字串中數字的個數.cpp)

找出字串中數字字元的個數，例如：字串「abc12345defgh49053485jldjfa」中有 13 個數字，所以輸出「13」。

(a) 解題想法

想要找出字串中的每個字元，需要先使用 strlen 函式計算字串的長度，一個迴圈(for)，迴圈變數為 i，i 值由 0 變化到字串長度減 1，於迴圈中取出字串的第 i 個字元，判斷第 i 個字元是否是數字字元，若是數字字元則數字字元個數增加 1。流程圖表示如下。

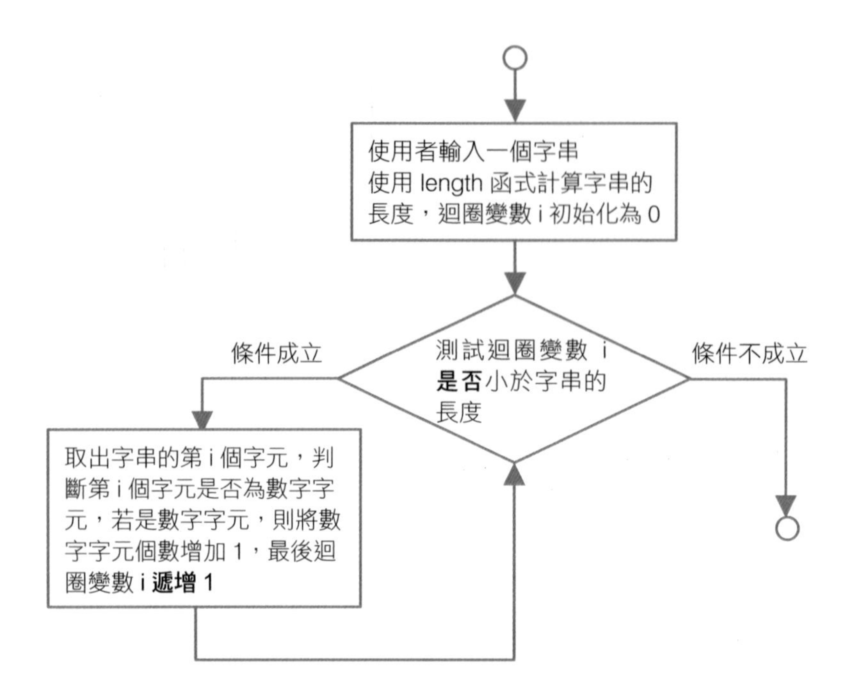

(b) 程式碼與解說

行數	程式碼
1	`#include <iostream>`
2	`#include <string>`
3	`using namespace std;`
4	`int main(){`
5	`  string str1="abc12345defgh49053485jldjfa";`
6	`  int length=str1.length();`
7	`  int count=0;`
8	`  for(int i=0;i<length;i++){`
9	`    if (isdigit(str1.at(i))){`
10	`      count++;`
11	`    }`
12	`  }`
13	`  cout << str1 << endl;`
14	`  cout << "數字個數為" << count << "個" << endl;`
15	`}`

解說

- 第 5 行：宣告 str1 為字串物件，且初始化為「abc12345defgh49053485jldjfa」。
- 第 6 行：宣告 length 為整數變數，並初始化為字串 str1 的長度。

- 第 7 行：宣告 count 為整數變數，用於儲存數字的個數，並初始化為 0。
- 第 8 行到第 12 行：使用 for 迴圈使用 at 方法存取字串中的字元，再加上迴圈變數 i 由 0 變化到 length-1，就可以存取字串 str1 的每一個字元，再使用 isdigit 函式判斷字元是否為數字，若是，則變數 count 累加 1，變數 count 為到目前為止數字的個數。
- 第 13 行：輸出字串 str1 到螢幕。
- 第 14 行：輸出變數 count 為數字的個數。

(c) 預覽結果

按下「執行 → 編譯並執行」，結果顯示在螢幕，如下圖。

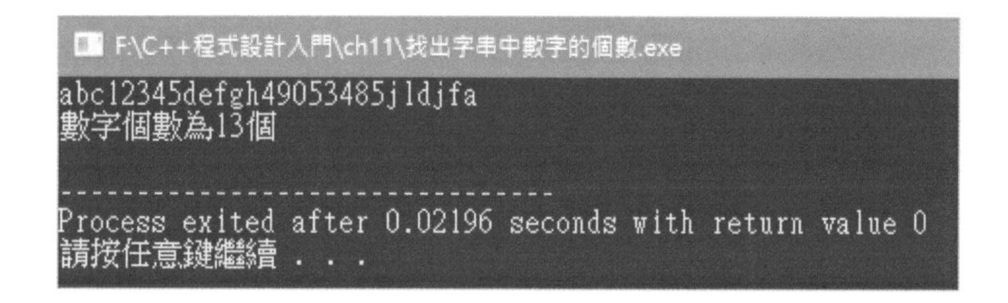

11-8-2　解密(ch11\解密.cpp)

最簡單的文字加密與解密為「加密時將每個字元平移固定值，轉換成另一個字元；解密時，將每個字元平移回來，轉換回原來的字元」。這是因為 ASCII 編碼中英文字母編碼是依照字母順序進行編碼，例如：字元 A 加密時加 3 變成字元 D，字元 D 解密時減 3 變回字元 A。

寫一個程式輸入加密後的字串，假設加密時加 3，程式處理後顯示解密後的字串，假設輸入「KHOOR」，解密後為「HELLO」。

(a) 解題想法

想要找出字串中的每個字元，需要先使用 strlen 函式計算字串的長度，一個迴圈(for)，迴圈變數為 i，i 值由 0 變化到字串長度減 1，於迴圈中取出字串的第 i 個字元，將第 i 個字元減去 3 進行解密，將解密後的字元顯示在螢幕上。流程圖表示如下。

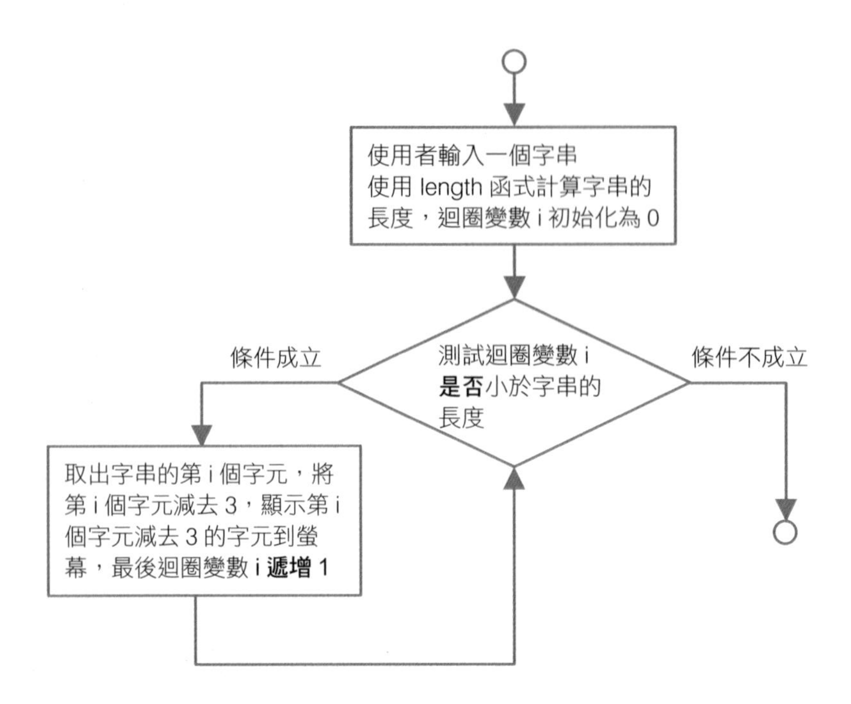

(b) 程式碼與解說

行數	程式碼
1	#include <iostream>
2	#include <string>
3	using namespace std;
4	int main(){
5	string str;
6	int length;
7	cin >> str;
8	length=str.length();
9	for(int i=0;i<length;i++){
10	cout << char(str.at(i)-3);
11	}
12	cout << endl;
13	}

解說

- 第 5 行：宣告 str 為字串物件。
- 第 6 行：宣告 length 為整數變數
- 第 7 行：由鍵盤輸入字串到字串物件 str。
- 第 8 行：整數變數 length 初始化為字串 str 的長度。

- 第 9 行到第 11 行：使用 for 迴圈使用 at 方法存取字串中的字元，再加上迴圈變數 i 由 0 變化到 length-1，就可以存取字串 str 的每一個字元，每個字元減 3，再利用 char 函式轉換成字元，輸出到螢幕。
- 第 12 行：輸出換行。

(c) 預覽結果

按下「執行 → 編譯並執行」，結果顯示在螢幕，如下圖。

解析 APCS 程式設計觀念題

（B）1. 若宣告一個字元陣列 char str[20] = "Hello world!"; 該陣列 str[12]值為何？ (105 年 10 月 APCS 第 13 題)

(A) 未宣告 (B) \0 (C) ! (D) \n

解析 C 語言規定雙引號的字串，會自動在字串結束加上「\0」表示字串結束，字串 str 設定為「Hello world!」的記憶體狀態如下表。

H	e	L	l	o		w	o	r	l	d	!	\0

所以 str[12]用於讀取陣列 str 的第 13 個元素，就會得到「\0」，選項(B)為正解。

習題

選擇題

(　) 1. 若要取出字串中某個位置的字元使用下列哪一個函式？

(A) tolower　(B) toupper　(C) at　(D) in

(　) 2. 若要將字串轉成大寫需使用下列哪一個函式？

(A) tolower　(B) toupper　(C) islower　(D) isupper

(　) 3. 下列何者為檢查是否為整數？

(A) isalnum　(B) isalpha　(C) isdigit　(D) isxdigit

程式實作

1. 身份證字號判斷男女(ch11\ex 身份證字號判斷男女.cpp)

可以依據身份證字號判斷是男生還是女生，身份證字號第一位為字母的下一位數值，若是 1 表示男生，若是 2 表示女生，使用者可以輸入一個身份證字號，利用程式判斷是男生還是女生。

預覽結果：按下「執行 → 編譯並執行」，輸入身份證字號「A222222222」，結果顯示「女生」在螢幕，如下圖。

2. 字串改小寫(ch11\ex 字串改小寫.cpp)

有一個系統只允許輸入英文字母且只能輸入小寫字母，若使用者輸入大寫英文字母需一律改成小寫字母，請寫一個程式完成此功能。

預覽結果：按下「執行 → 編譯並執行」，輸入「AbCdEF」，結果顯示如下圖。

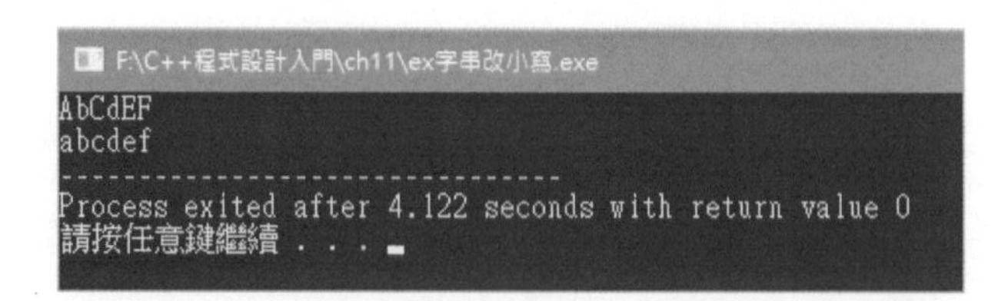

12 常用系統函式與檔案輸入輸出

C 語言提供許多系統函式庫，系統函式庫可以提供程式設計師有用的函式，例如：數學函式庫、亂數、時間、程式執行控制指令與系統指令等，以下為常用的函式。

分類	需包含的表頭檔	函式名稱
數學	math.h 或 cmath	sin、cos、tan、exp、log、log10、pow、sqrt、ceil、floor、fabs
	stdlib.h 或 cstdlib	abs
亂數	stdlib.h 或 cstdlib	rand、srand
時間	time.h 或 ctime	time
程式執行控制	stdlib.h 或 cstdlib	exit、abort
系統指令	stdlib.h 或 cstdlib	system

12-1 C 語言的數學函式

C 語言提供許多數學函式，有了這些數學函式提高 C 語言對於數值計算的能力，使用者不需要自行撰寫數學函式，可以直接呼叫使用，以下我們就簡單介紹幾個常用的數學函式。

函式	說明	回傳資料型別	範例與執行結果
abs(n) 定義在 stdlib.h 或 cstdlib	函式參數說明如下： abs(int n) 傳回整數 n 的絕對值。	整數(int)	cout << abs(-3); 3

函式	說明	回傳資料型別	範例與執行結果
fabs(x) 定義在 math.h 或 cmath	函式參數說明如下： double fabs(double x)或 long double fabs(long double x)或 float fabs(float x) 傳回各種浮點數型別變數 x 的絕對值。	依輸入浮點數型別傳回對應的浮點數型別	cout << fabs(-3.1); 3.1
sqrt(x) 定義在 math.h 或 cmath	函式參數說明如下： double sqrt(double x)或 long double sqrt(long double x)或 float sqrt(float x) 傳回各種浮點數型別變數 x 的平方根。	依輸入浮點數型別傳回對應的浮點數型別	cout << sqrt(2.0); 1.41421
floor(x) 定義在 math.h 或 cmath	函式參數說明如下： double floor(double x)或 long double floor(long double x)或 float floor(float x) 傳回各種浮點數型別變數 x 的小於 x 的最大整數，該數是以浮點數回傳。	依輸入浮點數型別傳回對應的浮點數型別	cout << floor(-2.6); -3
ceil(x) 定義在 math.h 或 cmath	函式參數說明如下： double ceil(double x)或 long double ceil(long double x)或 float ceil(float x) 傳回各種浮點數型別變數 x 的大於 x 的最小整數，該數是以浮點數回傳。	依輸入浮點數型別傳回對應的浮點數型別	cout << ceil(2.6); 3
log(x) 定義在 math.h 或 cmath	函式參數說明如下： double log(double x)或 long double log(long double x)或 float log(float x) 傳回各種浮點數型別變數 x，以自然對數(e)為基底的對數。	依輸入浮點數型別傳回對應的浮點數型別	cout << log(10); 2.30259

函式	說明	回傳資料型別	範例與執行結果
log10(x) 定義在 math.h 或 cmath	函式參數說明如下： double log10(double x)或 long double log10(long double x)或 float log10(float x) 傳回各種浮點數型別變數 x，以 10 為基底的對數。	依輸入浮點數型別傳回對應的浮點數型別	cout << log10(100); 2
exp(x) 定義在 math.h 或 cmath	函式參數說明如下： double exp(double x)或 long double exp(long double x)或 float exp(float x) 傳回各種浮點數型別變數 x，以自然對數(e)為基底的 x 次方。	依輸入浮點數型別傳回對應的浮點數型別	cout << exp(3.0); 20.855
pow(x,y) 定義在 math.h 或 cmath	函式參數說明如下： double pow(double x,double y)或 long double pow(long double x, long double y)或 float pow(float x,float y) 傳回 x 的 y 次方	依輸入浮點數型別傳回對應的浮點數型別	cout << pow(3.0,4.0); 81
sin(x) 定義在 math.h 或 cmath	函式參數說明如下： double sin(double x)或 long double sin(long double x)或 float sin(float x) 傳回各種浮點數型別變數 x 的正弦值。	依輸入浮點數型別傳回對應的浮點數型別	cout << sin(3.1415926/2); 1
cos(x) 定義在 math.h 或 cmath	函式參數說明如下： double cos(double x)或 long double cos(long double x)或 float cos(float x) 傳回各種浮點數型別變數 x 的餘弦值。	依輸入浮點數型別傳回對應的浮點數型別	cout << cos(3.1415926/3); 0.5

函式	說明	回傳資料型別	範例與執行結果
tan(x) 定義在 math.h 或 cmath	函式參數說明如下： double tan(double x)或 long double tan(long double x)或 float tan(float x) 傳回各種浮點數型別變數 x 的正切值。	依輸入浮點數型別傳回對應的浮點數型別	cout << tan(3.1415926/3); 1.73205

12-1-1 求三角函式(ch12\求三角函式.cpp)

寫一個程式允許輸入角度，求出該角度的 Sin、Cos 與 Tan 值。

(a) 解題想法

使用者輸入角度，利用程式計算該角度的 Sin、Cos 與 Tan 值，因為 Sin、Cos 與 Tan 函式以徑度為輸入，需將角度轉成徑度，轉換公式為

徑度 =「角度除以 180 乘以 π 」

這樣的演算法需要先將度數轉成徑度，徑度等於「角度除以 180 乘以 π 」，需先包含 math.h 或 cmath，才可以呼叫 sin、cos 與 tan 函式求值。

(b) 程式碼與解說

行數	程式碼

```
1   #include <iostream>
2   #include <cmath>
3   using namespace std;
4   int main(){
5     double deg,r;
6     cout << "請輸入度數";
7     cin >> deg;
8     r=deg/180*3.1415926;
9     cout << "Sin(" << r << ")=" << sin(r) << endl;
10    cout << "Cos(" << r << ")=" << cos(r) << endl;
11    cout << "Tan(" << r << ")=" << tan(r) << endl;
12  }
```

解說

- 第 5 行：宣告變數 deg 與 r 為倍精度浮點數。
- 第 6 行：顯示「請輸入度數」。
- 第 7 行：由鍵盤輸入度數到變數 deg。
- 第 8 行：將角度（變數 deg）轉換成徑度（變數 r）
- 第 9 行：顯示徑度與對應的 sin 值。
- 第 10 行：顯示徑度與對應的 cos 值。
- 第 11 行：顯示徑度與對應的 tan 值。

(c) 預覽結果

按下「執行 → 編譯並執行」，結果顯示在螢幕上，如下圖，輸入度數「60」，獲得 60 度的 sin、cos 與 tan 值。

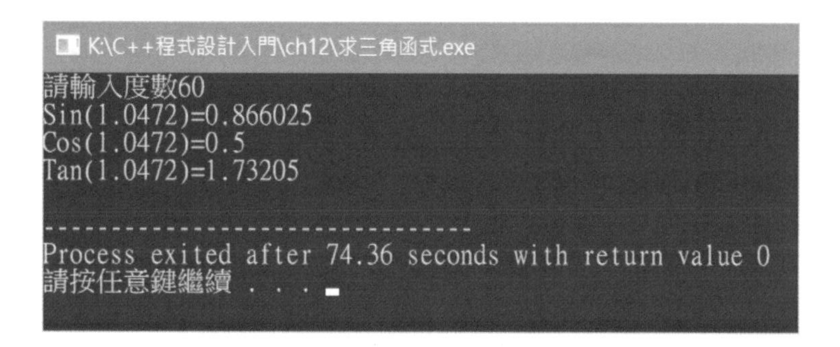

12-1-2 求兩點的距離(ch12\求兩點的距離.cpp)

寫一個程式輸入平面的兩個座標，求兩座標的距離。

(a) 解題想法

使用者輸入兩組座標，第一組座標為(X1,Y1)，第二組座標為(X2,Y2)，利用程式計算兩組座標距離，距離公式為「$\sqrt{(X1-X2)^2+(Y1-Y2)^2}$」。這樣的程式需要用到 pow 函式取次方與 sqrt 函式求開根號。

(b) 程式碼與解說

行數	程式碼
1	`#include <iostream>`
2	`#include <cmath>`
3	`using namespace std;`
4	`int main(){`
5	`  double x1,x2,y1,y2,dist;`
6	`  cout << "請輸入X1？";`
7	`  cin >> x1;`
8	`  cout << "請輸入Y1？";`
9	`  cin >> y1;`
10	`  cout << "請輸入X2？";`
11	`  cin >> x2;`
12	`  cout << "請輸入Y2？";`
13	`  cin >> y2;`
14	`  dist=sqrt(pow(x1-x2,2)+pow(y1-y2,2));`
15	`  cout << "兩點距離為" << dist << endl;`
16	`}`

解說

- 第 5 行：宣告變數 x1、x2、y1、y2 與 dist 為倍精度浮點數。
- 第 6 行：顯示「請輸入 X1？」。
- 第 7 行：由鍵盤輸入 X1 座標到變數 x1。
- 第 8 行：顯示「請輸入 Y1？」。
- 第 9 行：由鍵盤輸入 Y1 座標到變數 y1。
- 第 10 行：顯示「請輸入 X2？」。
- 第 11 行：由鍵盤輸入 X2 座標到變數 x2。
- 第 12 行：顯示「請輸入 Y2？」。
- 第 13 行：由鍵盤輸入 Y2 座標到變數 y2。
- 第 14 行：變數 dist 為兩點之間的距離，利用 pow 函式將(x1-x2)與(y1-y2)取平方相加，再利用 sqrt 函式開根號得到兩點之間的距離，儲存入變數 dist。
- 第 15 行：顯示「兩點距離為」與兩點距離變數 dist 的計算結果。

(c) 預覽結果

按下「執行 → 編譯並執行」，結果顯示在螢幕，輸入 X1、Y1、X2 與 Y2 後，求距離結果顯示螢幕，如下圖。

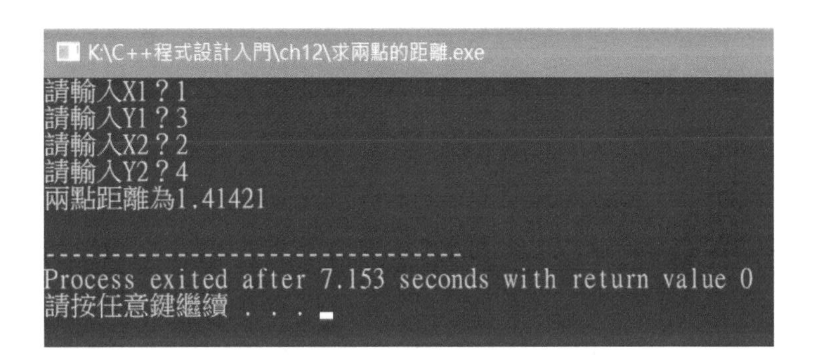

12-1-3 求三角形面積(ch12\求三角形面積.cpp)

寫一個程式輸入三角形的三邊長，求此三角形的面積，保證輸入的三邊長可以構成三角形。

(a) 解題想法

使用者輸入三角形的三邊長，利用海龍公式(Heron's formula)計算三角形面積，海龍公式為「$\sqrt{S(S-a)(S-b)(S-c)}$」，S=(a+b+c)/2，其中 a、b 與 c 為三角形的三邊長。這樣的程式需要用到 sqrt 函式進行開根號。

(b) 程式碼與解說

行數	程式碼
1	`#include <iostream>`
2	`#include <cmath>`
3	`using namespace std;`
4	`int main() {`
5	`  int a,b,c;`
6	`  double s,area;`
7	`  cout << "請輸入a？";`
8	`  cin >> a;`
9	`  cout << "請輸入b？";`
10	`  cin >> b;`
11	`  cout << "請輸入c？";`
12	`  cin >> c;`
13	`  s =(a+b+c)/2.0;`

```
14        area=sqrt(s*(s-a)*(s-b)*(s-c));
15        cout << "三角形面積為" << area  <<endl ;
16    }
```

解說

- 第 5 行：宣告變數 a、b 與 c 為整數。
- 第 6 行：宣告變數 s、area 為倍精度浮點數。
- 第 7 行：顯示「請輸入 a？」。
- 第 8 行：由鍵盤輸入 a 的值到變數 a。
- 第 9 行：顯示「請輸入 b？」。
- 第 10 行：由鍵盤輸入 b 的值到變數 b。
- 第 11 行：顯示「請輸入 c？」。
- 第 12 行：由鍵盤輸入 c 的值到變數 c。
- 第 13 行：變數 s 等於(a+b+c)/2.0。
- 第 14 行：變數 area 為三角形面積，等於開根號的(s*(s-a)*(s-b)*(s-c))。
- 第 15 行：顯示「三角形面積為」與變數 area 的計算結果。

(c) 預覽結果

按下「執行 → 編譯並執行」，結果顯示在螢幕，輸入三角形三邊長後，求三角形面積，結果顯示螢幕，如下圖。

12-2 C 語言的亂數函式

C 語言的亂數函式包含 srand 函式與 rand 函式，先執行 srand 函式進行亂數產生器初始化，隨後執行 rand 函式產生介於 1 到 RAND_MAX 的整數，RAND_MAX 定義在 stdlib.h 中，RAND_MAX 等於 32767，將 rand 函式的產生值轉成上限值到下限值區間的整數，使用以下公式產生亂數。

```
srand(time(NULL))
random = rand()%(上限值 – 下限值 + 1) + 下限值
```

使用 srand 函式需使用時間當成參數才能初始化隨機環境，若沒有執行 srand 函式，則每次 rand 函式產生的資料都有規則性。

12-2-1 擲骰子(ch12\擲骰子.cpp)

寫一個程式模擬擲骰子十次的過程。

(a) 解題想法

我們可以使用亂數函式產生擲骰子的過程。

使用亂數產生骰子點數，上限值為 6，下限值為 1，代入「**rand()%(上限值 – 下限值 + 1) + 下限值**」，得「rand()%6+1」可以隨機產生點數 1 到 6。

(b) 程式碼與解說

行數	程式碼
1	`#include <iostream>`
2	`#include <ctime>`
3	`#include<cstdlib>`
4	`using namespace std;`
5	`int main(){`
6	`  srand(time(NULL));`
7	`  for (int i=0;i<10;i++){`
8	`    cout << rand()%6+1 << endl;`
9	`  }`
10	`}`

解說

- 第 6 行：初始化亂數產生器，以時間為參數。
- 第 7 行到第 9 行：隨機產生 10 個擲骰子的結果，使用 for 迴圈與公式「rand()%6+1」隨機產生介於 1 到 6 的整數，顯示在螢幕上。

(c) 預覽結果

按下「執行 → 編譯並執行」，結果顯示在螢幕，如下圖。

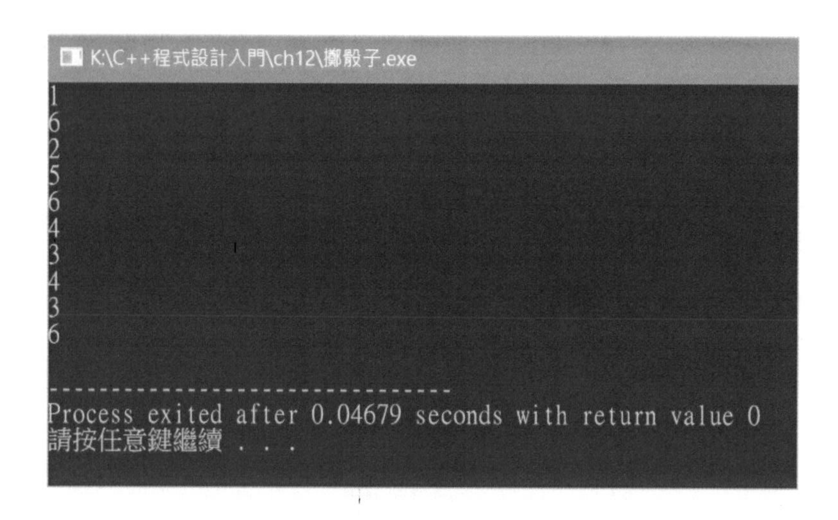

12-2-2 樂透開獎(ch12\樂透開獎.cpp)

請寫一個程式模擬樂透開獎。

(a) 解題想法

我們可以使用亂數函式產生樂透開獎獎號，並使用陣列紀錄已經開獎的獎號，新產生的獎號若之前有開出，就重新再產生一次，直到開出六個獎號。

使用亂數產生骰子點數，上限值為 49，下限值為 1，代入「rand()%(上限值 – 下限值 + 1) + 下限值」，得「rand()%49+1」可以隨機產生獎號 1 到 49。

(b) 程式碼與解說

行數	程式碼
1	#include <iostream>
2	#include <ctime>

```
3	#include <cstdlib>
4	using namespace std;
5	int main(){
6	  int count=0,prize[6];
7	  srand(time(NULL));
8	  prize[count]=rand()%49+1;
9	  count=count+1;
10	  while (count<6){
11	    prize[count]=rand()%49+1;
12	    count=count+1;  //count 加 1
13	    for (int j=0;j<count-1;j++){
14	      if (prize[j]==prize[count-1]){
15	         count=count-1;
16	         break;
17	      }
18	    }
19	  }
20	  for (int i=0;i<6;i++){
21	    cout << prize[i]  << " ";
22	  }
23	  cout << endl;
24	}
```

解說

- 第 6 行：宣告 count 為整數變數，初始化為 0。宣告 prize 為整數陣列，有六個元素。
- 第 7 行：初始化亂數產生器，以時間為參數。
- 第 8 行：整數陣列 prize 第一個元素為隨機產生介於 1 到 49 的整數。
- 第 9 行：整數 count 遞增 1。
- 第 10 行到第 19 行：當 count 小於 6，表示還沒有產生完所有獎號，產生新的獎號(第 11 行)，整數 count 遞增 1(第 12 行)。使用迴圈(第 13 行到第 18 行)找出已經開獎的獎號(儲存在陣列 prize)是否跟新產生的獎號相同(第 14 行)，若新獎號已經開出過，則整數 count 遞減 1(第 15 行)，中斷迴圈(第 16 行)。
- 第 20 到 22 行：使用迴圈顯示所有獎號。
- 第 23 行：輸出換行。

(c) 預覽結果

按下「執行 → 編譯並執行」，結果顯示在螢幕，如下圖。

```
K:\C++程式設計入門\ch12\樂透開獎.exe
39 15 4 10 24 40

--------------------------------
Process exited after 0.03834 seconds with return value 0
請按任意鍵繼續 . . .
```

12-3 C++的純文字檔案輸入與輸出

C++提供檔案輸入與輸出的函式庫，稱做 fstream，fstream 函式庫以 C++物件導向方式撰寫而成，提供檔案輸入與輸出的類別與物件，C++與 C 在檔案處理上，皆將檔案輸入與輸出視為串流（stream），串流是抽象化電腦的輸入與輸出，串流為無限長度的字元，串流需對應到輸出與輸入裝置，可以是檔案、鍵盤或螢幕。程式中可以事先指定輸出與輸入的裝置，例如：檔案，串流的讀取就會相當於讀取檔案，串流的寫入相當於寫入檔案，這就是串流用於抽象化輸入與輸出。程式設計者不需要因為裝置不同就要更改程式碼，所有裝置的輸入與輸出皆視為串流，只要指定不同的裝置，就會將輸入與輸出導向該裝置，降低程式撰寫的複雜度。

以下介紹檔案的輸入與輸出程式撰寫步驟。

Step1 包含系統串流與檔案處理函式庫，例如：iostream、fstream 與 string 等。

Step2 使用 ifstream 指定輸入的檔案與 ofstream 指定輸出的檔案。

Step3 使用運算子「>>」、「<<」與字串，控制與處理輸入與輸出串流。

充電時間 利用輸出資料到檔案進行程式除錯

將程式執行過程中重要訊息輸出到檔案，也可以用檔案輸出進行程式除錯。將每一步程式執行的暫存結果輸出到檔案，程式執行完畢後，開啟輸出的檔案，檢查每一步驟是否有問題，而獲得程式執行的過程，若有問題就修改程式，再執行一次，獲得新的執行結果輸出到檔案，可以不斷重複上述步驟到確定程式正確執行為止。

12-3-1 檔案的讀取與寫入(ch12\檔案讀取與輸出.cpp)

請寫一個程式，在程式所在目錄下的 input.txt 檔案讀取每一行資料，寫入到程式所在目錄下的 output.txt 檔案。

(a) 解題想法

使用剛剛所介紹的檔案讀取與寫入步驟實作程式。

(b) 程式碼與解說

行數	程式碼
1	`#include <iostream>`
2	`#include <fstream>`
3	`#include <string>`
4	`using namespace std;`
5	`int main(){`
6	`  ifstream in("input.txt");`
7	`  ofstream out("output.txt");`
8	`  string s;`
9	`  while (getline(in, s)) {`
10	`    out << s << endl;`
11	`  }`
12	`}`

解說

- 第 1 到 3 行：第一步含系統串流(iostream)、檔案處理(fstream)與字串(string)函式庫。
- 第 6 到 7 行：宣告 in 為 ifstream 物件，宣告 out 為 ofstream 物件，並指定輸入與輸出檔案。
- 第 8 行：宣告 s 為字串物件。
- 第 9 行到第 11 行：使用 while 迴圈與 getline 函式以 in 物件為輸入串流，in 物件代表指定的檔案(input.txt)，讀入每一行字串到字串物件 s，直到輸入串流結束，並輸出到 out 物件，out 物件代表輸出串流，輸出到指定的檔案(output.txt)，每行輸出後換行。

(c) 預覽結果

在程式所在資料夾新增文字檔「input.txt」，按下「執行 → 編譯並執行」，於同一資料夾下產生文字檔「output.txt」。

解析 APCS 程式設計觀念題

（D）1. 若函式 rand()的回傳值為一介於 0 和 10000 之間的亂數，下列那個運算式可產生介於 100 和 1000 之間的任意數(包含 100 和 1000)？

(106 年 3 月 APCS 第 12 題)

(A) rand() % 900 + 100

(B) rand() % 1000 + 1

(C) rand() % 899 + 101

(D) rand() % 901 + 100

解析

(A) rand() % 900 所產生的餘數介於 0 到 899，加上 100 後，產生介於 100 到 999 的任意數。

(B) rand() % 1000 所產生的餘數介於 0 到 999，加上 1 後，產生介於 1 到 1000 的任意數。

(C) rand() % 899 所產生的餘數介於 0 到 898，加上 101 後，產生介於 101 到 1000 的任意數。

(D) rand() % 901 所產生的餘數介於 0 到 900，加上 100 後，產生介於 100 到 1000 的任意數。

習題

選擇題

( ) 1. 若求某數的開跟號使用下列哪一個函式？

(A) sqrt (B) ceil (C) exp (D) floor

( ) 2. 請求出 floor(-4.1)的結果？

(A) –4 (B) –5 (C) 4 (D) 5

( ) 3. 請求出 ceil(-4.1)的結果？

(A) –4 (B) –5 (C) 4 (D) 5

( ) 4. 若想要隨機產生一數介於 1 到 38，其程式碼為

(A) rand()%38+1 (B) rand()%38 (C) rand()%39+1 (D) rand()%39

( ) 5. 在 C++中要寫程式開啟文字檔，下列哪一個是檔案函式庫？

(A) string (B) cstring (C) fstream (D) cstream

程式實作

1. 解一元二次方程式(ch12\ex 解一元二次方程式.cpp)

   由使用者輸入 A、B、C 之值(A、B、C 為整數)，請依序輸入 A、B 與 C，中間以空白間隔，求 Ax^2+Bx+C=0 之解。(A 不等於 0)。

   解一元二次方程式的公式為 $x=\dfrac{-B\pm\sqrt{B^2-4AC}}{2A}$

   當 $B^2-4AC<0$，表示無實數解時，顯示「無實根」。

   當 $B^2-4AC>0$，表示有兩個相異實根解，顯示兩根之值。

   當 $B^2-4AC=0$，表示有兩個相等實根解，顯示其值，並顯示「重根」。

   預覽結果：按下「執行 → 編譯並執行」，輸入 A、B 與 C 為「2 5 3」，結果顯示如下圖。

```
K:\C++程式設計入門\ch12\ex解一元二次方程式.exe
請依序輸入A、B與C？2 5 3
-1與-1.5

--------------------------------
Process exited after 4.414 seconds with return value 0
請按任意鍵繼續 . . .
```

2. 猜數字(ch12\猜數字.cpp)

是否玩過四位數的猜數字遊戲，且四個數字皆不同，每一數字分開看，若所猜數字的數字與位置皆正確計算為 A，若所猜數字的數字正確，但位置不正確計算為 B。例如：要猜的數字為「4509」，使用者猜數字為「4805」，就要回應「2A1B」。請寫一個程式隨機產生數值，讓使用者猜數字猜到正確才中止。

預覽結果：按下「執行 → 編譯並執行」，輸入四位數每個數字介於 0 到 9，直到猜到為止，結果顯示如下圖。

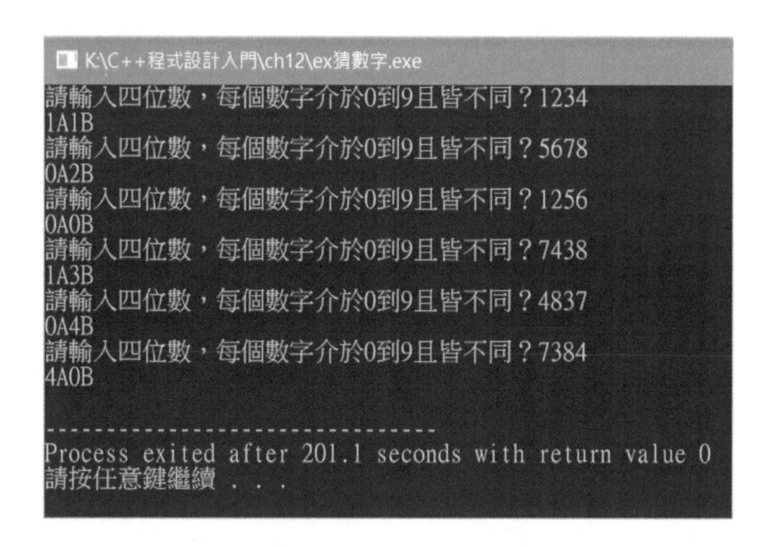

3. 簡單樂透開獎程式(ch12\ex 樂透開獎輸出到檔案.cpp)

允許重複出現開獎號碼，開獎號碼介於 1 到 49，每一期樂透開獎開出 6 個號碼，請一次開出 100 期的樂透號碼，將開獎號碼寫入「prize.txt」。

預覽結果：按下「執行 → 編譯並執行」，產生文字檔「prize.txt」。

位址與指標 13

在第 11 章字串處理單元因為使用到位址與指標的概念，所以事先解說位址與指標的基礎概念，本章節要更詳細與深入的介紹指標的各種用途。

13-1 位址的意義

記憶體存取方式為以位址存取資料，記憶體位址的編排有其順序，第一個 Byte 位址定義為 0，第二個 Byte 位址為 1，依此類推。

假設一個有 10 個 Byte 的記憶體，依照記憶體位址的編號應由 0 開始編號到 9，假設宣告一個變數 x，其對應到位址 4 的記憶體，程式中寫到「x=13」，電腦就會將 13 儲存入位址 4 的記憶體，假設 x 宣告為 int，就佔有記憶體 4Byte 空間，記憶體位址 4 到 7 都用於儲存變數 x，如右圖。當使用取址符號(&)取出變數 x 的位置時就會輸出 4，因 C 語言使用十六進位編碼位址，「4」以十六進位時會變成「0x4」。

<table>
<tr><th>位址</th><th>內容</th><th></th></tr>
<tr><td>0</td><td></td><td></td></tr>
<tr><td>1</td><td></td><td></td></tr>
<tr><td>2</td><td></td><td></td></tr>
<tr><td>3</td><td></td><td></td></tr>
<tr><td>4</td><td rowspan="4">13</td><td rowspan="4">(註：變數 x 所對應的記憶體)</td></tr>
<tr><td>5</td></tr>
<tr><td>6</td></tr>
<tr><td>7</td></tr>
<tr><td>8</td><td></td><td></td></tr>
<tr><td>9</td><td></td><td></td></tr>
</table>

以下程式用於顯示變數的位址(ch13\記憶體位址.cpp)。

(a) 程式碼與解說

行數	程式碼
1	#include <iostream>
2	using namespace std;
3	int main(){
4	int x=13;
5	cout << "x=" << x << endl;
6	cout << "&x=" << &x << endl;
7	}

解說

- 第 4 行：宣告整數變數 x，初始化為 13。
- 第 5 行：輸出「x=」與 x 值。
- 第 6 行：輸出「&x=」與 x 的位址。

(b) 預覽結果

按下「執行 → 編譯並執行」，結果顯示在螢幕，輸出 x 的值與位址，本範例 x 的值為 13，位址為 0x70fe3c，0x 表示十六進位表示，位址為 70fe3c。

```
K:\C++程式設計入門\ch13\記憶體位址.exe
x=13
&x=0x70fe3c

--------------------------------
Process exited after 0.03482 seconds with return value 0
請按任意鍵繼續 . . .
```

13-2 指標

指標是一種特別的變數，用於儲存位址，指標變數可以儲存相同型別變數的位址，執行過程當中就可以動態改變指標所指向的變數，增加 C 語言程式的彈性；C 語言可以將指標傳入函式，也可以讓函式回傳指標，C 語言只能回傳一個值，瞭解指標的概念後，可以透過回傳指標，該指標指向一個結構(struct，於之後章節介紹)，該結構可以結合多個變數，就可回傳多個變數的結構指標。

13-2-1 指標的宣告

指標的宣告需同時宣告指標的資料型別，變數若是指標變數，該變數之前要加上星號「*」，以下程式宣告整數指標變數 p。

```
int *p;
```

當然我們也可以宣告倍精度浮點數的指標變數，如下。

```
double *p;
```

13-2-2 指標的使用

指標的使用需要配合變數的位址，以下解釋指標與位址的結合。

Step1 宣告指標。

Step2 結合位址與指標。

以下程式用於指標與位址的結合(ch13\指標與變數位址.cpp)。

(a) 程式碼與解說

行數	程式碼
1	`#include <iostream>`
2	`using namespace std;`
3	`int main(){`
4	`  int *p,x=1,y=2;`
5	`  cout << "&x=" << &x << endl;`
6	`  cout << "&y=" << &y << endl;`
7	`  p=&x;`
8	`  cout << "執行 p=&x 後，p=" << p << endl;`
9	`  p=&y;`
10	`  cout << "執行 p=&y 後，p=" << p << endl;`
11	`}`

解說

- 第 4 行：宣告整數指標變數 p，整數變數 x，初始化為 1，整數變數 y，初始化為 2。
- 第 5 行：輸出「&x=」與 x 的位址。
- 第 6 行：輸出「&y=」與 y 的位址。
- 第 7 行：將變數 x 的位址儲存入指標變數 p。
- 第 8 行：輸出「執行 p=&x 後，p=」與指標變數 p 的儲存值。
- 第 9 行：將變數 y 的位址儲存入指標變數 p。
- 第 10 行：輸出「執行 p=&y 後，p=」與指標變數 p 的儲存值。

(b) 預覽結果

按下「執行 → 編譯並執行」，結果顯示在螢幕，輸出 x 的位址，輸出 y 的位址，顯示「p=&x」與「p=&y」後，指標 p 內容的變化。

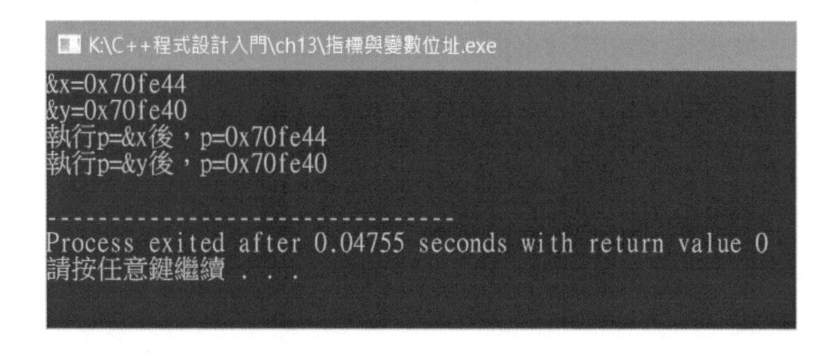

以下圖示表示上述結果。

位址	內容
0x70fe3f	
0x70fe40	2（變數 y 的內容）
0x70fe41	
0x70fe42	
0x70fe43	

p=&x 後

p | 0x70fe44（指標變數 p 的內容）

p=&y 後

p | 0x70fe40（指標變數 p 的內容）

位址	內容
0x70fe44	1（變數 x 的內容）
0x70fe45	
0x70fe46	
0x70fe47	
0x70fe48	

13-2-3 間接運算子

若要存取指標所指位址的內容需要用到間接運算子（*），間接運算子程式如下。

行數	程式碼
①	`int  *p;                    //宣告 p 為儲存位址的指標`
②	`p=&x;                       //將 x 的位址儲存入指標 p。`
③	`cout << *p << endl;  /*此時「*」為間接存取運算子，*p 運算後就可以取出 p 的記憶體內容，即 x 的值。*/`

程式與對應的記憶體運作說明如下。

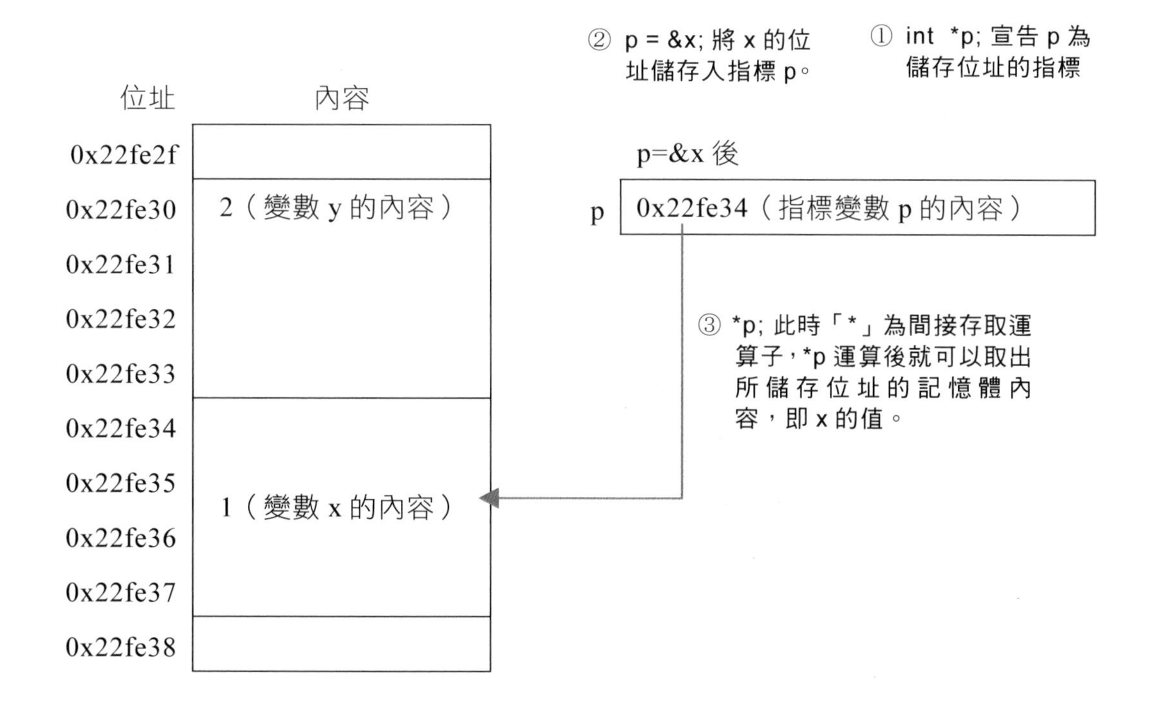

間接運算子與宣告指標一樣都使用星號（*），兩者可以利用所在位置判別，在宣告變數時就是指標，在程式區塊中就是間接運算子。

以下程式介紹間接運算子(ch13\間接運算子.cpp)。

(a) 程式碼與解說

行數	程式碼
1	`#include <iostream>`
2	`using namespace std;`
3	`int main(){`
4	`  int *p,x=1,y=2;`
5	`  cout << "x=" << x <<"，&x=" << &x << endl;`
6	`  cout << "y=" << y << "，&y=" << &y << endl;`
7	`  p=&x;`
8	`  cout << "執行p=&x後，p=" << p << endl;`
9	`  cout << "*p=" << *p << endl;`
10	`  p=&y;`
11	`  cout << "執行p=&y後，p=" << p << endl;`
12	`  cout << "*p=" << *p << endl;`
13	`}`

解說

- 第 4 行：宣告整數指標 p，整數變數 x，初始化為 1，整數變數 y，初始化為 2。
- 第 5 行：輸出「x=」與 x 值，「&x=」與 x 的位址。
- 第 6 行：輸出「y=」與 y 值，「&y=」與 y 的位址。
- 第 7 行：將變數 x 的位址儲存入指標變數 p
- 第 8 行：輸出「執行 p=&x 後，p=」與指標變數 p 的值。
- 第 9 行：輸出「*p=」與指標變數 p 所指位址的記憶體內容。
- 第 10 行：將變數 y 的位址儲存入指標變數 p。
- 第 11 行：輸出「執行 p=&y 後，p=」與指標變數 p 的值。
- 第 12 行：輸出「*p=」與指標變數 p 所指位址的記憶體內容。

(b) 預覽結果

按下「執行 → 編譯並執行」，結果顯示在螢幕，輸出 x 的值與位址，輸出 y 的值與位址，並印出 p 與*p 的結果，可以驗證執行「p=&x」後，「*p」結果為 1，執行「p=&y」後，「*p」結果為 2。

```
F:\C++程式設計入門\ch13\間接運算子.exe
x=1，&x=0x6ffe34
y=2，&y=0x6ffe30
執行p=&x後，p=0x6ffe34
*p=1
執行p=&y後，p=0x6ffe30
*p=2

--------------------------------
Process exited after 0.01597 seconds with return value 0
請按任意鍵繼續 . . .
```

13-3 函式的傳值呼叫與傳址呼叫

在 C 語言中參數的傳遞只使用傳值呼叫(call by value)，傳值呼叫是將值傳入函式，可以將位址當成數值傳遞就成為傳址呼叫(call by address)，以下舉例說明這兩者的差異。

使用傳值呼叫遞增

傳值呼叫（call by value）的遞增範例(ch13\遞增 CallByValue.cpp)

```
行數 程式碼
1    #include <iostream>
2    using namespace std;
3    void increaseByValue(int);
4    int main(){
5      int a=10;
6      increaseByValue(a);
7      cout << "a=" << a << endl;
8    }
9    void increaseByValue(int x){
10     x=x+1;
11   }
```

解說

- 第 5 行：int a = 10，宣告變數 a 為整數，且初始化為 10。
電腦的運算結果暫存在記憶體，所以變數 a 實際上是代表一個記憶體空間，這個記憶體空間也有位址，如右圖。變數 a 記憶體位置為 0x1255，儲存的整數值為 10。

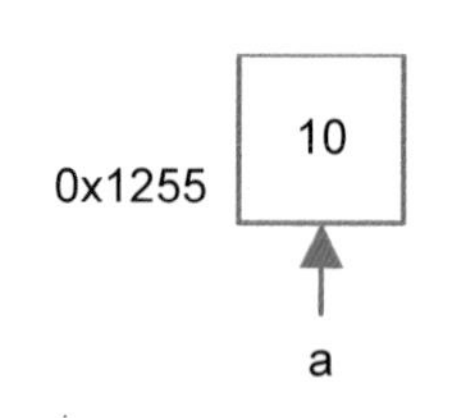

- 第 6 行：呼叫 increaseByValue 函式，將值（10）當參數傳入 increaseByValue 函式。
- 第 9 到 11 行：此時程式執行 increaseByValue 函式變數 x 值設定成 10，因使用傳值呼叫所以 x 與 a 屬於不同記憶體位置，如下圖。

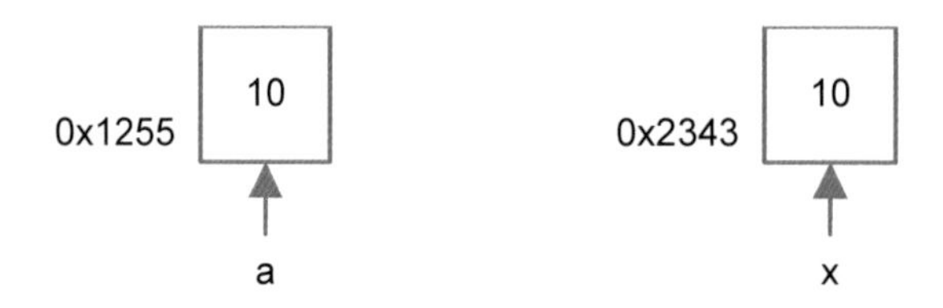

- 將 x 值加 1，x 等於 11。

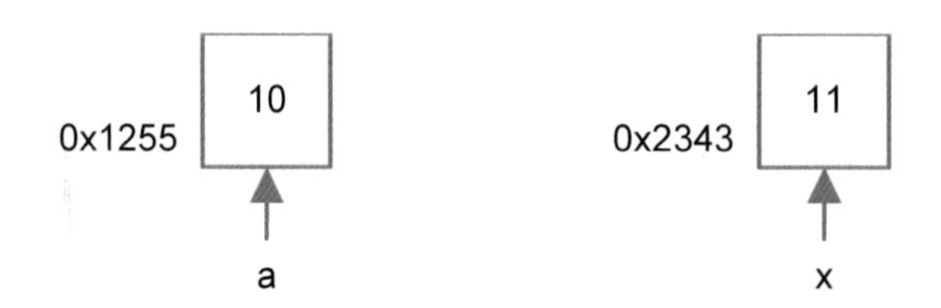

- 但因為是要印出變數 a 的值，實際上是沒有改變還是 10。

輸出結果

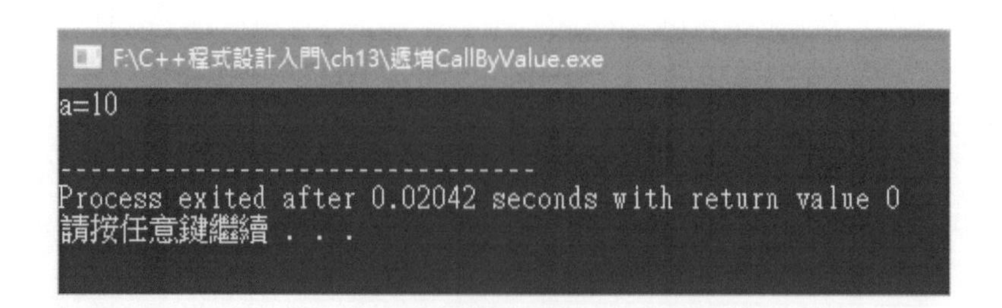
```
F:\C++程式設計入門\ch13\遞增CallByValue.exe
a=10

--------------------------------
Process exited after 0.02042 seconds with return value 0
請按任意鍵繼續 . . .
```

使用傳址呼叫遞增

傳址呼叫（call by address）的遞增範例(ch13\遞增 CallByAddress.cpp)

行數	程式碼
1	`#include <iostream>`
2	`using namespace std;`
3	`void increaseByAddress(int *);`
4	`int main(){`
5	`  int a=10;`
6	`  increaseByAddress(&a);`
7	`  cout << "a=" << a <<endl;;`
8	`}`
9	`void increaseByAddress(int *x){`
10	`  *x=*x+1;`
11	`}`

解說

- 第 5 行：int a = 10，宣告變數 a 為整數，且初始化為 10。電腦的運算結果暫存在記憶體，所以變數 a 實際上是代表一個記憶體空間，這個記憶體空間也有位址，如右圖。變數 a 記憶體位置為 0x1255，儲存的整數值為 10。
- 第 6 行：呼叫 increaseByAddress 函式，將值（0x1255）當參數傳入 increaseByAddress 函式。
- 第 9 到 11 行：此時程式執行 increaseByAddress 函式變數 x 值設定成 10，因使用傳址呼叫所以 x 與 a 屬於相同記憶體位置，如右圖。
- 將 x 值加 1，x 等於 11。

  印出變數 a 的值，a 的值改變成 11。

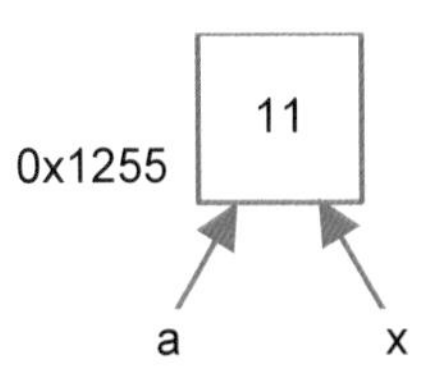

執行結果

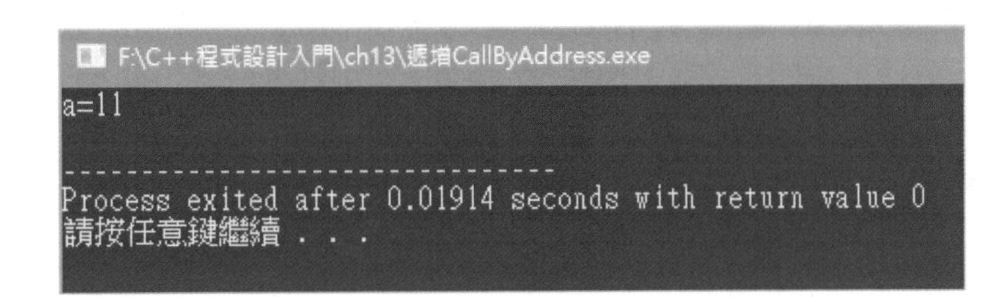

使用傳值呼叫交換兩數

傳值呼叫（call by value）的交換兩數範例(ch13\swap-CallByValue.cpp)

行數	程式碼
1	`#include <iostream>`
2	`using namespace std;`
3	`void swapByValue(int,int);`
4	`int main(){`
5	`  int a=10,b=20;`
6	`  swapByValue(a,b);`
7	`  cout << "a=" << a << ",b=" << b <<endl;`
8	`}`
9	`void swapByValue(int x,int y){`
10	`  int temp;`
11	`  temp=x;`
12	`  x=y;`
13	`  y=temp;`
14	`}`

解說

- 第 5 行：int a = 10，宣告變數 a 為整數，且初始化為 10。電腦的運算結果暫存在記憶體，所以變數 a 實際上是代表一個記憶體空間，這個記憶體空間也有位址，如右圖。變數 a 記憶體位置為 0x1255，儲存的整數值為 10。

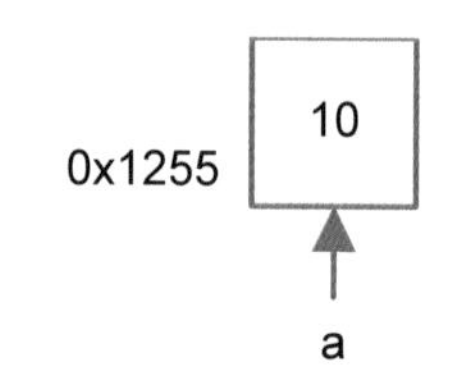

- 第 5 行：int b = 20，宣告變數 b 為整數，且初始化為 20。
  電腦的運算結果暫存在記憶體，所以變數 b 實際上是代表一個記憶體空間，這個記憶體空間也有位址，如右圖。變數 b 記憶體位置為 0x1259，儲存的整數值為 20。

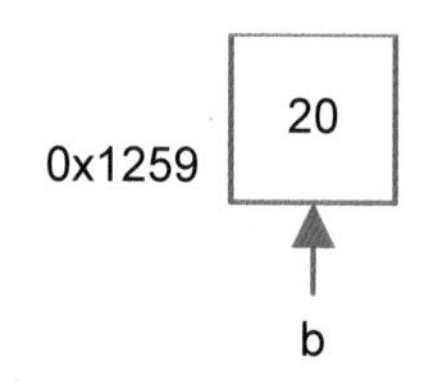

- 第 6 行：呼叫 swapByValue 函式，將（a=10,b=20）傳入 swapByValue 函式。
- 第 9 到 14 行：此時程式執行 swapByValue 函式變數 x 值設定成 10，變數 y 值設定成 20，因使用傳值呼叫所以函式外的 a 與 b，函式中的 x 與 y 屬於不同記憶體位置，如下圖。

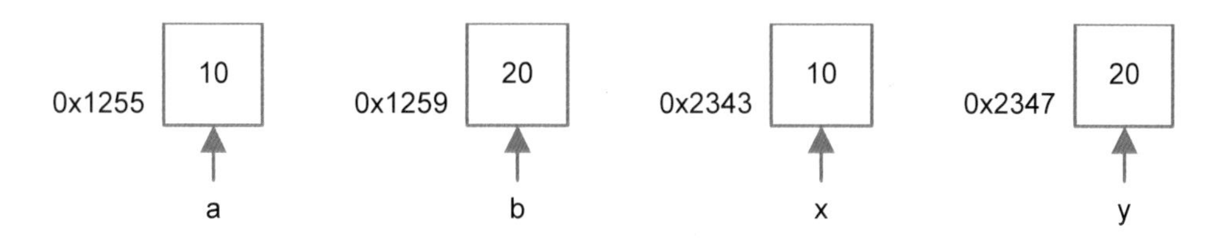

- 第 11 到 13 行：利用 temp 暫存將 x 與 y 交換。

temp = x

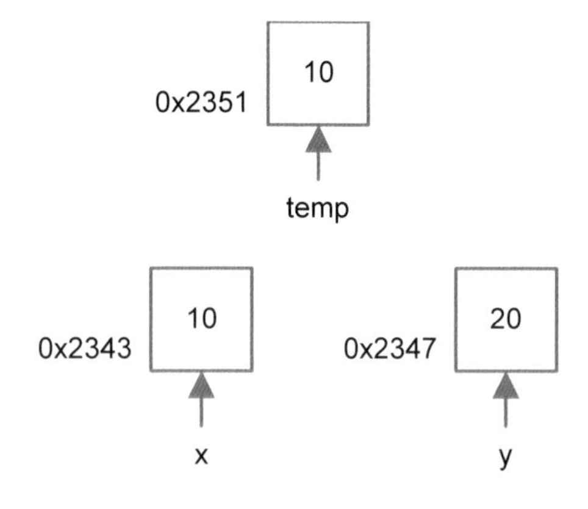

x= y

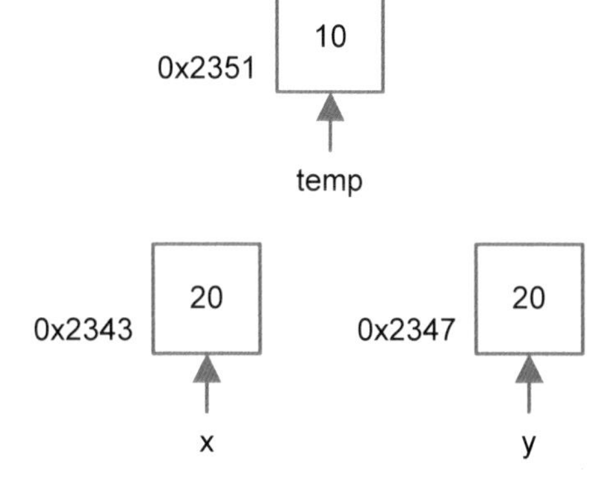

y = temp

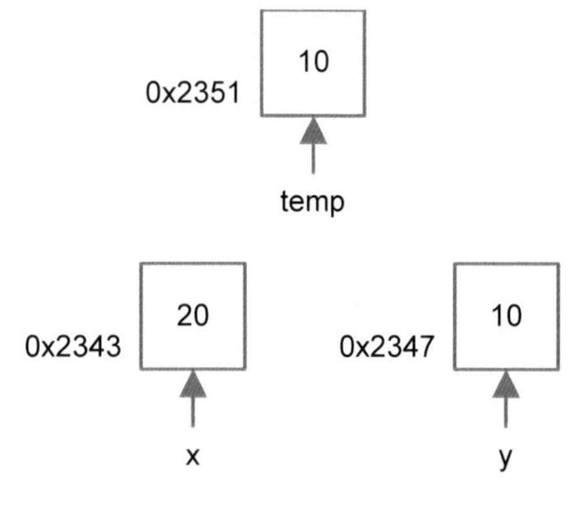

到此完成交換 x 與 y，但因為傳值呼叫所以 a 與 b 值不變。

- 第 7 行：最後印出結果「a=10,b=20」。

執行結果

```
F:\C++程式設計入門\ch13\swap-CallByValue.exe
a=10,b=20

--------------------------------
Process exited after 0.01788 seconds with return value 0
請按任意鍵繼續 . . .
```

使用傳址呼叫交換兩數

傳址呼叫(call by address)的交換兩數範例(ch13\swap-CallByAddress.cpp)

行數 程式碼

```
1   #include <iostream>
2   using namespace std;
3   void swapByAddress(int *,int *);
4   int main(){
5     int a=10,b=20;
6     swapByAddress(&a,&b);
7     cout << "a=" << a << ",b=" << b;
8   }
9   void swapByAddress(int *x,int *y){
10    int temp;
11    temp=*x;
12    *x=*y;
13    *y=temp;
14  }
```

解說

- 第 5 行：int a ＝10，宣告變數 a 為整數，且初始化為 10。變數 a 實際上是代表一個記憶體空間，這個記憶體空間也有位址，如右圖。變數 a 記憶體位置為 0x1255，儲存的整數值為 10。

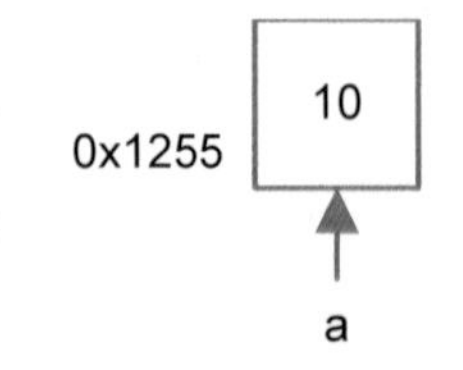

- 第 5 行：int b = 20，宣告變數 b 為整數，且初始化為 20。
  變數 b 實際上是代表一個記憶體空間，這個記憶體空間也有位址，如右圖。變數 b 記憶體位置為 0x1259，儲存的整數值為 20。

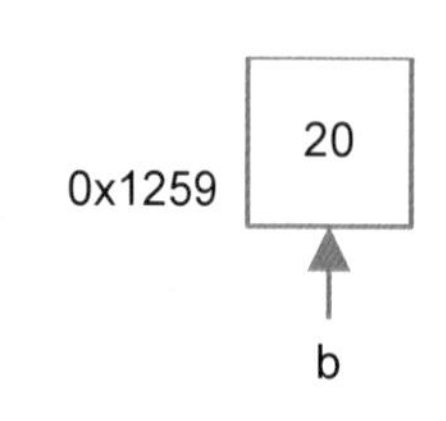

- 第 6 行：呼叫 swapByAddress 函式，將 a 與 b 的位址傳入 swapByAddress 函式。
- 第 9 到 14 行：此時程式執行 swapByAddress 函式變數 x 值設定成 10，變數 y 值設定成 20，因使用傳址呼叫所以函式外的 a 與 b，函式中的 x 與 y 屬於相同記憶體位置，如下圖。

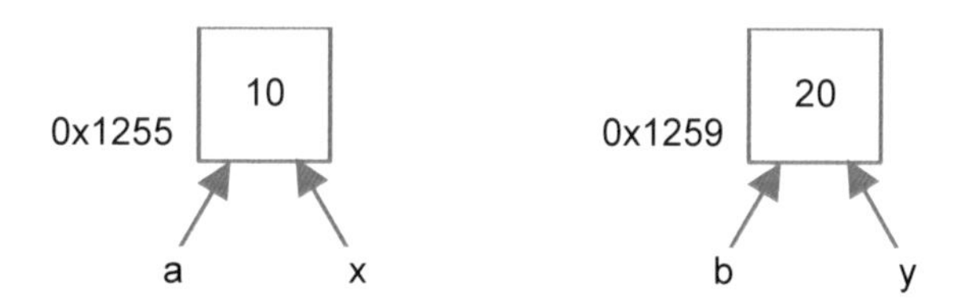

- 第 11 到 13 行：利用 temp 暫存將 x 與 y 交換。

temp = *x

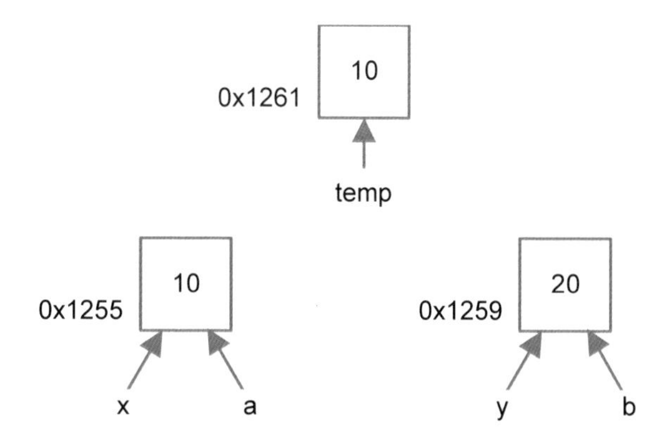

*x= *y

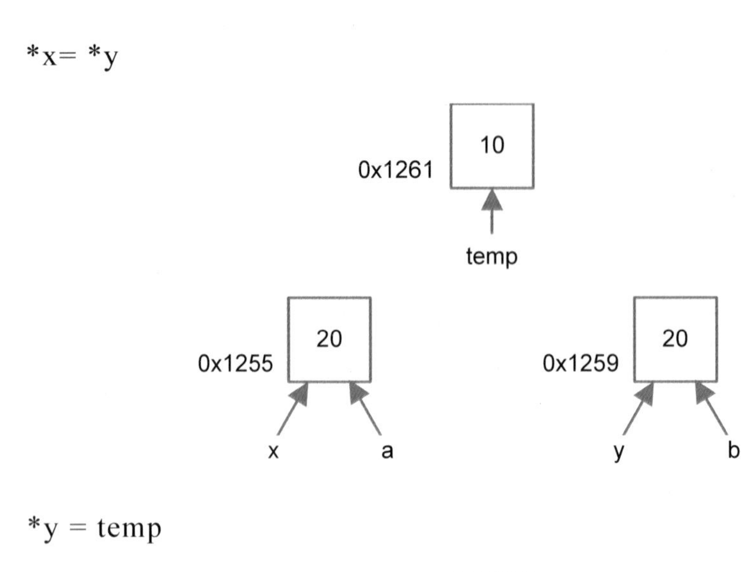

*y = temp

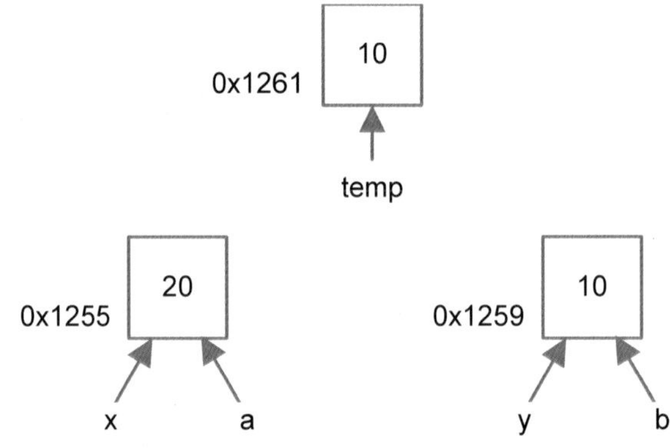

到此完成 x 與 y 的交換，a 與 b 也交換了。

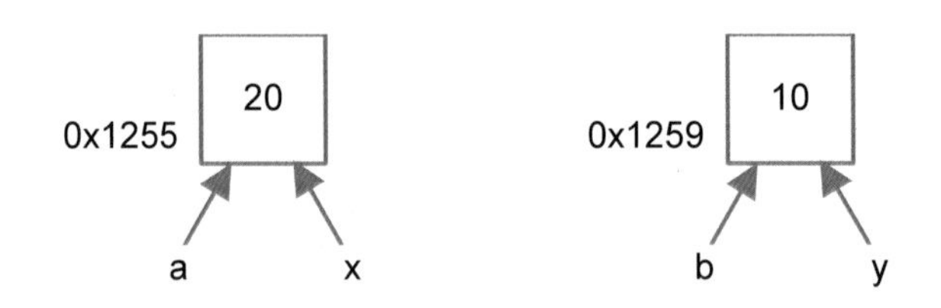

- 第 7 行：最後印出結果「a=20,b=10」。

執行結果

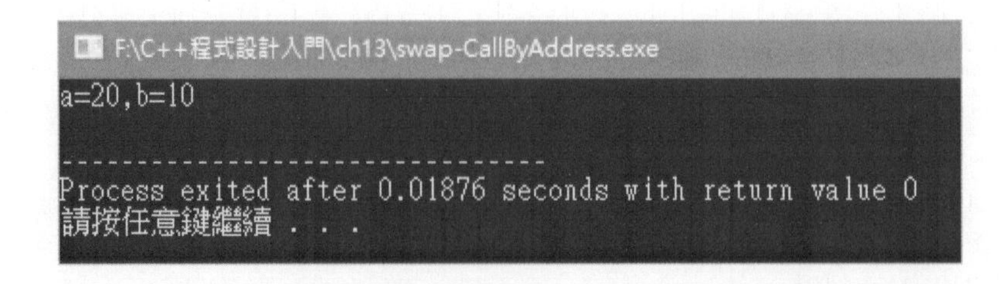

13-4 傳參考呼叫

在 C 語言中參數的傳遞除了傳值呼叫(call by value)與傳址呼叫(call by address)外還有傳參考呼叫(call by reference)，傳值呼叫是將值傳入函式，可以將位址當成數值傳遞就成為傳址呼叫(call by address)，而傳參考呼叫是將傳入變數與函式內對應的變數直接視為相同的變數。

使用傳參考呼叫遞增

傳參考呼叫(call by reference)的遞增範例(ch13\遞增 CallByRef.cpp)

行數 程式碼

```
1   #include <iostream>
2   using namespace std;
3   void increaseByRef(int &);
4   int main(){
5     int a=10;
6     increaseByRef(a);
7     cout << "&a=" << &a << endl;
8     cout << "a=" << a << endl;
9   }
10  void increaseByRef(int &x){
11    x=x+1;
12    cout << "&x=" << &x << endl;
13  }
```

解說

- 第 3 行：宣告 increaseByRef 為傳參考呼叫，函式中參數需加上「&」。
- 第 5 行：int a = 10，宣告變數 a 為整數，且初始化為 10。
  電腦的運算結果暫存在記憶體，所以變數 a 實際上是代表一個記憶體空間，這個記憶體空間也有位址，如右圖。變數 a 記憶體位置為 0x6ffe3c，儲存的整數值為 10。

  10
  0x6ffe3c
  變數 b

- 第 6 行：呼叫 increaseByRef 函式，將變數 a 當參數傳入 increaseByRef 函式。
- 第 7 行：顯示變數 a 的位址。

- 第 8 行：顯示變數 a 的值。
- 第 10 到 13 行：此時程式執行 increaseByRef 函式，變數 x 值為輸入參數且為傳參考呼叫，因使用參考呼叫所以 x 與 a 屬於相同變數，如右圖。

  將 x 值加 1，x 等於 11。

  印出變數 a 的值，a 的值改變成 11。

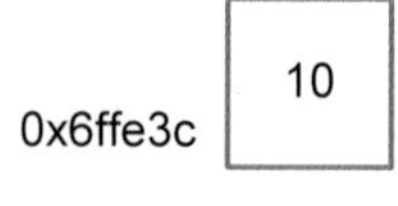

變數 a 等同變數 x

0x6ffe3c 11

變數 a 等同變數 x

執行結果

```
F:\C++程式設計入門\ch13\遞增CallByRef.exe
&x=0x6ffe3c
&a=0x6ffe3c
a=11

--------------------------------
Process exited after 0.01893 seconds with return value 0
請按任意鍵繼續 . . .
```

使用傳參考呼叫交換兩數

除了可以使用傳址呼叫(call by address)外，也可使用傳參考呼叫(call by reference)。

傳參考呼叫(call by reference)的交換兩數(ch13\swap-CallByRef.cpp)

行數	程式碼
1	`#include <iostream>`
2	`using namespace std;`
3	`void swapByRef(int &,int &);`
4	`int main(){`
5	`  int a=10,b=20;`
6	`  cout << "&a=" << &a << ",&b=" << &b << endl;`
7	`  cout << "交換前 a=" << a << ",b=" << b << endl;`
8	`  swapByRef(a,b);`
9	`  cout << "交換後 a=" << a << ",b=" << b << endl;`
10	`}`
11	`void swapByRef(int &x,int &y){`
12	`  int temp;`
13	`  cout << "&x=" << &x << ",&y=" << &y << endl;`
14	`  temp=x;`

```
15        x=y;
16        y=temp;
17    }
```

解說

- 第 3 行：宣告 swapByRef 為傳參考呼叫，函式中參數需加上「&」。
- 第 5 行：int a = 10，宣告變數 a 為整數，且初始化為 10。
  變數 a 實際上是代表一個記憶體空間，這個記憶體空間也有位址，如右圖。變數 a 記憶體位置為 0x6ffe3c，儲存的整數值為 10。

  0x6ffe3c　10
  變數 a

- 第 5 行：int b = 20，宣告變數 b 為整數，且初始化為 20。
  變數 b 實際上是代表一個記憶體空間，這個記憶體空間也有位址，如右圖。變數 b 記憶體位置為 0x6ffe38，儲存的整數值為 20。

  0x6ffe38　20
  變數 b

- 第 6 行：顯示 a 與 b 的位址。
- 第 7 行：顯示 a 與 b 的數值。
- 第 8 行：呼叫 swapByRef 函式，將 a 與 b 傳入 swapByRef 函式。
- 第 9 行：顯示交換後 a 與 b 的數值。
- 第 11 到 17 行：此時程式執行 swapByRef 函式，變數 x 與變數 y 使用傳參考呼叫，因使用傳參考呼叫所以函式外的 a 與 b，函式中的 x 與 y，變數 a 就是變數 x，變數 b 就是變數 y，如下圖。

- 第 14 到 16 行：利用 temp 暫存將 x 與 y 交換。

temp = x

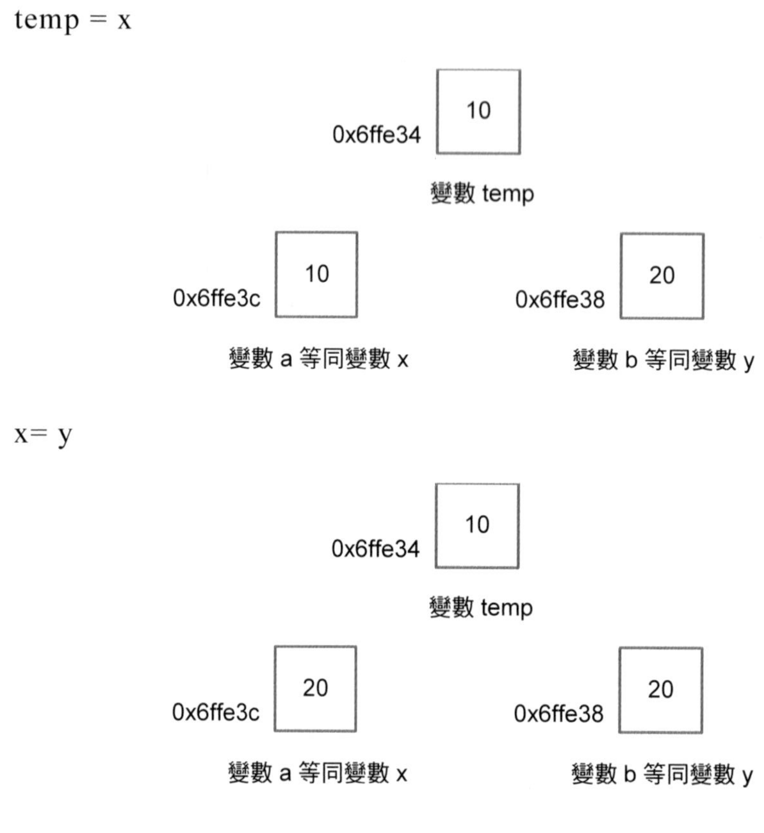

y = temp

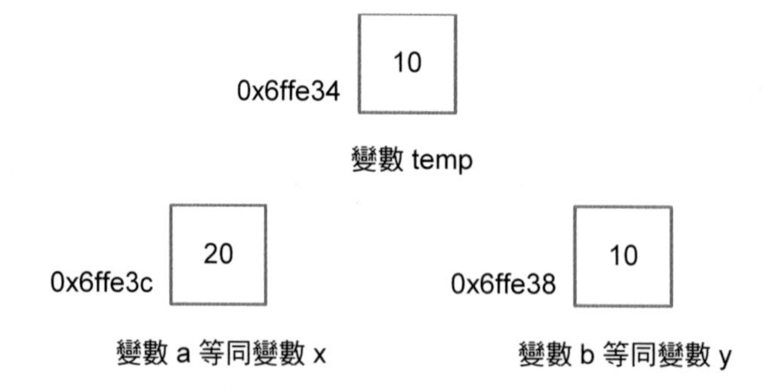

到此完成 x 與 y 的交換，a 與 b 也交換了。

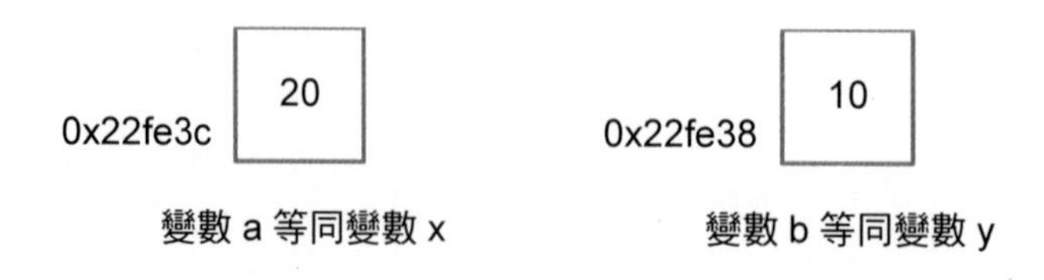

執行結果

```
F:\C++程式設計入門\ch13\swap-CallByRef.exe
&a=0x6ffe3c,&b=0x6ffe38
交換前a=10,b=20
&x=0x6ffe3c,&y=0x6ffe38
交換後a=20,b=10

--------------------------------
Process exited after 0.01894 seconds with return value 0
請按任意鍵繼續 . . .
```

13-5 傳回指標

指標除了可以是函式的傳入參數，也可以是函式的回傳值，前一節已經介紹指標當函式的傳入參數，本節介紹指標當函式回傳值，函式傳回指標需儲存到指標變數。(ch13\回傳指標.cpp)

以下範例介紹回傳指標程式，自訂函式找出兩數的較小值，兩數以傳址呼叫的方式傳入函式，並將較小值的變數位址儲存入指標，回傳該指標。

(a) 程式碼與解說

行數	程式碼
1	`#include <iostream>`
2	`using namespace std;`
3	`int* min(int *,int *);`
4	`int main(){`
5	`  int *p,x=1,y=2;`
6	`  cout << "x=" << x << ",&x=" << &x << endl;`
7	`  cout << "y=" << y << ",&y=" << &y << endl;`
8	`  p=min(&x,&y);`
9	`  cout << "執行p=min(&x,&y)後，p=" << p << endl;`
10	`  cout << "*p=" << *p << endl;`
11	`}`
12	
13	`int * min(int *a,int *b){`
14	`  int *ptr;`
15	`  if (*a > *b) {`
16	`    ptr=b;`
17	`  }else {`

```
18        ptr=a;
19      }
20      return ptr;
21    }
```

解說

- 第 5 行：宣告整數指標變數 p，整數變數 x，初始化為 1，整數變數 y，初始化為 2。
- 第 6 行：輸出「x=」與 x 值、「&x=」與 x 的位址。
- 第 7 行：輸出「y=」與 y 值、「&y=」與 y 的位址。
- 第 8 行：min(&x,&y)函式會回傳 x 與 y 兩數較小值的變數位址，該位址儲存到整數指標變數 p。
- 第 9 行：輸出「執行 p=min(&x,&y)後，p=」與指標變數 p 的位址。
- 第 10 行：輸出「*p=」與指標變數 p 位址所指的值（*p）。
- 第 13 到 21 行：自訂函式 min，以指標變數 a 與指標變數 b 為輸入，回傳指標變數。
- 第 14 行：宣告整數指標變數 ptr。
- 第 15 到 19 行：若指標變數 a 所指的值大於指標變數 b 所指的值，將指標變數 b 所儲存位址，儲存到指標變數 ptr，否則將指標變數 a 所儲存位址，儲存到指標變數 ptr。
- 第 20 行：回傳指標變數 ptr。

(b) 預覽結果

按下「執行 → 編譯並執行」，結果顯示在螢幕，輸出 x 的值與位址，輸出 y 的值與位址，min(&x,&y)函式會回傳 x 與 y 兩數較小值的變數位址，本範例較小變數為 x，其位址為 0x6ffe34，0x 表示十六進位表示，位址為 6ffe34，min 函式先將較小的變數位址儲存入指標 ptr，回傳指標 ptr，儲存到指標 p，最後利用間接運算子求出指標 p 的值（*p）。

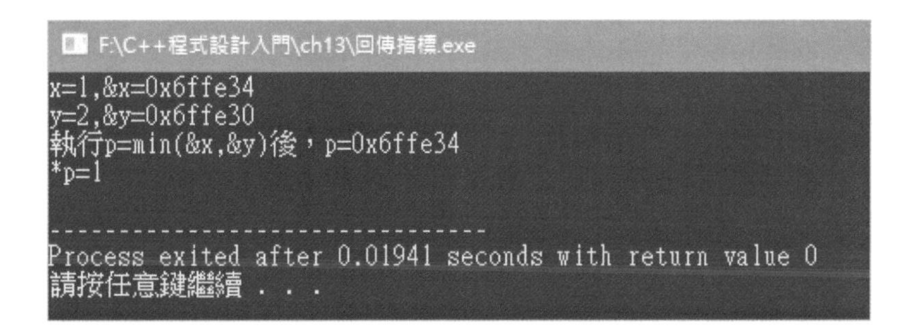

以下圖示表示上述結果，呼叫 min(&x,&y)，指標 ptr 的內容

位址	內容
0x6ffe2f	
0x6ffe30	2（變數 y 的內容）
0x6ffe31	
0x6ffe32	
0x6ffe33	
0x6ffe34	1（變數 x 的內容）
0x6ffe35	
0x6ffe36	
0x6ffe37	
0x6ffe38	

呼叫 min(&x,&y)後

ptr 0x0x6ffe34（指標變數 ptr 的內容）

13-6 指標與陣列

陣列名稱其實表示陣列開始的位址，宣告指標變數 p，將指標變數 p 初始化為陣列的開始位址，p 可以表示陣列的第一個元素位址，p+1 可以表示陣列的第二個元素位址，p+2 可以表示陣列的第三個元素位址，依此類推，而「*p」就可以存取陣列的第一個元素，「*(p+1)」就可以存取陣列的第二個元素，「*(p+2)」就可以存取陣列的第三個元素，依此類推。

以下範例程式介紹指標與陣列，利用指標存取陣列(ch13\指標與陣列.cpp)。

(a) 預覽結果

按下「執行 → 編譯並執行」，結果顯示在螢幕，輸出 p、&a[0]與 a 的位址都相同，輸出*p、a[0]與*a 也都相同，輸出 p+1、&a[1]與 a+1 的位址都相同，輸出*(p+1)、a[1]與*(a+1)也都相同，依此類推。

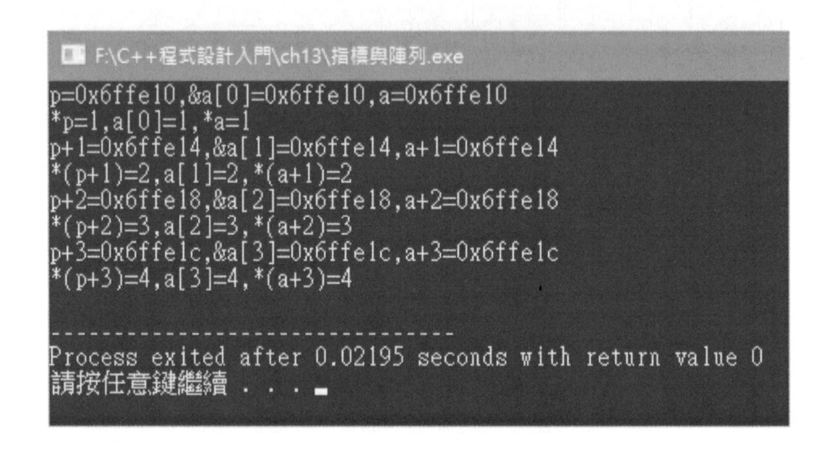
```
F:\C++程式設計入門\ch13\指標與陣列.exe
p=0x6ffe10,&a[0]=0x6ffe10,a=0x6ffe10
*p=1,a[0]=1,*a=1
p+1=0x6ffe14,&a[1]=0x6ffe14,a+1=0x6ffe14
*(p+1)=2,a[1]=2,*(a+1)=2
p+2=0x6ffe18,&a[2]=0x6ffe18,a+2=0x6ffe18
*(p+2)=3,a[2]=3,*(a+2)=3
p+3=0x6ffe1c,&a[3]=0x6ffe1c,a+3=0x6ffe1c
*(p+3)=4,a[3]=4,*(a+3)=4

--------------------------------
Process exited after 0.02195 seconds with return value 0
請按任意鍵繼續 . . .
```

以下圖示表示上述結果。

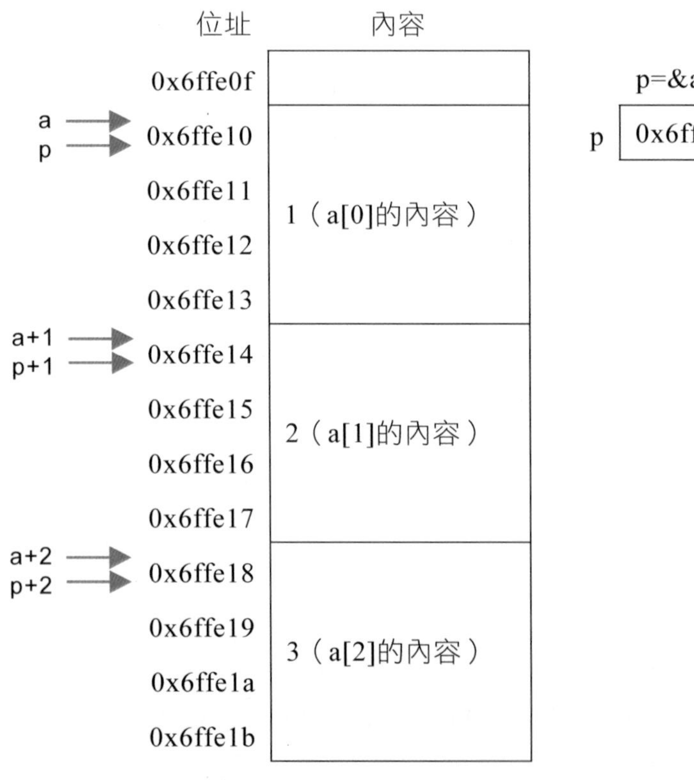

p=&a[0]後

p | 0x6ffe10（指標變數 p 的內容）

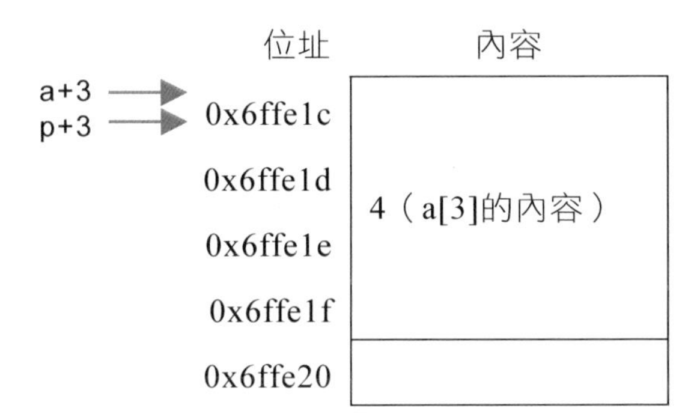

(b) 程式碼與解說

行數	程式碼
1	`#include <iostream>`
2	`using namespace std;`
3	`int main(){`
4	`  int *p,a[4]={1,2,3,4};`
5	`  p=&a[0];`
6	`  cout << "p=" << p << ",&a[0]=" << &a[0] << ",a=" << a << endl;`
7	`  cout << "*p=" << *p << ",a[0]=" << a[0] << ",*a=" << *a << endl;`
8	`  cout << "p+1=" << p+1 << ",&a[1]=" << &a[1] << ",a+1=" << a+1 << endl;`
9	`  cout << "*(p+1)=" << *(p+1) << ",a[1]=" << a[1] << ",*(a+1)=" << *(a+1) << endl;`
10	`  cout << "p+2=" << p+2 << ",&a[2]=" << &a[2] << ",a+2=" << a+2 << endl;`
11	`  cout << "*(p+2)=" << *(p+2) << ",a[2]=" << a[2] << ",*(a+2)=" << *(a+2) << endl;`
12	`  cout << "p+3=" << p+3 << ",&a[3]=" << &a[3] << ",a+3=" << a+3 << endl;`
13	`  cout << "*(p+3)=" << *(p+3) << ",a[3]=" << a[3] << ",*(a+3)=" << *(a+3) << endl;`
14	`}`

解說

- 第 4 行：宣告整數指標變數 p，宣告整數陣列 a，有四個元素，第一個元素初始化為 1，第二個元素初始化為 2，第三個元素初始化為 3，第四個元素初始化為 4。
- 第 5 行：整數指標 p 初始化為陣列 a 的第一個元素的開始位址。
- 第 6 行：輸出「p=」與 p 值、「&a[0]=」與 a[0]的位址、「a=」與 a 值。
- 第 7 行：輸出「*p=」與*p 值、「a[0]=」與 a[0]的值、「*a=」與*a 的值。
- 第 8 行：輸出「p+1=」與 p+1 值、「&a[1]=」與 a[1]的位址、「a+1=」與 a+1 值。

- 第 9 行：輸出「*(p+1)=」與*(p+1)值、「a[1]=」與 a[1]的值、「*(a+1)=」與*(a+1)的值。
- 第 10 行：輸出「p+2=」與 p+2 值、「&a[2]=」與 a[2]的位址、「a+2=」與 a+2 值。
- 第 11 行：輸出「*(p+2)=」與*(p+2)值、「a[2]=」與 a[2]的值、「*(a+2)=」與*(a+2)的值。
- 第 12 行：輸出「p+3=」與 p+3 值、「&a[3]=」與 a[3]的位址、「a+3=」與 a+3 值。
- 第 13 行：輸出「*(p+3)=」與*(p+3)值、「a[3]=」與 a[3]的值、「*(a+3)=」與*(a+3)的值。

13-7 傳入與傳回陣列

函式的傳入與傳回參數可以使用陣列，以下範例程式介紹將陣列當成函式的傳入參數與傳回值。(ch13\傳入與傳回陣列.cpp)

寫一個簡單程式將陣列當成函式的傳入參數，該函式將傳入陣列取平方後，回傳平方後陣列，顯示傳入與傳回陣列，驗證計算是否正確。

(a) 程式碼與解說

行數	程式碼
1	`#include <iostream>`
2	`using namespace std;`
3	`int * sqr(int *,int );`
4	`int main(){`
5	`  int score[5]={99,44,78,87,55};`
6	`  int *square=sqr(score,5);`
7	`  for(int i=0;i<5;i++){`
8	`    cout << "score[" << i <<"]=" << score[i] << endl;`
9	`    cout << "square[" << i <<"]=" << square[i] << endl;`
10	`  }`
11	`}`
12	
13	`int * sqr(int x[],int n){`
14	`  int *a= new int[n];`
15	`  for(int i=0;i<n;i++){`

```
16        a[i]=x[i]*x[i];
17      }
18      return a;
19    }
```

解說

- 第 3 行：宣告 sqr 函式，以陣列與陣列元素個數為參數。
- 第 5 行：宣告整數陣列 score，有五個元素，第一個元素初始化為 99，第二個元素初始化為 44，第三個元素初始化為 78，第四個元素初始化為 87，第五個元素初始化為 55。
- 第 6 行：呼叫 sqr 函式，以陣列 score 與陣列元素個數為輸入參數。
- 第 7 到 10 行：使用迴圈輸出陣列 score 與陣列 square 的每個元素值。
- 第 13 到 19 行：自訂 sqr 函式，以陣列 x 與陣列元素個數 n 為輸入參數。
- 第 14 行：產生陣列 a，有 n 個元素。
- 第 15 到 17 行：將陣列 x 的每個元素取平方後，儲存到陣列 a。
- 第 18 行：回傳陣列 a。

(b) 預覽結果

按下「執行 → 編譯並執行」，結果顯示在螢幕，將陣列 score 當成函式的輸入，並回傳平方後的陣列到陣列 square，輸出陣列 score 與平方陣列 square 於螢幕，驗證陣列 square 的每一元素為陣列 score 的每一元素的平方，例如 score[0]為 99，對應的 square[0]為 9801，9801 為 99 的平方，依此類推。

```
F:\C++程式設計入門\ch13\傳入與回傳陣列.exe
score[0]=99
square[0]=9801
score[1]=44
square[1]=1936
score[2]=78
square[2]=6084
score[3]=87
square[3]=7569
score[4]=55
square[4]=3025

--------------------------------
Process exited after 0.02306 seconds with return value 0
請按任意鍵繼續 . . .
```

13-8 雙重指標

指標是一個儲存位址的變數，而雙重指標是一種特別的指標，指標用於儲存指標的位址。以下範例程式介紹雙重指標並圖解說明。(ch13\雙重指標.cpp)

寫一個簡單程式，宣告雙重指標變數(**)、指標變數(*)與整數，並定義三者之間的關係，輸出變數的位址與值，驗證雙重指標的概念。

(a) 程式碼與解說

行數	程式碼
1	`#include <iostream>`
2	`using namespace std;`
3	`int main(){`
4	`  int **aa,*a,num=100;`
5	`  a=#`
6	`  aa=&a;`
7	`  cout << "&num=" << &num << endl;`
8	`  cout << "num=" << num << endl;`
9	`  cout << "&a=" << &a << endl;`
10	`  cout << "a=" << a << endl;`
11	`  cout << "*a=" << *a << endl;`
12	`  cout << "&aa=" << &aa << endl;`
13	`  cout << "aa=" << aa << endl;`
14	`  cout << "*aa=" << *aa << endl;`
15	`  cout << "**aa=" << **aa << endl;`
16	`}`

解說

- 第 4 行：宣告雙重指標變數 aa、指標變數 a 與整數變數 num 初始化為 100。
- 第 5 行：將整數變數 num 的位址儲存到指標變數 a。
- 第 6 行：將指標變數 a 的位址儲存到雙重指標變數 aa。
- 第 7 行：輸出「&num=」與 num 的位址。
- 第 8 行：輸出「num=」與 num 的值。
- 第 9 行：輸出「&a=」與指標變數 a 的位址。

- 第 10 行：輸出「a=」與指標變數 a 的值，其值等於 num 的位址。
- 第 11 行：輸出「*a=」與指標變數 a 所指的值，其值等於 num 的值。
- 第 12 行：輸出「&aa=」與雙重指標變數 aa 的位址。
- 第 13 行：輸出「aa=」與雙重指標變數 aa 的值，其值等於 a 的位址。
- 第 14 行：輸出「*aa=」與雙重指標變數 aa 所指的值，其值等於 a 的值，其值等於 num 的位址。
- 第 15 行：輸出「**aa=」與雙重指標變數 aa 所指的值，該值所指定的值，其值等於 num 的值。

(b) 預覽結果

按下「執行 → 編譯並執行」，結果顯示在螢幕，輸出變數 num、指標變數 a 與雙重指標變數 aa 的位址與值。可以發現「&num、a 與*aa 的值相同」，「num、*a 與**aa 的值相同」，「&a 與 aa 的值相同」。

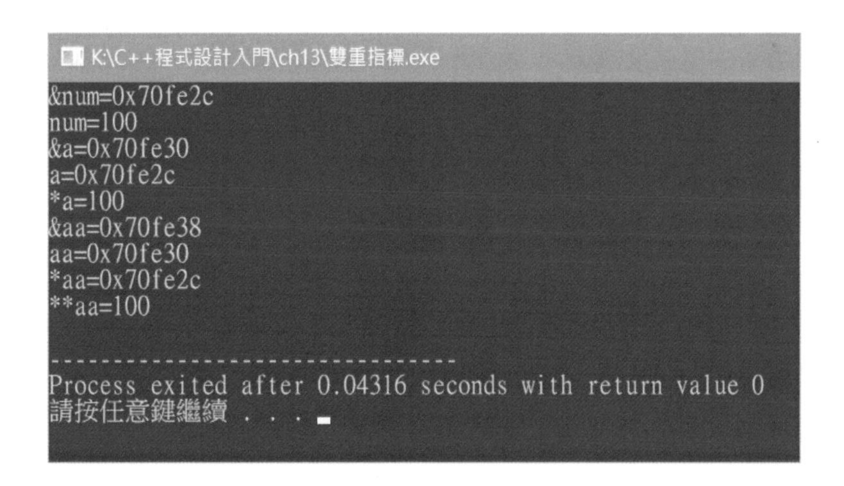

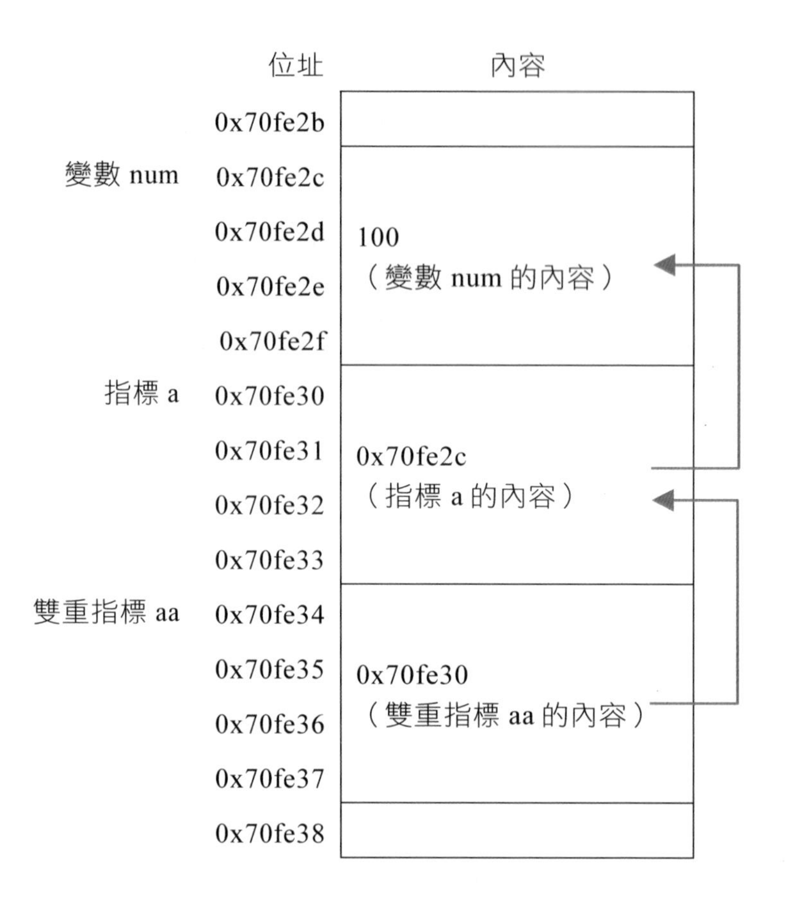

13-9 雙重指標與二維陣列

雙重指標可以結合二維陣列，存取二維陣列中的每個元素。寫一個簡單程式，宣告雙重指標變數(二維陣列名稱就是雙重指標變數)與二維陣列，利用雙重指標變數存取二維陣列中每個元素。(ch13\雙重指標與二維陣列.cpp)

(a) 程式碼與解說

行數	程式碼
1	`#include <iostream>`
2	`using namespace std;`
3	`int main(){`
4	`  int num[9][9];`
5	`  for(int i=0;i<9;i++){`
6	`    for(int j=0;j<9;j++){`
7	`      num[i][j]=(i+1)*(j+1);`
8	`    }`
9	`  }`

```
10      for(int i=0;i<9;i++){
11        for(int j=0;j<9;j++){
12          cout << "*(num+" << i << ")+" << j << "=" << *(num+i)+j << " ";
13          cout << "&num[" << i << "][" << j << "]=" << &num[i][j] << " ";
14          cout << "*(*(num+" << i << ")+" << j << ")=" << *(*(num+i)+j) << " ";
15          cout << "num[" << i << "][" << j << "]=" << num[i][j] << endl;
16        }
17      }
18    }
```

解說

- 第 4 行：宣告二維陣列 num。
- 第 5 到 9 行：使用巢狀迴圈將二維陣列 num 初始化為九九乘法表，num[0][0]=1、num[0][2]=2、num[0][2]=3、…、num[0][8]=9、num[1][0]=2 num[1][1]=4、num[1][2]=6、…、num[1][8]=18、…、num[8][8]=81。
- 第 10 到 17 行：使用巢狀迴圈輸出雙重指標與二維陣列的對應關係。
- 第 12 行：輸出*(num+i)+j 的值，就是 num[i][j]的位址。
- 第 13 行：輸出 num[i][j]的位址。
- 第 14 行：輸出*(*(num+i)+j)的值，就是 num[i][j]的值。
- 第 15 行：輸出 num[i][j]的值。

(b) 預覽結果

按下「執行 → 編譯並執行」，結果顯示在螢幕，輸出雙重指標變數 num 與對應陣列 num 的位址與值。可以發現「*(num+i)+j 與 &num[i][j]的值相同」，而「*(*(num+i)+j) 與 num[i][j]的值相同」。

```
K:\C++程式設計入門\ch13\雙重指標與二維陣列.exe
*(num+8)+0=0x70fe00 &num[8][0]=0x70fe00 *(*(num+8)+0)=9 num[8][0]=9
*(num+8)+1=0x70fe04 &num[8][1]=0x70fe04 *(*(num+8)+1)=18 num[8][1]=18
*(num+8)+2=0x70fe08 &num[8][2]=0x70fe08 *(*(num+8)+2)=27 num[8][2]=27
*(num+8)+3=0x70fe0c &num[8][3]=0x70fe0c *(*(num+8)+3)=36 num[8][3]=36
*(num+8)+4=0x70fe10 &num[8][4]=0x70fe10 *(*(num+8)+4)=45 num[8][4]=45
*(num+8)+5=0x70fe14 &num[8][5]=0x70fe14 *(*(num+8)+5)=54 num[8][5]=54
*(num+8)+6=0x70fe18 &num[8][6]=0x70fe18 *(*(num+8)+6)=63 num[8][6]=63
*(num+8)+7=0x70fe1c &num[8][7]=0x70fe1c *(*(num+8)+7)=72 num[8][7]=72
*(num+8)+8=0x70fe20 &num[8][8]=0x70fe20 *(*(num+8)+8)=81 num[8][8]=81

--------------------------------
Process exited after 0.2925 seconds with return value 0
請按任意鍵繼續 . . .
```

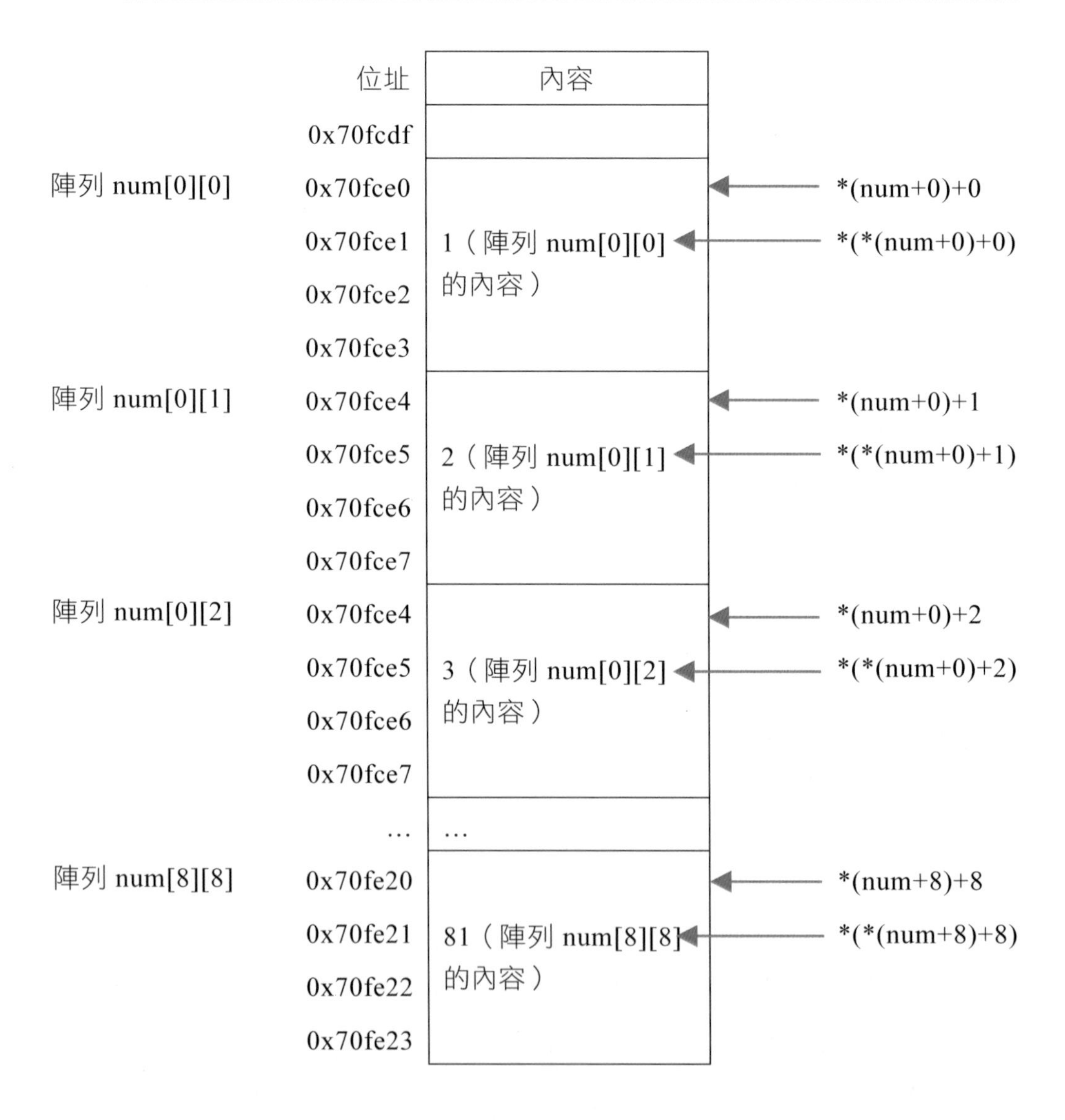

13-10 指標陣列

指標陣列為陣列中每一個元素皆為指標，指標陣列中每個指標需要宣告資料型別，指標要指向相同資料型別的資料。(ch13\指標陣列.cpp)

寫一個簡單程式，宣告字元指標陣列，指標陣列每個字元指標指向姓名字串。

(a) 程式碼與解說

行數	程式碼
1	`#include <iostream>`
2	`using namespace std;`
3	`int main(){`
4	`  char *name[5];`
5	`  name[0]="John";`
6	`  name[1]="Mary";`
7	`  name[2]="Tony";`
8	`  name[3]="Bruce";`
9	`  name[4]="Claire";`
10	`  for(int i=0;i<5;i++){`
11	`    cout << "&name[" << i << "]=" << &name[i] << endl;`
12	`    cout << "座號" << i+1 << "號同學姓名為" << name[i] << endl;`
13	`  }`
14	`}`

解說

- 第 4 行：宣告一維指標陣列 name，指標指向字元資料型別。
- 第 5 到 9 行：初始化指標陣列 name，指標陣列第一個元素指向字串 John，指標陣列第二個元素指向字串 Mary，指標陣列第三個元素指向字串 Tony，指標陣列第四個元素指向字串 Bruce，指標陣列第五個元素指向字串 Claire。
- 第 10 到 13 行：使用迴圈顯示指標陣列的每個元素位址與姓名，由此可知指標陣列依序指向每個姓名字串。

(b) 預覽結果

按下「執行 → 編譯並執行」，結果顯示在螢幕，輸出指標陣列每個字元指標所指的位址與姓名字串。

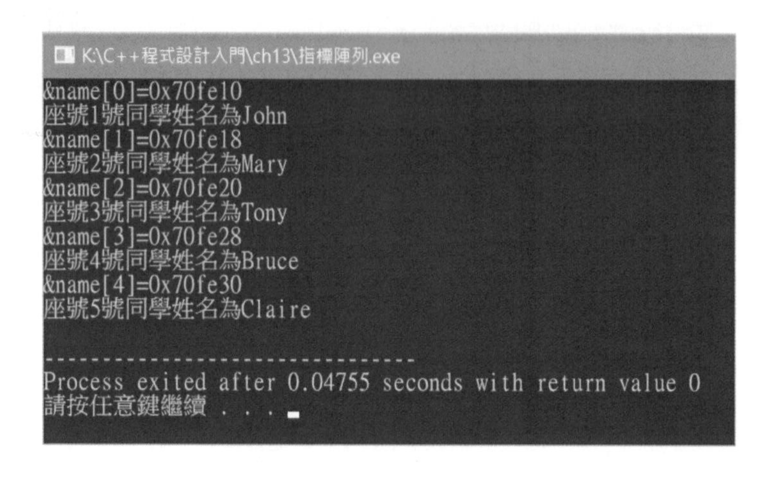

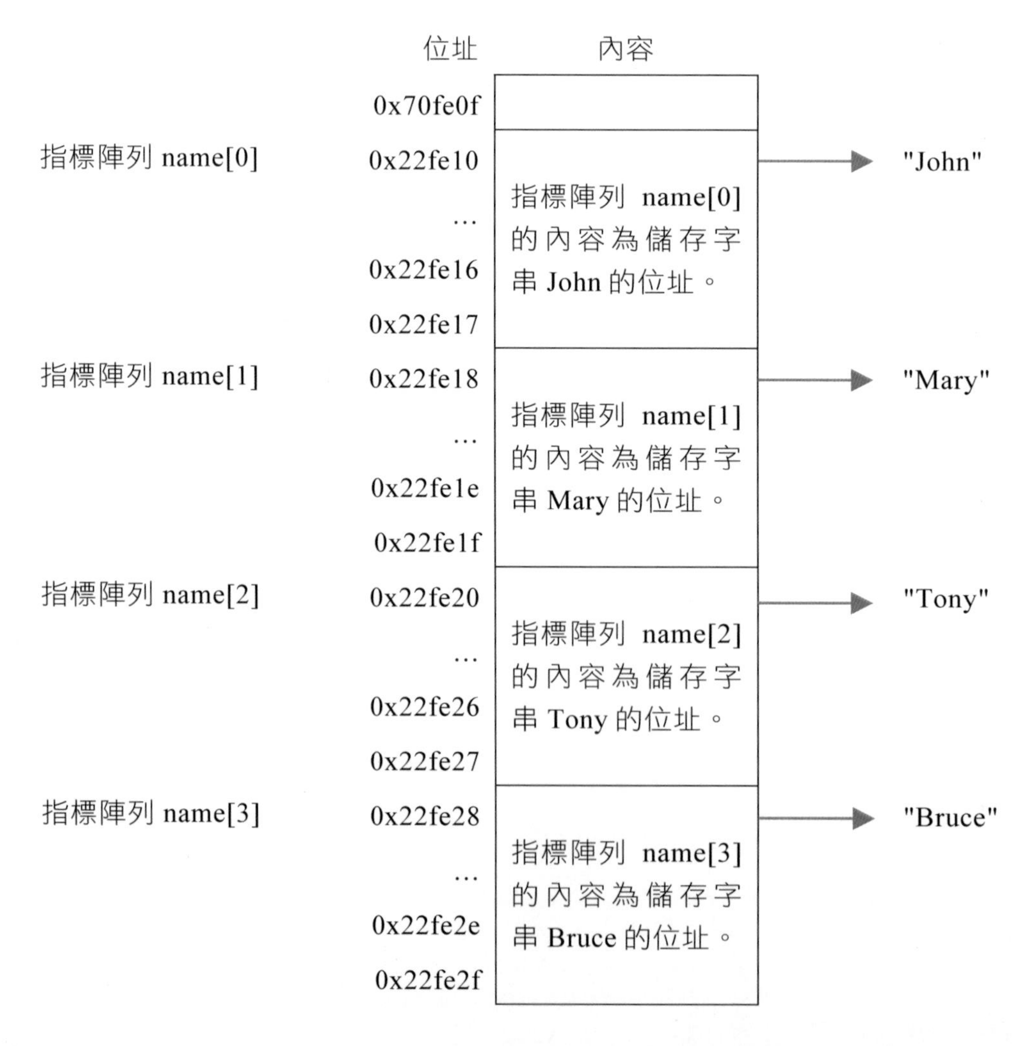

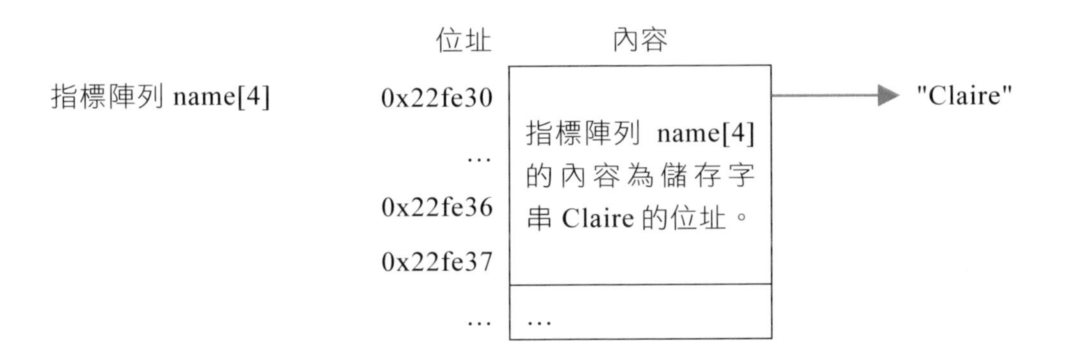

13-11 函式指標

函式指標為一個特別的指標，指向函式，呼叫函式指標就呼叫指向的函式，可以於執行過程中利用函式指標更改所呼叫的函式。(ch13\函式指標.cpp)

寫一個簡單加減法程式，宣告函式指標，函式指標指向加法函式，就進行數值相加，函式指標指向減法函式，就進行數值相減。

(a) 預覽結果

按下「執行 → 編譯並執行」，結果顯示在螢幕，輸出函式指標的位址與內容、加減法函式的位址。

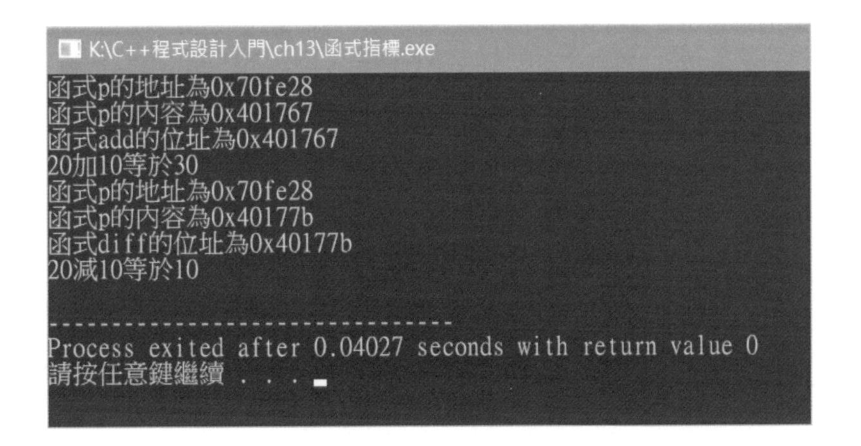

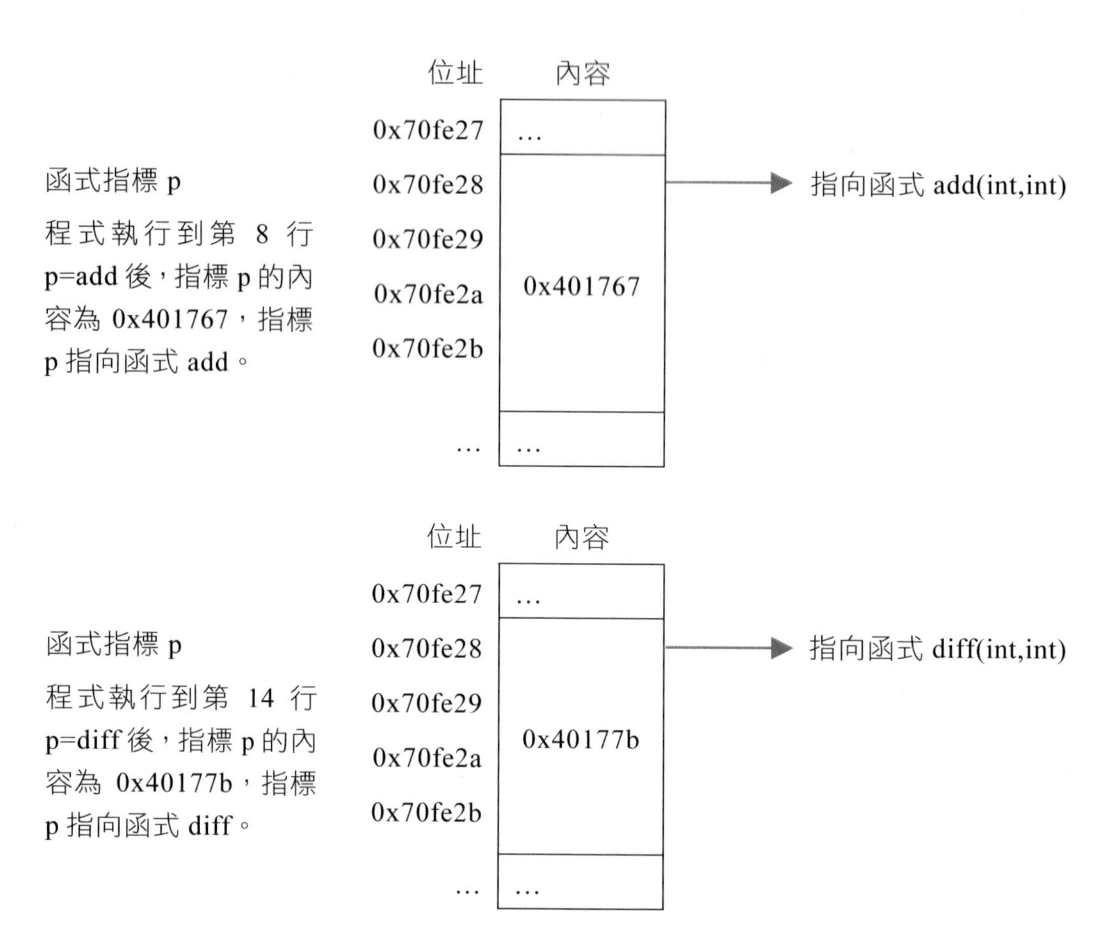

(b) 程式碼與解說

行數	程式碼
1	`#include <iostream>`
2	`using namespace std;`
3	`int add(int,int);`
4	`int diff(int,int);`
5	`int main(){`
6	`  int (*p)(int,int);`
7	`  int result,a=20,b=10;`
8	`  p=add;`
9	`  cout << "函式p的地址為" << &p << endl;`
10	`  cout << "函式p的內容為" << (int)p << endl;`
11	`  cout << "函式add的位址為" << (int)add << endl;`
12	`  result=p(a,b);`
13	`  cout << a << "加" << b << "等於" << result <<endl;`
14	`  p=diff;`
15	`  cout << "函式p的地址為" << &p << endl;`
16	`  cout << "函式p的內容為" << (int)p << endl;`
17	`  cout << "函式diff的位址為" << (int)diff << endl;`

```
18      result=p(a,b);
19      cout << a << "減" << b << "等於" << result <<endl;
20    }
21
22    int add(int x,int y){
23      return x+y;
24    }
25    int diff(int x,int y){
26      return x-y;
27    }
```

解說

- 第 3 行：宣告自訂函式 add，輸入兩個整數參數，函式回傳整數。
- 第 4 行：宣告自訂函式 diff，輸入兩個整數參數，函式回傳整數。
- 第 6 行：宣告函式指標 p，函式指標指向函式可以輸入兩個整數參數，回傳整數。
- 第 7 行：宣告 result、a 與 b 皆為整數，整數 a 初始化為 20，整數 b 初始化為 10。
- 第 8 行：將函式 add 的位址儲存到函式指標 p。
- 第 9 行：輸出「函式 p 的地址為」與函式指標 p 的位址。
- 第 10 行：輸出「函式 p 的內容為」與函式指標 p 的內容。
- 第 11 行：輸出「函式 add 的位址為」與函式 add 的位址。
- 第 12 行：將 a 與 b 經由函式指標 p 所指定的函式 add，運算後的結果儲存到變數 result。
- 第 13 行：輸出 a 與 b 經由函式指標 p 所指定的函式 add 運算後的結果。
- 第 14 行：將函式 diff 的位址儲存到函式指標 p。
- 第 15 行：輸出「函式 p 的地址為」與函式指標 p 的位址。
- 第 16 行：輸出「函式 p 的內容為」與函式指標 p 的內容。
- 第 17 行：輸出「函式 diff 的位址為」與函式 diff 的位址。
- 第 18 行：將 a 與 b 經由函式指標 p 所指定的函式 diff，運算後的結果儲存到變數 result。

- 第 19 行：輸出 a 與 b 經由函式指標 p 所指定的函式 diff 運算後的結果。
- 第 22 到 24 行：自訂函式 add，輸入兩個參數 x 與 y，回傳 x 加 y 的結果。
- 第 25 到 27 行：自訂函式 diff，輸入兩個參數 x 與 y，回傳 x 減 y 的結果。

13-12 動態記憶體配置

程式執行前，需先將程式與資料載入記憶體，變數配置記憶體分為靜態配置與動態配置，靜態記憶體配置表示程式在編譯時就已經配置記憶體，例如：

int a[10]表示宣告陣列 a 有 10 個整數元素，在編譯時就已經配置記憶體稱作靜態記憶體配置。動態記憶體配置為程式在執行時才由程式提出記憶體需求，由系統配置記憶體空間給變數，動態配置記憶體後，若動態所配置記憶體不用了，需使用釋放記憶體的函式或指令釋放記憶體，否則這記憶體不會由系統自動回收而造成記憶體空間浪費。

13-12-1 使用 malloc 與 free 動態配置記憶體 (ch13\動態配置記憶體-malloc-free.cpp)

C 語言函式 malloc 與函式 free 的語法、範例與說明，如下表。

C 語言動態記憶體配置		
函式	語法	範例與說明
malloc	void * malloc(int size);	`int *p=(int *)malloc(10*sizeof(int));` 註：sizeof 函式用於回傳指定資料型別所佔記憶體空間，本範例就是計算 int 資料型別的所佔記憶體空間，以 Bytes 為單位。 malloc 函式向系統要求動態配置擁有 10 個元素的整數陣列，並回傳陣列的開頭位址給整數指標 p。
free	void free(void * p);	`free(p);` 釋放整數指標 p 所指的記憶體空間。

(a) 程式碼與解說

```
行數  程式碼
1     #include <iostream>
2     #include <cstdlib>
3     using namespace std;
4     int main(){
5       int *p=(int *)malloc(10*sizeof(int));
6       for(int i=0;i<10;i++){
7         cout << "p+" << i << "=" << p+i << endl;
8       }
9       free(p);
10    }
```

解說

- 第 5 行：malloc 函式向系統要求動態配置擁有 10 個元素的整數陣列，並回傳陣列的開頭位址給整數指標 p。
- 第 6 到 8 行：使用 for 迴圈與指標存取陣列中所有元素，並顯示每個元素的位址。
- 第 9 行：釋放整數指標 p 所指的記憶體空間。

(b) 預覽結果

按下「執行 → 編譯並執行」，結果顯示在螢幕，輸出動態記憶體配置的每個元素位址。

```
K:\C++程式設計入門\ch13\動態配置記憶體-malloc-free.exe
p+0=0x891510
p+1=0x891514
p+2=0x891518
p+3=0x89151c
p+4=0x891520
p+5=0x891524
p+6=0x891528
p+7=0x89152c
p+8=0x891530
p+9=0x891534

--------------------------------
Process exited after 0.0515 seconds with return value 0
請按任意鍵繼續 . . .
```

13-12-2 使用 new 與 delete 動態配置記憶體 (ch13\動態配置記憶體-new-delete.cpp)

C++語言的 new 與 delete 的語法、範例與說明，如下表。

C++語言動態記憶體配置		
運算子	語法	範例與說明
New	void* new	`int *p= new int;` 使用 new 運算子向系統要求動態配置整數變數，並回傳變數的位址給整數指標 p。
New []	void* new[size]	`int *p= new int[10];` 使用 new 運算子向系統要求動態配置擁有 10 個元素的整數陣列，並回傳陣列的開頭位址給整數指標 p。
delete	void delete (void* p)	`delete p;` 釋放整數指標 p 所指的記憶體空間。
delete[]	void delete[](void* p)	`delete[] p;` 釋放整數指標 p 所指的陣列記憶體空間。

(a) 程式碼與解說

行數	程式碼
1	`#include <iostream>`
2	`using namespace std;`
3	`int main(){`
4	`  int *p=new int[10];`
5	`  for(int i=0;i<10;i++){`
6	`    cout << "p+" << i << "=" << p+i << endl;`
7	`  }`
8	`  delete[] p;`
9	`}`

解說

- 第 4 行：new 函式向系統要求動態配置擁有 10 個元素的整數陣列，並回傳陣列的開頭位址給整數指標 p。

- 第 5 到 7 行：使用 for 迴圈與指標存取陣列中所有元素並印出元素位址。
- 第 8 行：釋放整數指標 p 所指的記憶體空間。

(b) 預覽結果

按下「執行 → 編譯並執行」，結果顯示在螢幕，輸出動態記憶體配置的每個元素位址。

```
K:\C++程式設計入門\ch13\動態配置記憶體-new-delete.exe
p+0=0x7e1510
p+1=0x7e1514
p+2=0x7e1518
p+3=0x7e151c
p+4=0x7e1520
p+5=0x7e1524
p+6=0x7e1528
p+7=0x7e152c
p+8=0x7e1530
p+9=0x7e1534

--------------------------------
Process exited after 0.04408 seconds with return value 0
請按任意鍵繼續 . . .
```

解析 APCS 程式設計觀念題

（D）1. 右列程式片段中，假設 a, a_ptr 和 a_ptrptr 這三個變數都有被正確宣告，且呼叫 G()函式時的參數為 a_ptr 及 a_ptrptr。G() 函式的兩個參數型態該如何宣告？ (105 年 10 月 APCS 第 16 題)

```
void G ( _(a)__ a_ptr, __(b)__
a_ptrptr) {
  …
}
void main () {
  int a = 1;
  // 加入 a_ptr, a_ptrptr 變數的宣告
  …
  a_ptr = &a;
  a_ptrptr = &a_ptr;
  G (a_ptr, a_ptrptr);
}
```

(A) (a) *int, (b) *int

(B) (a) *int, (b) **int

(C) (a) int*, (b) int*

(D) (a) int*, (b) int**

解析 由「a_ptr = &a;」得知 a_ptr 是指標，因為「&a」會取得變數 a 的位址設定給 a_ptr，所以 a_ptr 是指標，所以參數宣告為「**int***」。由「a_ptrptr = &a_ptr;」得知 a_ptrptr 是指標的指標，因為「&a_ptr」會取得指標 a_ptr 的位址設定給 a_ptrptr，所以 a_ptrptr 是指標的指標，所以參數宣告為「**int****」，選項(D)為正解。

習題

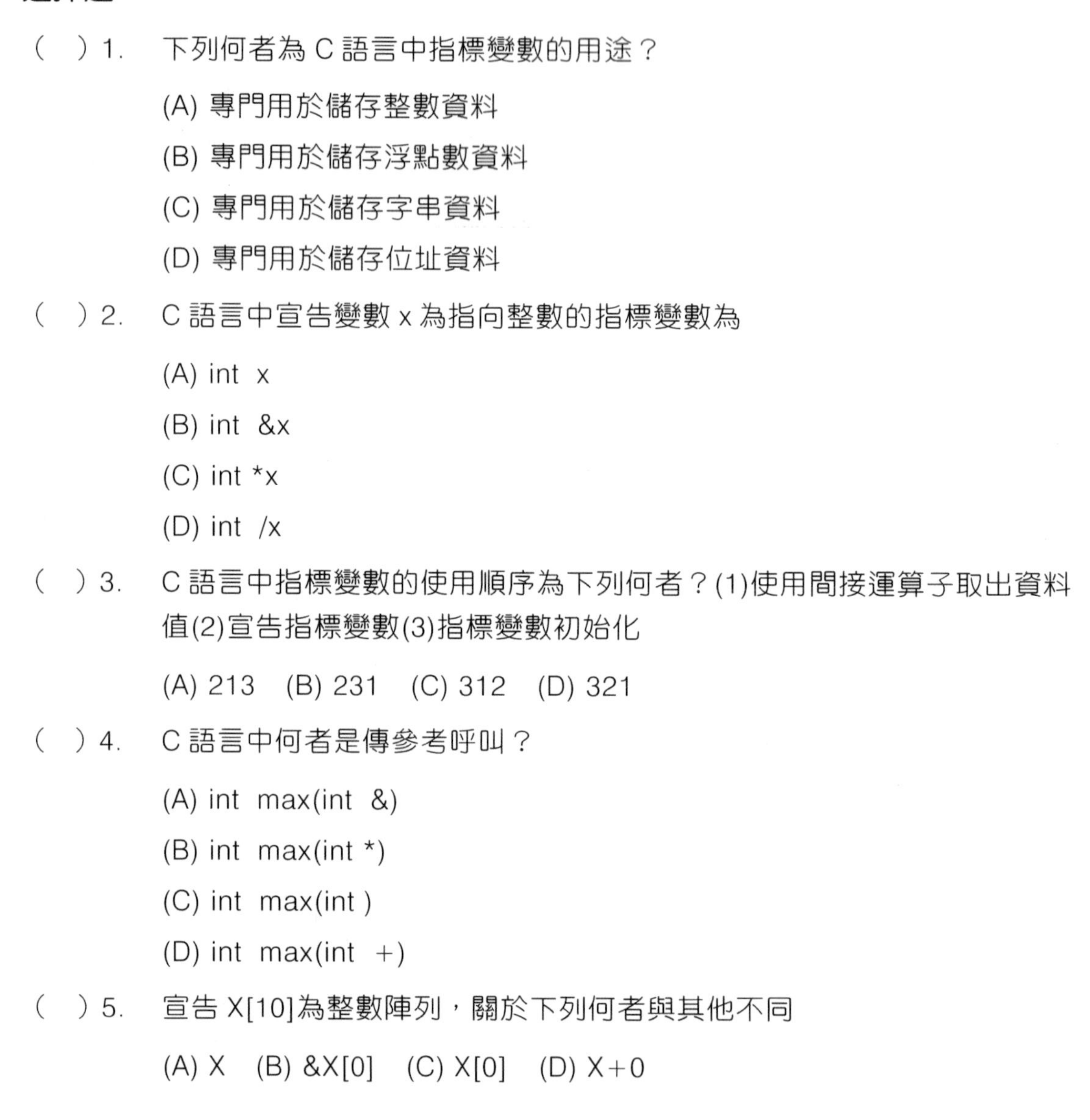

選擇題

( ) 1. 下列何者為 C 語言中指標變數的用途？

(A) 專門用於儲存整數資料

(B) 專門用於儲存浮點數資料

(C) 專門用於儲存字串資料

(D) 專門用於儲存位址資料

( ) 2. C 語言中宣告變數 x 為指向整數的指標變數為

(A) int x

(B) int &x

(C) int *x

(D) int /x

( ) 3. C 語言中指標變數的使用順序為下列何者？(1)使用間接運算子取出資料值(2)宣告指標變數(3)指標變數初始化

(A) 213 (B) 231 (C) 312 (D) 321

( ) 4. C 語言中何者是傳參考呼叫？

(A) int max(int &)

(B) int max(int *)

(C) int max(int)

(D) int max(int +)

( ) 5. 宣告 X[10]為整數陣列，關於下列何者與其他不同

(A) X (B) &X[0] (C) X[0] (D) X+0

(　) 6.　以下程式

```
int *p;
int x[10];
p=x;
```

關於下列何者與其他不同

(A) p+1　(B) &x[1]　(C) x+1　(D) x[1]

(　) 7.　以下程式的 x 值為

```
int *p , x;
int y=300;
p=&y;
x=*p+200;
```

(A) 100　(B) 200　(C) 300　(D) 500

(　) 8.　以下程式輸出結果為

```
int *p ,x[5]={10,20,30,40,50};
p=&(x[3]);
cout << *p+*(p-1);
```

(A) 30　(B) 50　(C) 70　(D) 90

(　) 9.　C 語言中使用函式交換兩變數的數值，參數傳遞需使用

(A) 傳值呼叫(call by value)

(B) 傳址呼叫(call by address)

(C) 傳名呼叫(call by name)

(D) 傳字串呼叫(call by string)

程式實作

1. 字串長度(ch13\ex 字串長度.cpp)

在內建函式單元中，曾經介紹過字串函式 strlen，該函式允許使用者輸入字串，回傳字串的長度，請自行撰寫 strlen 函式。

預覽結果：按下「執行 → 編譯並執行」，輸入「abcdef」，結果顯示如下圖。

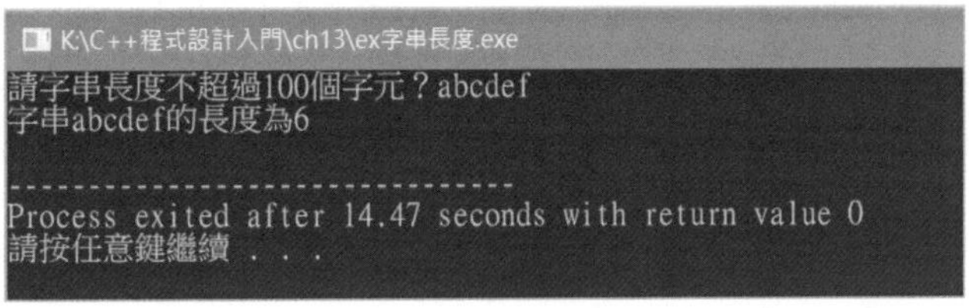

```
K:\C++程式設計入門\ch13\ex字串長度.exe
請字串長度不超過100個字元？abcdef
字串abcdef的長度為6

--------------------------------
Process exited after 14.47 seconds with return value 0
請按任意鍵繼續 . . .
```

2. 字串比較(ch13\ex 字串比較.cpp)

在內建函式單元中，曾經介紹過字串函式 strcmp，該函式用於比較兩字串，若兩字串相等則回傳 0；若第一個字串與第二個字串的第一個不相同字元相比，第一個字串大於第二個字串，則回傳 1；若第一個字串與第二個字串的第一個不相同字元相比，第一個字串小於第二個字串，則回傳-1，請自行實作 strcmp 函式。

預覽結果：按下「執行 → 編譯並執行」，第一個字串輸入「abc」，第二個字串輸入「abd」，結果顯示如下圖。

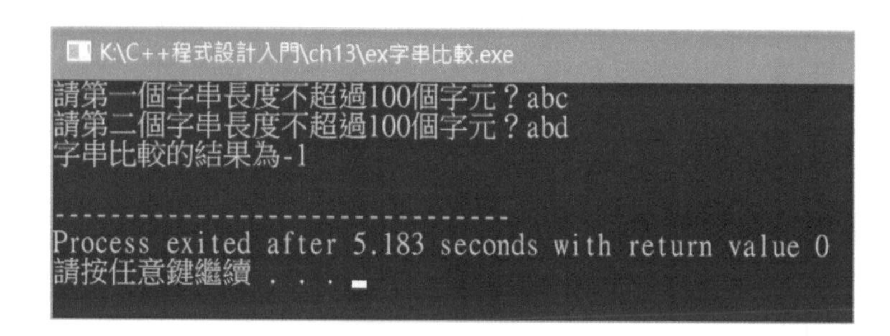

3. 字串與子字串(ch13\ex 字串與子字串.cpp)

使用指標陣列允許使用者輸入五個的字串（不含空白，長度小於 99 個字元），並輸入一個子字串，找尋之前所輸入的五個字串是否有包含此子字串，若有則輸出該字串，可以使用 strstr 函式。

預覽結果：按下「執行 → 編譯並執行」，輸入五個字串與要搜尋的字串，結果顯示如下圖。

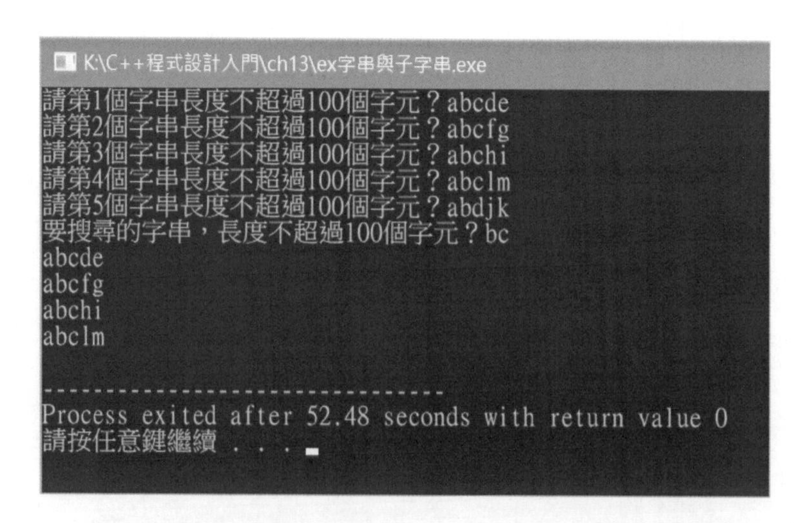

結構 14

C 語言提供將多個資料型別組合在一起成為新的資料型別，這樣的機制就是結構(structure)，結構可以定義組成的資料型別、宣告變數屬於此結構、設定初始值、結構指標與結構陣列等。

14-1 結構的定義、宣告與使用

結構的定義就是結構的組成資料型別，可以是整數(int)、浮點數(float、double)、字元(char)、字串(string)、陣列、指標與結構(struct)等。

結構的定義語法	結構的定義實例	結構的定義實例說明

struct 結構名稱 {
資料型別 1　資料變數名稱 1;
資料型別 2　資料變數名稱 2;
資料型別 3　資料變數名稱 3;
…
};
資料型別可以是整數、浮點數、字元、字串、陣列、指標與結構等。
	struct stu{
	char name[10];
	int seat;
	int chi;
	int eng;
	int math;
	};
		宣告結構 stu，該結構包含姓名由 10 字元陣列組成命名為 name、座號為整數資料型別命名為 seat、國文成績為整數資料型別命名為 chi、英文成績為整數資料型別命名為 eng、數學成績為整數資料型別命名為 math。

14-1-1 宣告結構變數

結構變數屬於哪種結構須事先宣告，如同變數的宣告，宣告後編譯器才能正確編譯產生執行程式。

結構的宣告語法	結構的宣告實例	結構的宣告實例說明
struct 結構名稱 結構變數名稱 1, 結構變數名稱 2, 結構變數名稱 3,…, 結構變數名稱 n;	struct stu student1, student2;	宣告結構變數 student1 與 student2 為學生資料型別 stu 的變數。

14-1-2 結構的定義與宣告

可以將結構的定義與宣告放在一起。

結構的定義與宣告語法	結構的定義與宣告實例	結構的定義與宣告實例說明

struct 結構名稱 {
  資料型別 1 資料變數名稱 1;
  資料型別 2 資料變數名稱 2;
  資料型別 3 資料變數名稱 3;
  …
}結構變數名稱 1, 結構變數名稱 2, 結構變數名稱 3,…, 結構變數名稱 n;
資料型別可以是整數、浮點數、字元、字串、陣列、指標與結構等。
	struct stu{
	  char name[10];
	  int seat;
	  int chi;
	  int eng;
	  int math;
	}student1,student2;
		宣告結構 stu，結構包含姓名由 10 個元素的字元陣列所組成，命名為 name、座號為整數資料型別命名為 seat、國文成績為整數資料型別命名為 chi、英文成績為整數資料型別命名為 eng、數學成績為整數資料型別命名為 math，並同時宣告變數 student1 與 student2 為結構 stu 的變數。

14-1-3 結構變數的初值設定

結構變數的初值設定，可以分成兩種，一種是結構中個別元素的設定，另一種是使用大括號結構將所有元素一起初始化。

結構變數的初值設定 — 使用結構中個別元素設定

結構中個別元素設定語法	結構中個別元素設定實例	結構中個別元素設定實例說明

結構變數名稱 1.資料變數名稱 1=資料變數名稱 1 的初始值。
結構變數名稱 1.資料變數名稱 2=資料變數名稱 2 的初始值。
結構變數名稱 1.資料變數名稱 3=資料變數名稱 3 的初始值。
…
	strcpy(student1.name, "John");
	student1.seat=1;
	student1.chi=68;
	student1.eng=99;
	student1.math=90;
		結構包含姓名由 10 元素的字元陣列所組成，命名為 name，初始化為「John」；座號為整數資料型別命名為 seat，初始化為「1」；國文成績為整數，資料型別命名為 chi，初始化為「68」；英文成績為整數，資料型別命名為 eng，初始化為「99」；數學成績為整數，資料型別命名為 math，初始化為「90」。

結構變數的初值設定 — 使用大括號

結構中使用大括號設定語法	結構中使用大括號設定實例	結構中使用大括號設定實例說明
結構變數名稱 1={資料變數名稱 1 的初始值,資料變數名稱 2 的初始值,資料變數名稱 3 的初始值,…};	`student1={"John",1,68,99,90};`	student1 的結構初始化姓名為「John」、座號為「1」、國文成績為「68」、英文成績初始化為「99」、數學成績初始化為「90」。

14-1-4 指定運算子

C 語言中可以將某個結構變數指定到另一個結構變數，與變數的初始化概念相同，語法與實例如下。

結構的指定運算子語法	結構的指定運算子實例	結構的指定運算子實例說明
結構變數名稱 1=結構變數名稱 2;	`student2=student1;`	將結構變數 student2 初始化為結構變數 student1，相當於將結構變數 student1 儲存到結構變數 student2，要能使用指定運算子，指定運算子的左右兩邊的結構變數要相同。

14-1-5 typedef

C 語言允許使用者將自訂結構轉換成新的資料型別，可以減少一些程式碼，不用在每一個結構都需要加上 struct，在宣告的時候就成為新的資料型別，使用 typedef 將結構轉換成新的資料型別。

typedef 語法	typedef 實例	typedef 實例說明
typedef struct 結構名稱 { 資料型別 1 資料變數名稱 1; 資料型別 2 資料變數名稱 2; 資料型別 3 資料變數名稱 3; … }資料型別名稱; 資料型別可以是整數、浮點數、字元、字串、陣列、指標與結構等。	typedef struct _stu{ char name[10]; int seat; int chi; int eng; int math; } stu;	宣告結構_stu，該結構包含姓名由 10 元素的字元陣列所組成，命名為 name、座號為整數資料型別命名為 seat、國文成績為整數資料型別命名為 chi、英文成績為整數資料型別命名為 eng、數學成績為整數資料型別命名為 math，並將結構轉成資料型別 stu。

14-1-6 巢狀結構

結構內的成員可以包含結構，這個結構成員可以是自己或者是其他結構，稱作巢狀結構。

巢狀結構的定義語法	巢狀結構的定義實例	巢狀結構的定義實例說明

struct 結構名稱 {
  資料型別 1 資料變數名稱 1;
  資料型別 2 資料變數名稱 2;
  資料型別 3 資料變數名稱 3;
  …
};
 	
資料型別可以是整數、浮點數、字元、字串、陣列、指標與結構等。
	struct stu{
	  char name[10];
	  int seat;
	  int chi;
	  int eng;
	  int math;
	};
	struct teach{
	  char name[10];
	  struct stu student[2];
	};
		宣告結構 stu，該結構包含姓名由 10 元素的字元陣列所組成，命名為 name、座號為整數資料型別命名為 seat、國文成績為整數資料型別命名為 chi、英文成績為整數資料型別命名為 eng、數學成績為整數資料型別命名為 math。
		
		宣告結構 teach，結構包含姓名由 10 元素的字元陣列所組成，命名為 name 及結構 stu 陣列 student，該陣列有兩個元素，這樣的結構中包含結構稱作巢狀結構。

14-1-7 結構程式範例(ch14\顯示結構.cpp)

寫一個程式定義學生結構，其結構成員有姓名、座號、國文成績、英文成績與數學成績，定義教師結構，其結構成員有姓名與組成學生結構陣列，初始化結構中元素並輸出結構中元素，驗證是否等同於初始化的資料。

(a) 程式碼與解說

行數	程式碼
1	`#include <iostream>`
2	`#include <cstring>`
3	`using namespace std;`
4	`int main(){`
5	`  typedef  struct _stu{`
6	`    char name[10];`
7	`    int seat;`
8	`    int chi;`
9	`    int eng;`

```
10      int math;
11    } stu;
12    stu student1;
13    strcpy(student1.name,"John");
14    student1.seat=1;
15    student1.chi=68;
16    student1.eng=99;
17    student1.math=90;
18    stu student2={"Mary",2,88,60,79};
19    typedef  struct  _teach{
20      char name[10];
21      stu student[2];
22    } teach;
23    teach teacher;
24    strcpy(teacher.name,"Ms. Wang");
25    teacher.student[0]=student1;
26    teacher.student[1]=student2;
27    cout << "教師為" << teacher.name << endl;
28    cout << "學生為" << teacher.student[0].name << endl;
29    cout << "座號為" << teacher.student[0].seat << endl;
30    cout << "國文成績為" << teacher.student[0].chi << endl;
31    cout << "英文成績為" << teacher.student[0].eng << endl;
32    cout << "數學成績為" << teacher.student[0].math << endl;
33    cout << "學生為" << teacher.student[1].name << endl;
34    cout << "座號為" << teacher.student[1].seat << endl;
35    cout << "國文成績為" << teacher.student[1].chi << endl;
36    cout << "英文成績為" << teacher.student[1].eng << endl;
37    cout << "數學成績為" << teacher.student[1].math << endl;
38  }
```

解說

- 第 5 到 11 行：宣告結構_stu，該結構包含姓名由 10 字元陣列組成命名為 name(第 6 行)、座號為整數資料型別命名為 seat(第 7 行)、國文成績為整數資料型別命名為 chi(第 8 行)、英文成績為整數資料型別命名為 eng(第 9 行)、數學成績為整數資料型別命名為 math(第 10 行)，並將結構轉成資料型別 stu(第 11 行)。
- 第 12 行：宣告 student1 為 stu 資料型別。
- 第 13 行：設定 student1.name 為「Johm」。
- 第 14 行：設定 student1.seat 為 1。

- 第 15 行：設定 student1.chi 為 68。
- 第 16 行：設定 student1.eng 為 99。
- 第 17 行：設定 student1.math 為 90。
- 第 18 行：宣告 student2 為 stu 資料型別，student2 的結構初始化姓名為「Mary」、座號為「2」、國文成績為「88」、英文成績初始化為「60」、數學成績初始化為「79」。
- 第 19 到 22 行：宣告結構_teach，結構包含姓名由 10 元素的字元陣列所組成，命名為 name(第 20 行)及學生資料型別陣列 student，該陣列有兩個元素(第 21 行)，並將結構轉成資料型別 teach(第 22 行)。
- 第 23 行：宣告 teacher 為 teach 資料型別。
- 第 24 行：設定 teacher.name 為「Ms. Wang」。
- 第 25 行：設定 teacher.student[0]為 student1。
- 第 26 行：設定 teacher.student[1]為 student2。
- 第 27 行：輸出教師姓名。
- 第 28 行：輸出第一位學生的姓名。
- 第 29 行：輸出第一位學生的座號。
- 第 30 行：輸出第一位學生的國文成績。
- 第 31 行：輸出第一位學生的英文成績。
- 第 32 行：輸出第一位學生的數學成績。
- 第 33 行：輸出第二位學生的姓名。
- 第 34 行：輸出第二位學生的座號。
- 第 35 行：輸出第二位學生的國文成績。
- 第 36 行：輸出第二位學生的英文成績。
- 第 37 行：輸出第二位學生的數學成績。

(b) 預覽結果

按下「執行 → 編譯並執行」，結果顯示在螢幕，輸出結構 teach 的每個成員。

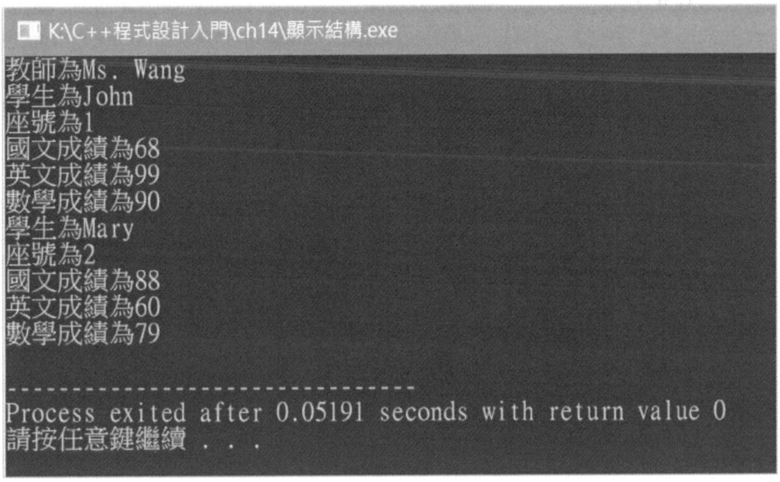

```
K:\C++程式設計入門\ch14\顯示結構.exe
教師為Ms. Wang
學生為John
座號為1
國文成績為68
英文成績為99
數學成績為90
學生為Mary
座號為2
國文成績為88
英文成績為60
數學成績為79

--------------------------------
Process exited after 0.05191 seconds with return value 0
請按任意鍵繼續 . . .
```

14-2 ▸▸ 結構指標

前一章已介紹指標的概念，指標用於儲存位址的變數，這樣的變數也可以用於儲存結構的位址，結構指標指向結構變數。

14-2-1 結構指標的使用

結構指標的使用有三個階段，分別是「宣告結構指標、結構指標初始化與間接存取結構指標」，以下舉例說明。

14-2-2 結構指標的使用範例程式碼(ch14\結構指標的使用.cpp)

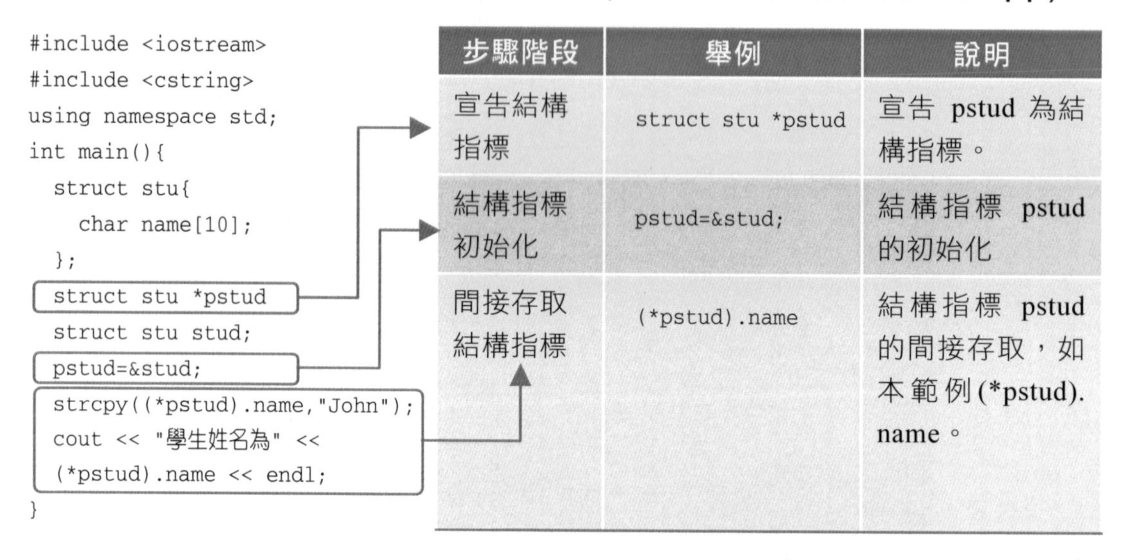

```
#include <iostream>
#include <cstring>
using namespace std;
int main(){
  struct stu{
    char name[10];
  };
  struct stu *pstud
  struct stu stud;
  pstud=&stud;
  strcpy((*pstud).name,"John");
  cout << "學生姓名為" <<
  (*pstud).name << endl;
}
```

步驟階段	舉例	說明
宣告結構指標	struct stu *pstud	宣告 pstud 為結構指標。
結構指標初始化	pstud=&stud;	結構指標 pstud 的初始化
間接存取結構指標	(*pstud).name	結構指標 pstud 的間接存取，如本範例(*pstud).name。

執行結果

14-2-3 結構指標的存取

使用運算子「->」存取結構指標的個別資料成員，若是結構指標使用間接運算子「*」已經指向結構指標所指向的結構，則如同結構變數的個別資料成員的存取，使用運算子「.」，將前節範例可以改用運算子「->」存取結構指標的個別資料成員，結果一致。

結構指標的存取範例程式碼(ch14\結構指標的存取.cpp)

行數	程式碼
1	`#include <iostream>`
2	`#include <cstring>`
3	`using namespace std;`
4	`int main(){`
5	`  struct stu{`
6	`    char name[10];`
7	`  };`

```
8       struct stu *pstud;
9       struct stu stud;
10      pstud=&stud;
11      strcpy(pstud->name,"John");
12      cout << "學生姓名為" << (*pstud).name << endl;
13      cout << "學生姓名為" << pstud->name << endl;
14    }
```

解說

- 第 5 到 7 行：定義結構 stu。
- 第 8 行：宣告 pstud 為結構 stu 的指標。
- 第 9 行：stud 為結構 stu 的變數。
- 第 10 行：初始化結構指標 pstud 為結構變數 stud 的位址。
- 第 11 行：初始化結構指標 pstud 的 name 為「John」。
- 第 12 到 13 行：輸出學生姓名(*pstud).name 與 pstud->name，發現結果相同。

執行結果

```
K:\C++程式設計入門\ch14\結構指標的存取.exe
學生姓名為John
學生姓名為John

--------------------------------
Process exited after 0.02874 seconds with return value 0
請按任意鍵繼續 . . .
```

14-2-4　以結構指標傳入函式

複習一下自訂函式，自訂函式需要有三個步驟，「宣告函式、定義函式與呼叫函式」，宣告函式時需要傳入結構指標；定義函式時也要定義對應的傳入結構指標；呼叫時要將結構的位址置於函式的輸入參數，與傳址呼叫的概念一致，以下舉例說明如下，寫一個程式自訂資料型別 stu，該資料型別只有字串的姓名欄位，並於程式中自訂 in 函式允許使用者由鍵盤輸入姓名到宣告資料型別為 stu 的變數，最後驗證輸入資料是否儲存入資料型別為 stu 的變數。

範例程式碼(ch14\以結構指標傳入函式 1.cpp)

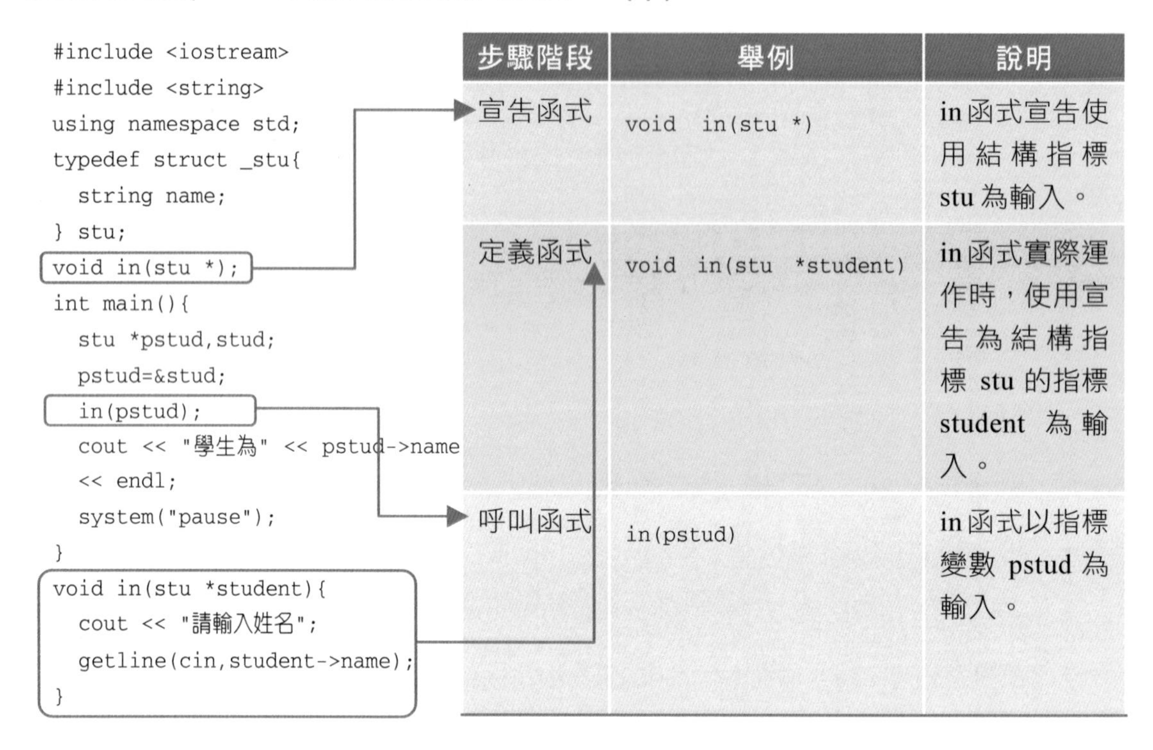

```
#include <iostream>
#include <string>
using namespace std;
typedef struct _stu{
  string name;
} stu;
void in(stu *);
int main(){
  stu *pstud,stud;
  pstud=&stud;
  in(pstud);
  cout << "學生為" << pstud->name
  << endl;
  system("pause");
}
void in(stu *student){
  cout << "請輸入姓名";
  getline(cin,student->name);
}
```

步驟階段	舉例	說明
宣告函式	void in(stu *)	in函式宣告使用結構指標stu為輸入。
定義函式	void in(stu *student)	in函式實際運作時，使用宣告為結構指標stu的指標student為輸入。
呼叫函式	in(pstud)	in函式以指標變數pstud為輸入。

執行結果

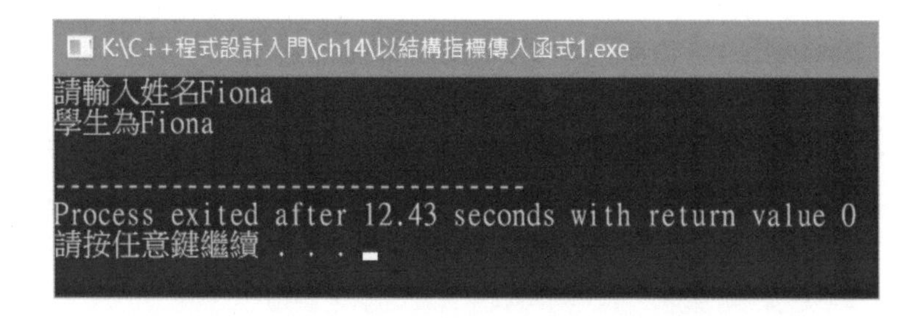

函式與結構指標範例程式 (ch14\以結構指標傳入函式 2.cpp)

寫一個程式定義學生結構，其結構成員有姓名、座號、國文成績、英文成績與數學成績，定義教師結構，其結構成員有姓名與學生結構陣列，由函式輸入學生結構的資料，該函式傳入結構指標，並輸出結構中元素，驗證是否等同於初始化的資料。

(a) 程式碼與解說

行數	程式碼

```
1   #include <iostream>
2   #include <string>
3   using namespace std;
4   typedef struct _stu{
5     string name;
6     int seat;
7     int chi;
8     int eng;
9     int math;
10  } stu;
11  typedef struct _teach{
12    string name;
13    stu student[2];
14  } teach;
15  void in(stu *);
16  int main(){
17    stu *pstud1,*pstud2,stud1,stud2;
18    pstud1=&stud1;
19    pstud2=&stud2;
20    in(pstud1);
21    in(pstud2);
22    teach teacher;
23    teacher.name="Ms. Wang";
24    teacher.student[0]=*pstud1;
25    teacher.student[1]=*pstud2;
26    cout << "教師為" << teacher.name << endl;
27    cout << "學生為" << teacher.student[0].name << endl;
28    cout << "座號為" << teacher.student[0].seat << endl;
29    cout << "國文成績為" << teacher.student[0].chi << endl;
30    cout << "英文成績為" << teacher.student[0].eng << endl;
31    cout << "數學成績為" << teacher.student[0].math << endl;
32    cout << "學生為" << teacher.student[1].name << endl;
33    cout << "座號為" << teacher.student[1].seat << endl;
34    cout << "國文成績為" << teacher.student[1].chi << endl;
35    cout << "英文成績為" << teacher.student[1].eng << endl;
36    cout << "數學成績為" << teacher.student[1].math << endl;
37  }
38
39  void in(stu *student){
40    cout << "請輸入姓名";
41    getline(cin,student->name);
42    cout << "請輸入座號";
43    cin >> student->seat;
```

```
44      cout << "請輸入國文成績";
45      cin >> student->chi;
46      cout << "請輸入英文成績";
47      cin >> student->eng;
48      cout << "請輸入數學成績";
49      cin >> student->math;
50      cin.get();
51  }
```

解說

- 第 4 到 10 行：宣告結構_stu，該結構包含姓名由字串資料型別組成，命名為 name(第 5 行)、座號為整數資料型別，命名為 seat(第 6 行)、國文成績為整數資料型別，命名為 chi(第 7 行)、英文成績為整數資料型別，命名為 eng(第 8 行)、數學成績為整數資料型別，命名為 math(第 9 行)，並將結構轉成資料型別 stu(第 10 行)。
- 第 11 到 14 行：宣告結構_teach，結構包含姓名為字串型別，命名為 name(第 12 行)及學生資料型別陣列 student，該陣列有兩個元素(第 13 行)，並將結構轉成資料型別 teach(第 14 行)。
- 第 15 行：宣告自訂函式 in，輸入結構指標 stu。
- 第 17 行：宣告 pstud1 與 pstud2 為 stu 結構指標，stud1 與 stud2 為 stu 資料型別。
- 第 18 行：將 stud1 的位址儲存到指標 pstud1，結構指標在使用前需初始化。
- 第 19 行：將 stud2 的位址儲存到指標 pstud2，結構指標在使用前需初始化。
- 第 20 行：呼叫 in 函式，將 pstud1 傳入函式。
- 第 21 行：呼叫 in 函式，將 pstud2 傳入函式。
- 第 22 行：宣告 teacher 為 teach 資料型別。
- 第 23 行：設定 teacher.name 為「Ms. Wang」。
- 第 24 行：設定 teacher.student[0]為結構*pstud1。
- 第 25 行：設定 teacher.student[1]為結構*pstud2。
- 第 26 行：輸出教師姓名。

- 第 27 行：輸出第一位學生的姓名。
- 第 28 行：輸出第一位學生的座號。
- 第 29 行：輸出第一位學生的國文成績。
- 第 30 行：輸出第一位學生的英文成績。
- 第 31 行：輸出第一位學生的數學成績。
- 第 32 行：輸出第二位學生的姓名。
- 第 33 行：輸出第二位學生的座號。
- 第 34 行：輸出第二位學生的國文成績。
- 第 35 行：輸出第二位學生的英文成績。
- 第 36 行：輸出第二位學生的數學成績。
- 第 39 行：定義 in 函式，該函式用於輸入資料到結構指標 student。
- 第 40 行：於螢幕顯示「請輸入姓名」。
- 第 41 行：由鍵盤輸入資料到結構指標 student 的 name 成員。
- 第 42 行：於螢幕顯示「請輸入座號」。
- 第 43 行：由鍵盤輸入資料到結構指標 student 的 seat 成員。
- 第 44 行：於螢幕顯示「請輸入國文成績」。
- 第 45 行：由鍵盤輸入資料到結構指標 student 的 chi 成員。
- 第 46 行：於螢幕顯示「請輸入英文成績」。
- 第 47 行：由鍵盤輸入資料到結構指標 student 的 eng 成員。
- 第 48 行：於螢幕顯示「請輸入數學成績」。
- 第 49 行：由鍵盤輸入資料到結構指標 student 的 math 成員。
- 第 50 行：因為會多輸入一個 enter 鍵，所以經由 cin.get 函式，多讀取一個字元，才不會成為下一次輸入的開始字元。

(b) 預覽結果

按下「執行 → 編譯並執行」，輸入由鍵盤輸入兩個學生的資料與成績，輸出結構 teach 的每個成員於螢幕，驗證資料是否正確。

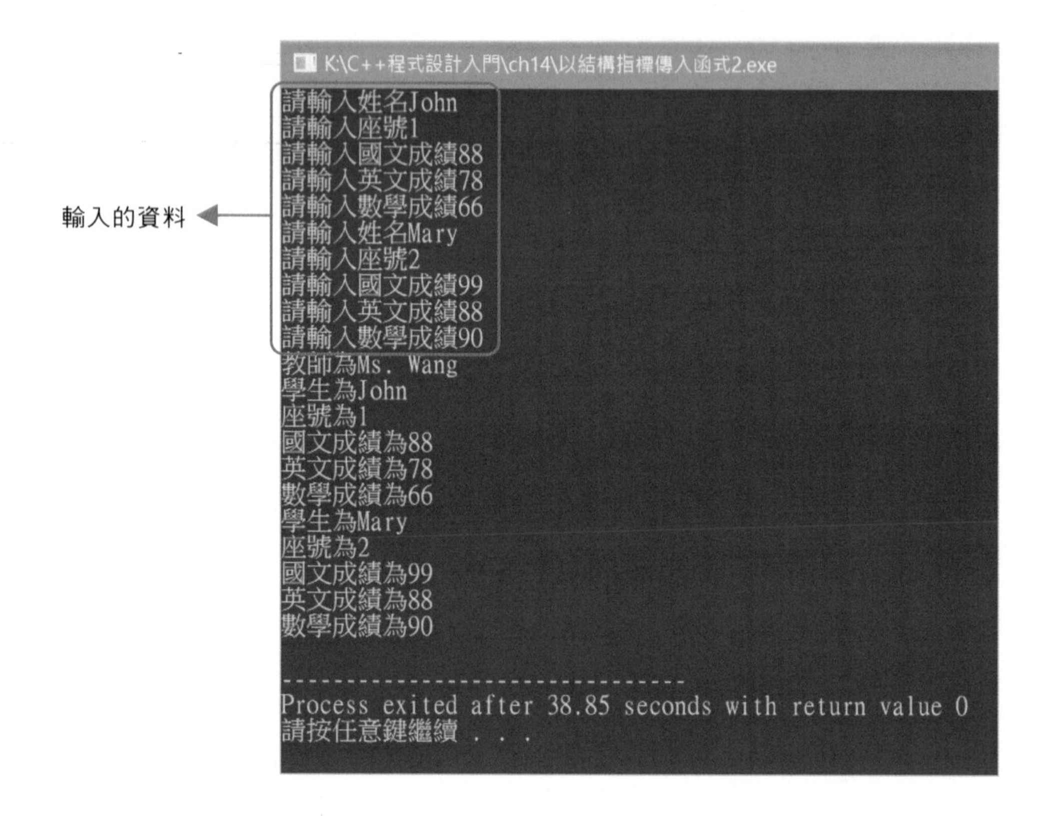

14-2-5 函式回傳結構指標(ch14\函式回傳結構指標.cpp)

函式除了可以輸入結構指標也可以傳回結構指標，本範例自訂加分函式，該函式輸入學生結構指標，將每個學生各科加分依照國文加 5 分，英文加 10，數學加 20 分的標準加分，函式回傳學生結構指標。

寫一個程式定義學生結構，其結構成員有姓名、座號、國文成績、英文成績與數學成績，定義教師結構，其結構成員有姓名與學生結構陣列，由函式 in 輸入學生結構的資料，該函式傳入結構指標，因全班成績不理想，教師想要全班國文加 5 分，英文加 10，數學加 20 分，所以定義函式 add 作為加分函式，該函式傳入結構指標並回傳結構指標，最後輸出結構中元素，驗證各科是否依照國文加 5 分，英文加 10，數學加 20 分的標準加分。

(a) 程式碼與解說

行數	程式碼

```
1   #include <iostream>
2   #include <string>
3   #include <cstring>
4   using namespace std;
5   typedef struct _stu{
6     string name;
7     int seat;
8     int chi;
9     int eng;
10    int math;
11  } stu;
12  typedef struct _teach{
13    string name;
14    stu student[2];
15  } teach;
16  void in(stu *);
17  stu *add(stu *);
18  int main(){
19    stu *pstud1,*pstud2,stud1,stud2;
20    pstud1=&stud1;
21    pstud2=&stud2;
22    in(pstud1);
23    in(pstud2);
24    teach teacher;
25    teacher.name="Ms. Wang";
26    pstud1=add(pstud1);
27    pstud2=add(pstud2);
28    teacher.student[0]=*pstud1;
29    teacher.student[1]=*pstud2;
30    cout << "教師為" << teacher.name << endl;
31    cout << "學生為" << teacher.student[0].name << endl;
32    cout << "座號為" << teacher.student[0].seat << endl;
33    cout << "國文成績為" << teacher.student[0].chi << endl;
34    cout << "英文成績為" << teacher.student[0].eng << endl;
35    cout << "數學成績為" << teacher.student[0].math << endl;
36    cout << "學生為" << teacher.student[1].name << endl;
37    cout << "座號為" << teacher.student[1].seat << endl;
38    cout << "國文成績為" << teacher.student[1].chi << endl;
39    cout << "英文成績為" << teacher.student[1].eng << endl;
40    cout << "數學成績為" << teacher.student[1].math << endl;
41  }
42
43  void in(stu *student){
```

```
44      cout << "請輸入姓名";
45      getline(cin,student->name);
46      cout << "請輸入座號";
47      cin >> student->seat;
48      cout << "請輸入國文成績";
49      cin >> student->chi;
50      cout << "請輸入英文成績";
51      cin >> student->eng;
52      cout << "請輸入數學成績";
53      cin >> student->math;
54      cin.get();
55    }
56    stu *add(stu *student){
57      student->chi=student->chi+5;
58      student->eng=student->eng+10;
59      student->math=student->math+20;
60      return student;
61    }
```

解說

- 第 5 到 11 行：宣告結構_stu，該結構包含姓名由字串資料型別組成，命名為 name(第 6 行)、座號為整數資料型別，命名為 seat(第 7 行)、國文成績為整數資料型別，命名為 chi(第 8 行)、英文成績為整數資料型別，命名為 eng(第 9 行)、數學成績為整數資料型別，命名為 math(第 10 行)，並將結構轉成資料型別 stu(第 11 行)。
- 第 12 到 15 行：宣告結構_teach，結構包含姓名為字串型別，命名為 name(第 13 行)及學生資料型別陣列 student，該陣列有兩個元素(第 14 行)，並將結構轉成資料型別 teach(第 15 行)。
- 第 16 行：宣告自訂函式 in，輸入結構指標 stu。
- 第 17 行：宣告自訂函式 add，為加分函式。
- 第 19 行：宣告 pstud1 與 pstud2 為 stu 結構指標，stud1 與 stud2 為 stu 的結構變數。
- 第 20 行：將 stud1 的位址儲存到指標 pstud1，結構指標在使用前需初始化。
- 第 21 行：將 stud2 的位址儲存到指標 pstud2，結構指標在使用前需初始化。
- 第 22 行：呼叫 in 函式，將 pstud1 傳入函式。

- 第 23 行：呼叫 in 函式，將 pstud2 傳入函式。
- 第 24 行：宣告 teacher 為 teach 資料型別。
- 第 25 行：設定 teacher.name 為「Ms. Wang」。
- 第 26 行：呼叫 add 加分函式以結構指標 pstud1 為輸入，回傳結構指標亦儲存入 pstud1。
- 第 27 行：呼叫 add 加分函式以結構指標 pstud2 為輸入，回傳結構指標亦儲存入 pstud2。
- 第 28 行：設定 teacher.student[0]為結構*pstud1。
- 第 29 行：設定 teacher.student[1]為結構*pstud2。
- 第 30 行：輸出教師姓名。
- 第 31 行：輸出第一位學生的姓名。
- 第 32 行：輸出第一位學生的座號。
- 第 33 行：輸出第一位學生的國文成績。
- 第 34 行：輸出第一位學生的英文成績。
- 第 35 行：輸出第一位學生的數學成績。
- 第 36 行：輸出第二位學生的姓名。
- 第 37 行：輸出第二位學生的座號。
- 第 38 行：輸出第二位學生的國文成績。
- 第 39 行：輸出第二位學生的英文成績。
- 第 40 行：輸出第二位學生的數學成績。
- 第 43 行：定義 in 函式，該函式用於輸入資料到結構指標 student。
- 第 44 行：於螢幕顯示「請輸入姓名」。
- 第 45 行：由鍵盤輸入資料到結構指標 student 的 name 成員。
- 第 46 行：於螢幕顯示「請輸入座號」。
- 第 47 行：由鍵盤輸入資料到結構指標 student 的 seat 成員。
- 第 48 行：於螢幕顯示「請輸入國文成績」。

- 第 49 行：由鍵盤輸入資料到結構指標 student 的 chi 成員。
- 第 50 行：於螢幕顯示「請輸入英文成績」。
- 第 51 行：由鍵盤輸入資料到結構指標 student 的 eng 成員。
- 第 52 行：於螢幕顯示「請輸入數學成績」。
- 第 53 行：由鍵盤輸入資料到結構指標 student 的 math 成員。
- 第 54 行：因為會多輸入一個 enter 鍵，所以經由 cin.get 函式用去，才不會成為下一次輸入的開始字元。
- 第 56 行：定義自訂函式 add，為加分函式。
- 第 57 行：國文加 5 分，結構指標 student 所指向的 chi 欄位加 5 分。
- 第 58 行：英文加 10 分，結構指標 student 所指向的 eng 欄位加 10 分。
- 第 59 行：數學加 20 分，結構指標 student 所指向的 math 欄位加 20 分。
- 第 60 行：回傳結構指標 student。

(b) 預覽結果

按下「執行 → 編譯並執行」，輸入由鍵盤輸入兩個學生的資料與成績，輸出結構 teach 的每個成員於螢幕，驗證資料是否正確。

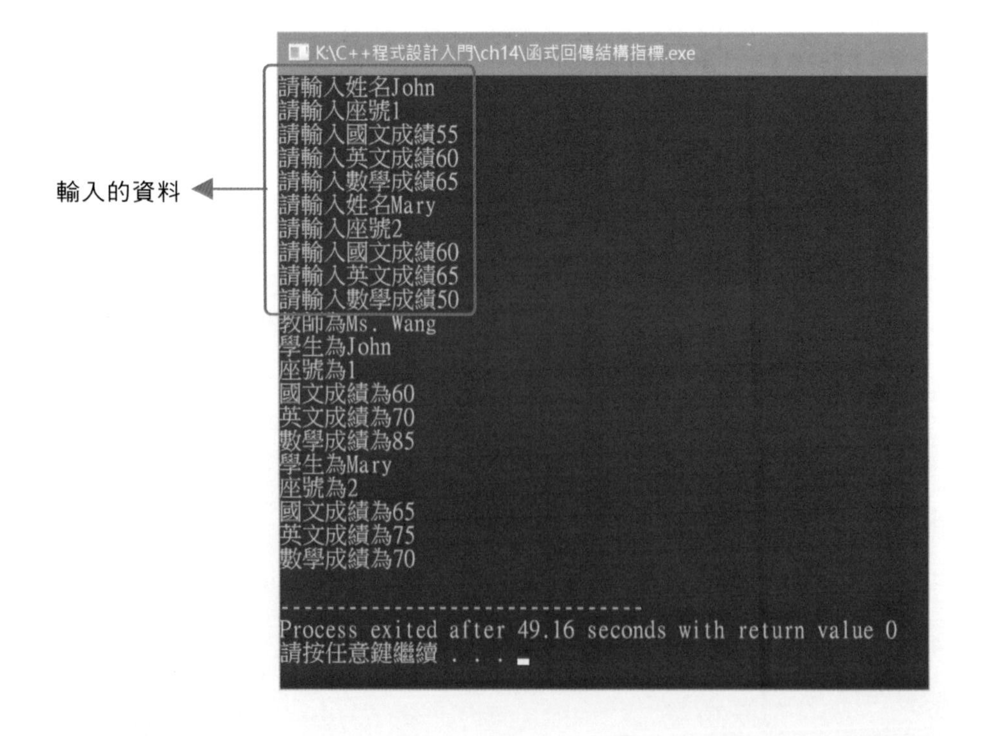

14-3 結構陣列

定義結構成為新的資料型別，也可宣告為結構陣列，結構陣列與陣列有相同的概念與運作方式，宣告結構陣列與初始化結構陣列如下。

結構的定義語法	結構的定義實例	結構的定義實例說明

typedef struct 結構名稱 {
資料型別 1 資料變數名稱 1;
資料型別 2 資料變數名稱 2;
資料型別 3 資料變數名稱 3;
…
}結構資料型別名稱;
 	
結構資料型別名稱 陣列名稱[陣列元素個數]={{陣列第 1 個元素的初始值}{陣列第 2 個元素的初始值}{陣列第 3 個元素的初始值},…,{陣列第 n 個元素的初始值}};
	typedef struct _stu{
	string name;
	int seat;
	int chi;
	int eng;
	int math;
	} stu;
	stu stud[5]={
	{"John",1,56,77,87},
	{"Mary",2,90,88,70},
	{"Claire",3,76,89,45},
	{"Bruce",4,98,90,87},
	{"Miller",5,56,56,99}}
	;
		定義結構 _stu 為資料型別 stu，結構包含姓名由字串組成，命名為 name、座號為整數資料型別，命名為 seat、國文成績為整數資料型別，命名為 chi、英文成績為整數資料型別，命名為 eng、數學成績為整數資料型別，命名為 math。
		
		並宣告結構陣列 stu 有五個元素，第一個元素初始化為姓名 John、座號 1、國文成績 56 分、英文成績 77 分、數學成績 87 分，其餘依此類推。

14-3-1 結構指標與陣列

可以利用迴圈與結構指標的指向陣列每一個元素，可以存取陣列中每一個元素，用以下範例解釋。

行數	程式碼
1	typedef struct _stu{
2	string name;
3	int seat;
4	int chi;
5	int eng;
6	int math;
7	} stu;
8	stu *pstu;
9	stu stud[5]={{"John",1,56,77,87},{"Mary",2,90,88,70}, {"Claire",3,76,89,45},{"Bruce",4,98,90,87}, {"Miller",5,56,56,99}};
10	for(pstu=&stud[0];pstu<&stud[5];pstu++){

```
11      cout <<  pstu->chi  <<endl;
12      cout <<  pstu->eng  <<endl;
13      cout <<  pstu->math  <<endl;
14    }
```

解說

- 第 1 到 7 行：宣告結構_stu，該結構包含姓名由字串組成，命名為name(第 2 行)、座號為整數資料型別，命名為 seat(第 3 行)、國文成績為整數資料型別，命名為 chi(第 4 行)、英文成績為整數資料型別，命名為eng(第 5 行)、數學成績為整數資料型別，命名為 math(第 6 行)，並將結構轉成資料型別 stu(第 7 行)。
- 第 8 行：宣告 pstu 為 stu 結構指標。
- 第 9 行：宣告 stud 為 stu 陣列有五個元素，五個元素分別初始化。
- 第 10 到 14 行：使用迴圈與結構指標 pstu 存取結構陣列 stud 的每一個元素，結構指標 pstu 初始化指向 stud[0]，測試條件是否小於 stud[5]，每次遞增一個陣列元素，迴圈中輸出結構指標 pstu 所指元素的 chi、eng、math 等欄位。

14-3-2 指標與結構陣列程式範例(ch14\指標與結構陣列.cpp)

寫一個程式定義學生結構，其結構成員有姓名、座號、國文成績、英文成績與數學成績，定義教師結構，其結構成員有姓名與學生結構陣列，初始化學生結構陣列元素，使用迴圈與學生結構指標存取學生結構陣列的每個元素，計算各科成績的總分與平均。

(a) 程式碼與解說

```
行數  程式碼
1     #include <iostream>
2     #include <string>
3     using namespace std;
4     typedef struct _stu{
5       string name;
6       int seat;
7       int chi;
8       int eng;
9       int math;
10    } stu;
```

```
11  typedef struct _teach{
12    string name;
13    stu student[5];
14  } teach;
15  int main(){
16    stu *pstu;
17    stu stud[5]={{"John",1,56,77,87},{"Mary",2,90,88,70},
      {"Claire",3,76,89,45},{"Bruce",4,98,90,87},
      {"Miller",5,56,56,99}};
18    teach teacher;
19    int sumChi=0,sumEng=0,sumMath=0;
20    double avgChi,avgEng,avgMath;
21    teacher.name="Ms. Wang";
22    for(int i=0;i<5;i++){
23      teacher.student[i]=stud[i];
24    }
25    for(pstu=&teacher.student[0];pstu<&teacher.student[5];pstu++){
26      sumChi = sumChi + pstu->chi;
27      sumEng = sumEng + pstu->eng;
28      sumMath = sumMath + pstu->math;
29    }
30    avgChi=(double)sumChi/5;
31    avgEng=(double)sumEng/5;
32    avgMath=(double)sumMath/5;
33    cout << "國文全班總分為" << sumChi << endl;
34    cout << "國文全班平均為" << avgChi << endl;
35    cout << "英文全班總分為" << sumEng << endl;
36    cout << "英文全班平均為" << avgEng << endl;
37    cout << "數學全班總分為" << sumMath << endl;
38    cout << "數學全班平均為" << avgMath << endl;
39  }
```

解說

- 第 4 到 10 行：宣告結構_stu，該結構包含姓名由字串組成，命名為name(第 5 行)、座號為整數資料型別，命名為 seat(第 6 行)、國文成績為整數資料型別，命名為 chi(第 7 行)、英文成績為整數資料型別，命名為eng(第 8 行)、數學成績為整數資料型別，命名為 math(第 9 行)，並將結構轉成資料型別 stu(第 10 行)。
- 第 11 到 14 行：宣告結構_teach，結構包含姓名為字串型別，命名為name (第 12 行)及學生資料型別陣列 student，該陣列有五個元素(第 13 行)，並將結構轉成資料型別 teach(第 14 行)。
- 第 16 行：宣告 pstu 為 stu 結構指標。

- 第 17 行：宣告 stud 為 stu 陣列有五個元素，五個元素分別初始化。
- 第 18 行：宣告 teacher 為 teach 資料型別。
- 第 19 行：宣告整數變數 sumChi、sumEng 與 sumMath 初始化為 0。
- 第 20 行：宣告倍精度浮點數變數 avgChi、avgEng 與 avgMath。
- 第 21 行：設定 teacher.name 為「Ms. Wang」。
- 第 22 到 24 行：使用迴圈設定結構變數 teacher 的成員結構陣列 student 每個元素依序對應結構 stud 陣列每個元素。
- 第 25 到 29 行：使用迴圈與結構指標計算結構變數 teacher 的成員陣列 student 每個元素的國文成績總和儲存到 sumChi 變數；結構變數 teacher 的成員陣列 student 每個元素的英文成績總和儲存到 sumEng 變數；結構變數 teacher 的成員陣列 student 每個元素的數學成績總和儲存到 sumMath 變數；。
- 第 30 行：計算國文平均為變數 sumChi 除以 5。
- 第 31 行：計算英文平均為變數 sumEng 除以 5。
- 第 32 行：計算數學平均為變數 sumMath 除以 5。
- 第 33 行：輸出國文全班總分。
- 第 34 行：輸出國文全班平均。
- 第 35 行：輸出英文全班總分。
- 第 36 行：輸出英文全班平均。
- 第 37 行：輸出數學全班總分。
- 第 38 行：輸出數學全班平均。

(b) 預覽結果

按下「執行 → 編譯並執行」，結果顯示在螢幕，輸出各科總分與平均。

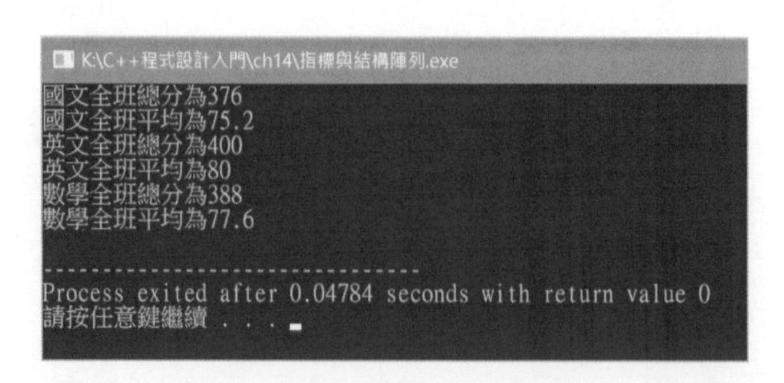

14-4 enum

enum(列舉)為 C 語言特殊的列舉資料型別，屬於同一列舉的每個元素會被編成特定數值，若不指定值數值由 0 開始編號，利用以下範例說明 enum 並輸出其值(ch14\enum1.cpp)。

enum 的語法	enum 實例	enum 實例說明

【定義】
enum 列舉名稱 {
  列舉 1,列舉 2,列舉 3…
};
【宣告】
enum 列舉名稱 列舉變數;
【指定運算】
列舉變數=列舉元素;
	enum season{
	  spring,summer,fall,winter
	};
	enum season now;
	cout << "spring=" << spring << endl;
	cout << "summer=" << summer << endl;
	cout << "fall=" << fall << endl;
	cout << "winter=" << winter << endl;
	now=fall;
	cout << " now=" << now << endl;
		定義 season 為列舉，列舉包含 spring、summer、fall 與 winter，若未指定 spring 對應的值會自動由 0 開始，若未指定 summer 對應的值會自動由 1 開始，若未指定 fall 對應的值會自動由 2 開始，若未指定 winter 對應的值會自動由 3 開始。

執行結果

```
K:\C++程式設計入門\ch14\enum1.exe
spring=0
summer=1
fall=2
winter=3
now=2

--------------------------------
Process exited after 0.0437 seconds with return value 0
請按任意鍵繼續 . . .
```

指定列舉元素的對應值(ch14\enum2.cpp)

enum 的語法	enum 實例	enum 實例說明

【定義】
enum 列舉名稱 {
列舉 1=列舉 1 的對應值, 列舉 2=列舉 2 的對應值, 列舉 3=列舉 3 的對應值...
};
【宣告】
enum 列舉名稱 列舉變數;
【指定運算】
列舉變數=列舉元素;
	enum season{
	spring=4,summer=2,fall=3,winter=1
	};
	enum season now;
	cout << "spring=" << spring << endl;
	cout << "summer=" << summer << endl;
	cout << "fall=" << fall << endl;
	cout << "winter=" << winter << endl;
	now=fall;
	cout << " now=" << now << endl;
		定義 season 為列舉，列舉包含 spring、summer、fall 與 winter，指定 spring 對應的值為 4，指定 summer 對應的值為 2，指定 fall 對應的值為 3，指定 winter 對應的值為 1。

執行結果

```
選取 K:\C++程式設計入門\ch14\enum2.exe
spring=4
summer=2
fall=3
winter=1
now=3

--------------------------------
Process exited after 0.0438 seconds with return value 0
請按任意鍵繼續 . . .
```

14-4-1 enum 程式範例(ch14\ enum 程式範例.cpp)

寫一個程式定義季節列舉，其成員有春季、夏季、秋季與冬季，宣告 now 為季節列舉變數，初始化 now 為某個季節，利用 if 判斷所在季節，顯示目前季節。

(a) 程式碼與解說

行數	程式碼
1	`#include <iostream>`
2	`using namespace std;`
3	`int main(){`
4	`  enum season {spring,summer,fall,winter};`
5	`  enum season now;`
6	`  now=fall;`

```
7      if (now == spring){
8        cout << "now is spring" << endl;
9      }
10     if (now == summer){
11       cout << "now is summer" << endl;
12     }
13     if (now == fall){
14       cout << "now is fall" << endl;
15     }
16     if (now == winter){
17       cout << "now is winter" << endl;
18     }
19   }
```

解說

- 第4行：定義season為列舉，列舉包含spring、summer、fall與winter，若未指定 spring 對應的值會自動由 0 開始，若未指定 summer 對應的值會自動由 1 開始，若未指定 fall 對應的值會自動由 2 開始，若未指定 winter 對應的值會自動由 3 開始。
- 第 5 行：宣告 now 為 season 列舉變數。
- 第 6 行：初始化 now 為 fall。
- 第 7 到 9 行：若 now 等於 spring，輸出「now is spring」。
- 第 10 到 12 行：若 now 等於 summer，輸出「now is summer」。
- 第 13 到 15 行：若 now 等於 fall，輸出「now is fall」。
- 第 16 到 18 行：若 now 等於 winter，輸出「now is winter」。

(b) 預覽結果

按下「執行 → 編譯並執行」，結果顯示在螢幕，輸出目前所在季節。

```
K:\C++程式設計入門\ch14\enum程式範例.exe
now is fall

--------------------------------
Process exited after 0.03694 seconds with return value 0
請按任意鍵繼續 . . .
```

習題

選擇題

( ) 1. 下列何者為 C 語言中自訂資料結構語法？

(A) int (B) main (C) for (D) struct

( ) 2. 以下程式的 x 值為

```
struct  xy{
  int x;
  int y;
};
struct  xy  myxy[2]={{1,2},{3,4}};
x=myxy[0].x+myxy[1].y;
```

(A) 3 (B) 4 (C) 5 (D)6

( ) 3. C 語言中若要自訂資料型別需使用以下哪一個語法？

(A) typedef (B) main (C) for (D) if

( ) 4. 關於 C 語言中 structure(結構)的敘述何者錯誤？

(A) 利用結構指標存取結構中的個別元素，需使用運算子「->」

(B) 利用結構變數存取結構中的個別元素，需使用運算子「.」

(C) 將結構轉成資料型別使用「typedef」

(D) 結構內不能再有結構。

( ) 5. 宣告結構_teach 如下，若要設定結構變數 teach 的第一位學生的 seat 為 1 號，所需程式為

```
typedef  struct _stu{
  string name;
  int seat;
  int chi;
  int eng;
  int math;
} stu;
struct _teach{
  char name[20];
  stu student[5];
} teach;
```

(A) teach->stu[0]->seat=1　　(B) teach->student[0]->seat=1

(C) teach.studeut[0].seat=1　　(D) teach.stu[0].seat=1

(　) 6.　宣告結構型別 stu 如下，程式碼「cout << stud[3].name」結果為

```
typedef  struct _stu{
  string name;
  int seat;
  int chi;
  int eng;
  int math;
} stu;
stu  stud[5]={{"John",1,56,77,87}, {"Mary",2,90,88,70},
{"Claire",3,76,89,45}, {"Bruce",4,98,90,87}, {"Miller",5,56,56,99}};
```

(A) Mary　(B) Bruce　(C) Claire　(D) Miller

(　) 7.　宣告結構 stu 如下，若要存取結構指標 pstud 的 name 需使用哪一個運算子

```
struct stu{
  char name[10];
};
struct stu *pstud,stud;
pstud=&stud;
```

(A) .　(B) ->　(C) *　(D)&

程式實作

1. 學期成績計算(ch14\ex 學期成績計算.cpp)

   自訂學生結構(stu)，該結構包含學號、第一次期中考成績、第二次期中考成績、期末考與學期成績，學期成績計算為第一次期中考佔 30%，第二次期中考佔 30%，期末考佔 40%，隨機產生第一次期中考成績、第二次期中考成績、期末考成績，假設成績介於 60 到 100，請產生學期成績儲存到學生結構。

   預覽結果：按下「執行 → 編譯並執行」，結果顯示如下圖。

```
K:\C++程式設計入門\ch14\ex學期成績計算.exe
第33同學，第一次期中考為93，第二次期中考為70，期末考為66，學期成績為75.3
第34同學，第一次期中考為90，第二次期中考為76，期末考為84，學期成績為83.4
第35同學，第一次期中考為63，第二次期中考為86，期末考為85，學期成績為78.7
第36同學，第一次期中考為73，第二次期中考為92，期末考為68，學期成績為76.7
第37同學，第一次期中考為62，第二次期中考為80，期末考為78，學期成績為73.8
第38同學，第一次期中考為74，第二次期中考為96，期末考為97，學期成績為89.8
第39同學，第一次期中考為77，第二次期中考為94，期末考為94，學期成績為88.9
第40同學，第一次期中考為76，第二次期中考為81，期末考為60，學期成績為71.1

--------------------------------
Process exited after 0.129 seconds with return value 0
請按任意鍵繼續 . . .
```

2. 通訊錄製作(ch14\ex 通訊錄製作.cpp)

   自訂通訊錄結構，該結構包含姓名、住址與電話，允許使用者輸入姓名查詢住址與電話，通訊錄中找不到該姓名，請輸出「查無此人」。

   預覽結果：按下「執行 → 編譯並執行」，結果顯示如下圖。

C++程式設計入門(第二版)

作　　者：黃建庭
企劃編輯：江佳慧
文字編輯：王雅雯
設計裝幀：張寶莉
發 行 人：廖文良

發 行 所：碁峰資訊股份有限公司
地　　址：台北市南港區三重路 66 號 7 樓之 6
電　　話：(02)2788-2408
傳　　真：(02)8192-4433
網　　站：www.gotop.com.tw
書　　號：AEL021600
版　　次：2019 年 03 月初版
2023 年 11 月初版十二刷
建議售價：NT$490

國家圖書館出版品預行編目資料

C++程式設計入門 / 黃建庭著. -- 初版. -- 臺北市：碁峰資訊, 2019.03
面；　公分
ISBN 978-986-502-054-5(平裝)
1. C++(電腦程式語言)
312.32C　　108001781